罗布乐思开发官方指南

从入门到实践

[美] 罗布乐思公司（Roblox Corporation）著

胡厚杨 译

罗布乐思开发者关系团队　审校

人 民 邮 电 出 版 社

北　京

图书在版编目（CIP）数据

罗布乐思开发官方指南 : 从入门到实践 / 美国罗布乐思公司著 ; 胡厚杨译. -- 北京 : 人民邮电出版社, 2022.6
ISBN 978-7-115-59073-2

Ⅰ. ①罗… Ⅱ. ①美… ②胡… Ⅲ. ①游戏程序一程序设计一指南 Ⅳ. ①TP317.6-62

中国版本图书馆CIP数据核字(2022)第053789号

版 权 声 明

◆ 著　　　　［美］罗布乐思公司（Roblox Corporation）
译　　　　胡厚杨
审　　校　罗布乐思开发者关系团队
责任编辑　郭　媛
责任印制　王　郁　焦志炜

◆ 人民邮电出版社出版发行　　北京市丰台区成寿寺路 11 号
邮编　100164　　电子邮件　315@ptpress.com.cn
网址　https://www.ptpress.com.cn
北京建宏印刷有限公司印刷

◆ 开本：787×1092　1/16
印张：21.25　　　　2022 年 6 月第 1 版
字数：387 千字　　　　2025 年 2 月北京第 2 次印刷

著作权合同登记号　图字：01-2021-4982 号

定价：119.90 元

读者服务热线：(010)81055410　印装质量热线：(010)81055316
反盗版热线：(010)81055315

推荐词

工具的进步带给人类更多表达自我的平台。依托于移动互联网技术，以微博、微信等为载体的自媒体应运而生，抖音、快手等短视频工具使每个人都可以拍摄“电影”，因此自媒体内容可以更加多元化地表达。罗布乐思（Roblox）提供了一个引擎——罗布乐思 Studio，它大大降低了游戏开发的门槛，即使是一个小朋友，也可以轻松完成游戏开发这一原本高难度的任务。2021 年是“元宇宙”的元年，下一代互联网注定会颠覆性地改变人类的生活方式。在这个大背景下，罗布乐思不会局限于“游戏开发”，而是通过“交互性”这个特性，开发出更多有趣的应用场景，例如虚拟办公、线上演唱会、数字化艺术展等。我非常期待罗布乐思的开发者创造出更多有趣的作品。

——张笑宇，罗布乐思制作人，开发者社区负责人

罗布乐思作为 UGC（User Generated Content，用户生产内容）的数字社区早已风靡全球，极低的上手门槛吸引了众多的游戏开发爱好者加入创作行列。这本书详细介绍了罗布乐思 Studio 各个功能的使用方法，以及一款游戏从零到发布的全流程。它能帮助开发者迅速上手游戏制作，并将自己的优质创意变成现实。我相信，开发门槛的降低对未来国内游戏行业的人才建设和技术积累有着深远的意义。

——周祚，罗布乐思优秀开发者，长沙泰游网络科技有限公司 CEO

游戏，是很多人的精神慰藉，我相信每一个游戏玩家都有一个自己制作游戏的梦想。而在现实中，游戏制作往往是非常复杂的过程，很多人苦于技术未达标或资源不足等多种因素无力尝试制作游戏，罗布乐思 Studio 的诞生恰恰解决了这一问题，低门槛、简单易懂、功能强大是它的代名词。它不仅可以用极低的成本去实现游戏爱好者的梦想，同时还可以为 UGC 创作者提供一条可持续发展的道路。我们热爱 UGC 创作是因为在 UGC 创作中可以看到无数的可能，罗布乐思也是如此。罗布乐思拥有庞大的游戏体量，在这个平台中，每天有数百万的 UGC 创作者为玩家提供精彩的内容，这造就了一个长生命周期的产品。罗布乐思的玩家和开发者每天都可以尝试实现最新的创意，并持续获取极致的新鲜感，这正是罗布乐思最大的魅力。如果你是一位游戏开发初学者，可以大胆尝试一下这款产品。

——王毅轩，罗布乐思社区 KOL

人人都是游戏创作者

罗布乐思开发者关系副总裁　段志云

▶ 罗布乐思和“元宇宙”

很多人最初听说“Roblox”，可能是因为它被称作一家“元宇宙”概念公司。这家由 David Baszucki 和 Erik Cassel 于 2004 年创立的公司，提供面向全世界游戏开发者和玩家的服务和社区。Roblox 的使命是建立一个共同体验平台，让数十亿用户可以聚在一起玩耍、学习、交流、探索并增进他们的友谊。

2017 年，我作为腾讯游戏的代表开始筹备和 Roblox 的合作。2019 年，Roblox 和腾讯在国内成立了合资公司，Roblox 拥有了自己的中文名字“罗布乐思”。我和我的团队通过多年的努力，终于把 Roblox 带到了国内用户的面前。

如果你希望加入这个风靡全球的创作社区，如果你对这样一个充满创造力的世界还一知半解，那么这本书能帮你揭开罗布乐思的神秘面纱。如果你已经尝试过使用罗布乐思来进行创作，但还需要在开发技能上进行更加系统的学习，那么这本书也是不二之选。

▶ 关于罗布乐思 Studio

罗布乐思的产品包括 3 个部分：罗布乐思 Client（用户端）、罗布乐思 Studio（开发端）和罗布乐思 Cloud（云端）。用户可以通过罗布乐思 Client 来探索 3D 数字世界，开发者可以通过罗布乐思 Studio 来构建、发布并运营面向用户的 3D 体验内容，罗布乐思 Cloud 提供平台服务和基础架构。截至 2022 年 1 月，罗布乐思在全球已经累计拥有 2900 多万开发者，其中很大一部分都是青少年。

为了给用户提供更好的体验，罗布乐思也在不断地升级，例如支持更好的画质、更复杂的网络体验、更多人同时在线等。我们想要做到的是，在一个云化的环境和架构下，更多的用户可以通过非常低的门槛去开发游戏，然后很简单地去发布和运营游戏，从而实现用户跨端体验互联网中丰富的服务和产品。

通过在技术和社区运营方面的强劲投入，我们尝试激发更多创作者的创作热情，让他们将自己独特的创意变成丰富的游戏。我们尝试为现有的开发者，以及更多还没有进入这个行业的开发者创造更好的条件，降低他们实现创意的门槛。使用我们集多种功能于一体的免费开发工具罗布乐思 Studio，创作者可以用“所见即所得”的方式轻松地构建一个属于自己的世界。只需一套 Lua 脚本，即可使开发的作品兼容所有主流平台，从而避免费时、费力地维护多个版本。

2020 年，罗布乐思获得了美国教育科技突破奖（EdTech Breakthrough）的最佳计算机编程教育方案奖项，也获得了美国国际教育技术协会（International Society for Technology in Education，ISTE）的计算机课程认证。很多年轻的开发者是从罗布乐思 Studio 开始接触计算机和编程的，并通过罗布乐思 Studio 写下了人生的第一行代码，发布了人生的第一个作品。除了开发工具本身，我们还提供很多免费的教程和课程案例，并鼓励大家在开发者社区中互相交流和学习，也希望本书的出版能进一步完善罗布乐思服务国内开发者的体系。

▶ 罗布乐思在中国的故事

在过去 10 年内，中国逐渐引领了全世界互联网的发展潮流。在直播和短视频领域，中国可能有全世界最大规模的“创作者经济”。在即将进入“元宇宙”时代的今天，我相信基于沉浸式互联网的创作者经济是未来的趋势。

在这样的趋势下，我们很希望国内的创作者们可以尽早做好准备。在过去两年里，我们一直在鼓励国内的创作者发挥自己的想象力，实现自己的创意。我们举办创作大赛，与各大高校合作开设课程，成立校园俱乐部，等等，都是为了让更多的创作者能够更快地掌握这个门槛并不高的创作工具，体会到游戏创作的无限可能。

目前，我们已成功与电子科技大学、华中科技大学、北京大学、上海交通大学、中央美术学院等高校开展了课程合作。参与这些课程的大学生团队先学习游戏设计与游戏策划的理论知识，再了解游戏项目开发中的策划、程序、美术、测试的分工和协作，一般通过 6 周左右的时间就能完成开发并线上发布多人在线作品。在面向国内高校学生推出的“领航员计划”中，我们尽可能地提供丰富的资源，为他们的成长赋能，并鼓励大学生成立相关的俱乐部，让他们体会到“元宇宙”创作的乐趣。

面向国内有创意、有能力的教育开发者，我们推出了“教育先锋计划”。通过产教结合的方式，罗布乐思与教育领域专家合作开发创新课程，通过课程培训和赛事开发实践，培养互联网等高新行业需要的人才。

在 2021 年，我们为推动“超级数字场景”创作举办了一场年度创作大赛——罗布乐思全国创作大赛 2021（Roblox National Awards 2021，RNA 2021），旨在让每个有创造力的个体释放巨大的能量，共同探索“超级数字成长场景”的新生态。

随着“元宇宙”概念的普及，大家都在畅想未来的世界究竟会是什么样，未来世界的虚拟和现实到底会以一种什么样的方式呈现。罗布乐思提供的创作自由度、社区丰富度，以及强大的社交性，都在缩短用户与“元宇宙”的距离。

所以，这不仅是一本技术导向图书，更是一本“元宇宙”之旅的指路秘籍。你将打开一个属于自己的虚拟世界，感受到罗布乐思的魅力。期待读完这本书的你，可以体会到专属于自己的“元宇宙”创作乐趣。

罗布乐思引领游戏的未来

Multi-Metaverse 公司 CEO　许怡然

受邀为《罗布乐思开发官方指南：从入门到实践》一书写序对我来说是荣幸之事。

▶ 当年学会制作游戏有多么难！

1994 年，我还在清华大学读书的时候就开始制作游戏了，因此我算是中国第一批制作游戏的人。令我印象非常深刻的是：当时学会制作游戏有多么难。我以为自己是很适合制作游戏的人：高中的时候在苹果计算机上学习过编程，上大学又学习了专业的计算机课程，制作游戏应该难不倒我。可是，当我真的尝试走上专业的游戏开发道路时，才发现自己有多么无助。那时候，身边没有一个真正专业的游戏开发者，所能找到的只有国外网站上零星的英文资料，更没有什么专业的游戏引擎可用，绝大多数功能要通过自己从底层开始写程序来实现。为了让程序成功运行，还要学习底层的汇编代码。制作 3D 游戏就更难了，没有图形加速卡，渲染算法全都要用软件从底层开始写。

▶ 能有罗布乐思这样的平台来帮助我们制作游戏有多么幸福！

其实在罗布乐思出现之前，也有不少人尝试过做更容易使用的游戏引擎，以降低游戏开发的难度；或者开放游戏的编辑器给玩家，让玩家可以自己往游戏里添加内容。但大多数游戏引擎还是面向专业开发者设计的，对普通玩家来说太难了。而针对已经开发完成的游戏，开发者基于对游戏稳定性和趣味性的保护，往往不太愿意开放全部开发权限，一般只支持玩家做很简单的修改，例如添加或替换一些图像、声音文件等。因此，玩家无论如何都脱离不了游戏原本的框架，制作出全新的游戏。

而罗布乐思划时代地实现了 3D 游戏的极简开发，甚至在不用写代码的情况下就能制作出具备各种玩法的完整游戏，还自动支持多人联网、互动社交，支持任意地点、不同设备开发和运行的实时同步。在以前，这些功能是需要很多专业开发者花费很多时间才能实现的。罗布乐思把这些功能进行抽象和提炼，通过最简单的界面免费提供给用户，相当于每一个普通玩家的背后都配备了一支庞大的专业游戏开发“团队”，每一个玩家都可以成为游戏制作人。玩家只需要按照自己的设计，指挥罗布乐思提供的“团队”就能制作游戏。

▶ 为什么学会制作游戏是一件比玩游戏重要得多的事?

我们为什么要学会制作游戏呢?像其他娱乐产品(电影、电视剧)一样,由专业人员拍摄、制作,我们欣赏不就够了吗?浅显一点地说,当你了解了游戏制作的机理时,你就具备了从单纯的游戏玩家的角度跳出来看世界的眼光,你就会明白如何才能科学地享受游戏带来的乐趣,而不是沉迷在别人设计的游戏里不能自拔。但是我更想说的是:在这个"元宇宙"正快速向我们走来的时代,人类已经越来越多并且有意或无意地在接触,甚至"生活"在计算机创造出来的虚拟世界里了,在未来,现实世界和虚拟世界很有可能会无缝融合在一起。因此,我们必须了解虚拟世界是如何创造出来的、如何运转的,人类在虚拟世界里又是如何进行交互的。

我相信,读者在阅读完这本书后,能够了解罗布乐思的独特魅力,并且迅速学会如何使用罗布乐思实现自己的创意,同时可以在罗布乐思的世界中找到志同道合的朋友,互相交流和学习。

译者简介

胡厚杨

华南理工大学本科毕业，风铃软件创始人，拥有 11 年软件行业工作经验、8 年创业经验，具备丰富的软件开发和项目管理经验。

罗布乐思官方特聘导师，曾指导北京大学、上海交通大学、同济大学等大学的课程小组开发罗布乐思项目。

熟悉罗布乐思社区的生态和文化，带领团队开发过多款罗布乐思作品，积累了丰富的罗布乐思开发和运营经验。

开发的罗布乐思作品：

- 《色块派对》，截至 2021 年 12 月累计访问量 8.76 亿次，日活用户 120 万，最高同时在线 4 万人；
- 《超级布娃娃》，截至 2021 年 12 月累计访问量 1.83 亿次，日活用户 60 万，最高同时在线 1.8 万人；
- 《坠块派对》，截至 2021 年 12 月累计访问量 1.81 亿次，日活用户 20 万，最高同时在线 1.2 万人。

译者序

罗布乐思在国外已经成熟发展十几年，是全球最大的多人在线创作社区。使用罗布乐思进行创作可以锻炼开发者的创新思维和动手能力，对青少年开发者具有深远的教育意义。罗布乐思于2019年被引进国内。希望本书既能够帮助国内的读者轻松学习罗布乐思，又能促进国内罗布乐思社区的发展。

本书主要介绍罗布乐思社区和生态、如何创作罗布乐思作品、如何将作品发布给全世界的玩家体验，主要适合以下读者群使用。

▶ 儿童

目前，罗布乐思已经有很多有趣的作品，其场景搭建系统非常简单易懂，搭建过程如同玩积木。儿童以乐趣为切入点，可以从中搭建自己的世界，并在此过程中锻炼创新思维能力。

▶ 青少年

近年来，越来越多的家长开始重视孩子的编程学习。相比其他的青少年编程学习工具，罗布乐思最大的优势是，在学习制作作品后，青少年可以快速将作品分享给他们的同龄朋友一起玩。相比枯燥地学习和完成练习作业，罗布乐思不仅可以锻炼青少年的逻辑思维能力，还可以给他们带来更大的乐趣和自豪感，提高他们的学习兴趣。

▶ 大学生

大学生的学习能力和动手能力普遍都很好，他们最缺乏的是项目实战经验。罗布乐思是一个很好的项目实战平台，它提供了从制作作品到发布作品、运营作品的一整套简单、易用的工具，不仅可以培养大学生的产品设计能力，还能锻炼他们的项目管理、团队合作和沟通等能力。目前罗布乐思已经与北京大学、上海交通大学、同济大学等大学展开项目合作，并且取得了很好的成效。

▶ 教育工作者

对于教育工作者，如果有一款工具能够使教学过程更有趣味性，更有沉浸感，那么学生就会更有求知欲，从而更容易理解和掌握所学知识。罗布乐思恰恰就是这样的教育工具：在教授古罗马的历史时，教师可以制作一个古罗马的斗兽场作品辅助教学；在教授化学的分子结构时，教师可以制作一个放大的分子微观世界，让学生直观地学习；在教授天文学知识时，教师可以制作一个缩小的多星球宇宙，让学生“遨游太空”。

▶ 游戏从业者

2021 年，全球罗布乐思日活用户超过 4600 万，月活用户超过 2 亿，并且还在不断增长，头部开发者年收入超过 1000 万美元，全球开发者的年总收入超过 5 亿美元。罗布乐思具有巨大的商业价值，很适合游戏开发团队和独立开发者使用。

在翻译本书的过程中，译者得到了很多帮助，感谢人民邮电出版社郭媛编辑的指导，感谢罗布乐思开发者关系团队的支持和建议。由于译者才疏学浅，书中可能存在一些疏漏，希望读者批评指正和交流。

胡厚杨

2021 年 12 月于广州大学城

作者介绍

Genevieve Johnson 是罗布乐思公司的高级教学设计师。她负责教育内容方面的管理，指导世界各地的开发者使用罗布乐思循序渐进地学习编程，她的工作可以帮助学生走上企业家、工程师或设计师的道路。在进入罗布乐思公司工作之前，她是 iD Tech 的教育内容经理。iD Tech 是美国一个每年有超过 5 万名 6 至 18 岁学生参与的全国性的技术教育科技营。在 iD Tech 工作期间，她协助推出了一项成功的全女生 STEAM 方案，她的团队为 60 多门相关技术课程开发了教育内容，并提供了从编码到机器人技术再到游戏设计等各种学科的指导。

贡献者介绍

Ashan Sarwar 是一名罗布乐思开发者，他从 2013 年开始使用罗布乐思 Studio，他是罗布乐思上射击游戏 *LastShot* 的开发者。

Raymond Zeng 是一名罗布乐思开发者，他热爱编程，有一个名为 MacAndSwiss 的 YouTube 频道，他在那里教授 Lua 语言，讨论罗布乐思新闻并展示他的编程项目。

Theo Docking 从事游戏程序设计已经 4 年了，他喜欢激动人心的项目。他将罗布乐思运用到了极致，并在这个过程中结识了一些厉害的人。他喜欢研究罗布乐思的物理引擎，并为 NPC、汽车等编写后端代码。不编写代码时，他会制订游戏设计计划或玩终极驾驶来寻找灵感。

Joshua Wood 在 2013 年发现罗布乐思，并在一年后开始创作自己的游戏，他是罗布乐思上游戏 *Game Dev Life* 的开发者，这个游戏的累计访问次数已超过 100 万次，他也是群组 DoubleJGames 的所有者。

Swathi Sutrave 是一位技术极客，她精通多种不同编程语言（包括 Lua 语言），为公司、初创企业和大学提供服务。

Henry Chang 是一位计算机图形艺术家，他的工作涉及多种媒介，包括 3D、2D、图形和动画，他是互动媒体会的个人发起者。

前言

想象一下，有一个虚拟的世界，它由全球的美术人员、程序员、策划人员一起建造而成，在这个世界里，来自世界各地的人聚集在一起创造和分享作品，并且相互学习。这是一个由想象力驱动的世界，无论你在何时、何地，无论你使用什么设备，都可以创作和体验各种作品。如果我告诉你这个世界已经存在十多年了，你会有什么感想?

当我和 Erik Cassel 在 2004 年共同创立罗布乐思时，我们的愿景是创造一个沉浸式、3D、多人、物理模拟的空间，让任何人都可以互相连接并一起玩。在罗布乐思的早期，我们被用户创作的作品吸引住了，例如：玩家管理自己的餐厅，玩家在自然灾害中幸存下来，玩家成为一只鸟。17 年后，当我展望未来时，很明显这个社区已经拥有更多的可能。

罗布乐思正在开创人们共同体验的新事物，尽量模糊游戏、社交网络和媒体之间的界限。我们的团队发现，每天有数百万的罗布乐思用户不仅在这个社区中玩游戏，而且聚集在一起与他人一起建立团队，创作故事和作品。

全球的创作者为罗布乐思社区贡献了非常出色的作品。开发 3D 作品不仅有趣，而且可以让你学会计算机、设计、艺术等领域的知识，掌握相关技能，现在正是加入这个全球创作者社区的最佳时机。罗布乐思社区的许多顶级开发者已经用他们在罗布乐思上创作赚来的钱支付了他们的大学学费，开设了自己的游戏开发工作室，或者为父母买了房。我们将继续努力建造这个人们可以共同体验的社区，让数十亿用户共享作品。

我相信最终罗布乐思会带领我们创造“元宇宙”——一个完美的数字世界，跟现实世界形成互补。我们可以想象：有一天人们来到罗布乐思不仅可以玩耍和社交，还可以举行商务会议或者上学。“元宇宙”的可能与日俱增，对具备创新力和创造力的开发者的需求也在增加。

我邀请你加入罗布乐思的世界，不仅成为一名玩家，而且成为一名开发者。一起来学习开发游戏和沉浸式 3D 作品，让游戏将全球数百万人联系起来，打造一个不受国界、语言和地理限制的社区。如果你对编程、游戏开发或罗布乐思的沉浸式 3D 世界感兴趣，请带上你最疯狂、最具创意的想法来阅读本书。

David Baszucki（罗布乐思账号 Builderman）
罗布乐思公司创始人兼 CEO

我们希望收到你的来信

作为本书的读者，你是我们最重要的评论家，我们非常重视你的意见。我们想知道我们做对了什么、如何能做得更好，以及你希望我们发表哪些领域的文章。此外，我们还想收到你发给我们的任何智慧之言。

你可以通过电子邮件或在异步社区留言告诉我们你喜欢本书的什么，或者不喜欢本书的什么，还有我们可以做些什么来使本书变得更好。

温馨提醒：在邮件或者异步社区中留言，我们能够帮你解决与本书主题相关的技术问题。

在你发送的电子邮件中，请务必包括本书的书名和作者，以及你的姓名、电子邮件地址和电话号码。我们将认真阅读你的意见，并与参与本书编写的作者和编辑分享。

邮箱：contact@epubit.com.cn。

资源与支持

本书由异步社区出品，哔哩哔哩网站罗布乐思官方账号为您提供相关资源，异步社区（https://www.epubit.com/）为您提供后续服务。

配套资源

本书提供如下资源：

- 罗布乐思新手视频教程（入门篇、物理篇、代码初学篇、进阶篇）。

扫描右侧的二维码，进入哔哩哔哩网站罗布乐思官方账号“罗布乐思开发者”主页（或者以网页、App的方式打开哔哩哔哩网站主页，搜索“罗布乐思开发者”），进入合集和列表，可以查看以上视频教程。

提交错误信息

作者、译者和编辑尽最大努力来确保书中内容的准确性，但难免存在疏漏。欢迎您将发现的问题反馈给我们，帮助我们提升图书的质量。

当您发现错误时，请登录异步社区，按书名搜索，进入本书页面，单击“提交勘误”，输入错误信息，单击“提交”按钮（见右图）。本书的作者、译者和编辑会对您提交的错误信息进行审核，确认并接受后，您将获赠异步社区的100积分。积分可用于在异步社区兑换优惠券、样书和奖品。

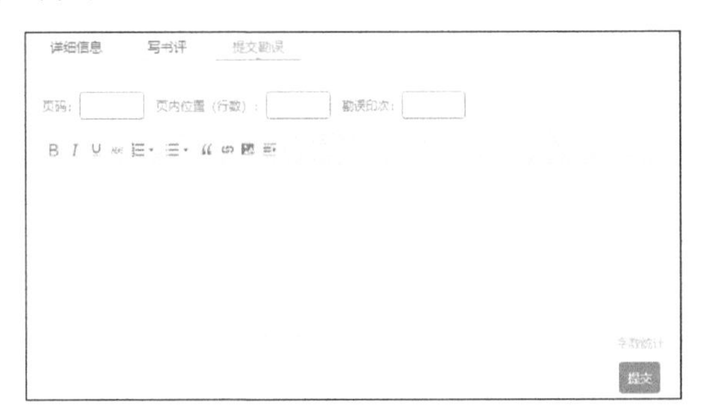

扫码关注本书

扫描右侧的二维码，您将会在异步社区微信服务号中看到本书信息及相关的服务提示。

与我们联系

我们的联系邮箱是 contact@epubit.com.cn。

如果您对本书有任何疑问或建议，请您发邮件给我们，并请在邮件标题中注明本书书名，以便我们更高效地做出反馈。

如果您有兴趣出版图书、录制教学视频，或者参与图书翻译、技术审校等工作，可以发邮件给我们；有意出版图书的作者也可以到异步社区在线投稿（直接访问 www.epubit.com/selfpublish/submission 即可）。

如果您所在的学校、培训机构或企业想批量购买本书或异步社区出版的其他图书，也可以发邮件给我们。

如果您在网上发现有针对异步社区出品图书的各种形式的盗版行为，包括对图书全部或部分内容的非授权传播，请您将怀疑有侵权行为的链接通过邮件发给我们。您的这一举动是对作者权益的保护，也是我们持续为您提供有价值的内容的动力之源。

关于异步社区和异步图书

“**异步社区**”是人民邮电出版社旗下 IT 专业图书社区，致力于出版精品 IT 技术图书和相关学习产品，为作译者提供优质出版服务。异步社区创办于 2015 年 8 月，提供大量精品 IT 技术图书和电子书，以及高品质技术文章和视频课程。更多详情请访问异步社区官网 https://www.epubit.com。

“**异步图书**”是由异步社区编辑团队策划出版的精品 IT 专业图书的品牌，依托于人民邮电出版社近 40 年的计算机图书出版积累和专业编辑团队，相关图书在封面上印有异步图书的 LOGO。异步图书的出版领域包括软件开发、大数据、人工智能、测试、前端、网络技术等。

异步社区

微信服务号

目录

第1章　是什么让罗布乐思与众不同　1

1.1　罗布乐思强调社交　2

1.2　罗布乐思的用户内容管理　3

1.2.1　用户内容　3

1.2.2　制作创意图片　4

1.2.3　自定义形象　4

1.3　罗布乐思支持快速开发迭代　5

1.4　轻松创作　6

1.4.1　插件　6

1.4.2　发布更新　7

1.5　罗布乐思Studio　7

1.5.1　联网　7

1.5.2　物理特性　8

1.5.3　渲染　8

1.5.4　支持跨平台　9

1.6　免费　9

1.7　无限可能　10

1.8　风格多元　10

总结　11

问答　11

实践　11

练习　12

第2章　使用罗布乐思Studio　13

2.1　安装罗布乐思Studio　13

2.1.1　安装常见问题　14

2.1.2　打开罗布乐思Studio　14

2.2　使用Studio模板　15

2.2.1　所有模板　16

2.2.2　主题模板　16

2.2.3　游戏性模板　17

2.3　使用游戏编辑器　18

2.3.1　布局游戏编辑器的工作区　19

2.3.2　使用项目管理器窗口　20

2.3.3　创建一个部件　21

2.3.4　使用属性窗口　22

2.4　平移、缩放和旋转对象　23

2.4.1　平移　23

2.4.2　缩放　24

2.4.3　旋转　24

2.4.4　变换　25

2.5　调整量　26

2.6　碰撞　26

2.7　锚固　27

2.8　保存和发布项目　27

2.8.1　保存项目　28

2.8.2　发布项目　28

2.8.3 重新打开项目 28

2.9 游戏测试 29

2.9.1 测试游戏 29

2.9.2 停止测试 30

总结 30

问答 31

实践 31

练习 32

第3章 部件构建系统 33

3.1 创建部件 33

3.2 改变部件的属性 34

3.2.1 颜色 34

3.2.2 材质 35

3.2.3 反射率和透明度 35

3.3 创建贴花与纹理 37

3.3.1 贴花 37

3.3.2 纹理 39

总结 41

问答 41

实践 42

练习 42

第4章 物理构建系统 44

4.1 使用附件与约束 45

4.2 制作一扇门 47

4.3 关闭CanCollide属性，让玩家角色穿过门 48

4.4 增加铰链和弹簧 48

4.4.1 用铰链让门可以开关 49

4.4.2 创建弹簧 52

4.4.3 使弹簧逼真 53

4.5 使用电机 54

总结 56

问答 56

实践 57

练习 57

第5章 创建地形 59

5.1 使用地形工具生成地形 60

5.2 使用编辑选项卡 62

5.2.1 使用增加工具添加地形 63

5.2.2 使用减少工具改变地形 63

5.2.3 使用增长工具提升地形 64

5.2.4 使用侵蚀工具移除地形 65

5.2.5 使用平滑工具细化地形 65

5.2.6 使用展平工具展平地形 66

5.2.7 使用绘制工具修改材质 67

5.2.8 使用海平面工具创建水 68

5.3 区域选项卡 69

5.3.1 使用选择工具选择地形 69

5.3.2 使用移动工具移动地形 69

5.3.3 使用调整尺寸工具缩放地形 71

5.3.4 使用复制、粘贴和删除工具 72

5.3.5 使用填充工具填充区域 73

5.4 高度图和颜色图 74

5.4.1 高度图 74
5.4.2 颜色图 74
总结 75
问答 76
实践 76
练习 77

第6章 光照环境 79

6.1 全局光照属性 80
6.1.1 Appearance属性 81
6.1.2 Data和Exposure属性 83
6.2 光照效果 83
6.3 聚光源、点光源、面光源 86
6.3.1 聚光源 86
6.3.2 点光源 87
6.3.3 面光源 87
总结 88
问答 88
实践 88
练习 89

第7章 大气 91

7.1 Atmosphere对象的属性 92
7.1.1 密度 92
7.1.2 偏移 93
7.1.3 雾度 94
7.1.4 颜色 95
7.1.5 眩光 96
7.1.6 衰变色 97
7.2 自定义天空盒 98
7.2.1 制作天空盒 98
7.2.2 自定义天体 100
7.2.3 调整光照颜色 100
总结 102
问答 102
实践 102
练习 103

第8章 效果环境 104

8.1 粒子 104
8.1.1 自定义粒子 105
8.1.2 改变粒子的颜色 106
8.1.3 粒子发射器的属性 107
8.2 光带 107
8.2.1 弯曲 109
8.2.2 平滑 110
8.2.3 宽度 110
8.2.4 使用光带在光线上添加射线效果 111
总结 112
问答 112
实践 113
练习 113

第9章 导入资源 116

9.1 上传和插入免费模型 116
9.1.1 上传模型 117
9.1.2 查看上传的模型 119

9.1.3 插入模型 119
9.2 导入网格 120
9.3 导入纹理 123
9.4 导入音频 125
总结 125
问答 125
实践 126
练习 126

第10章 游戏构成与协作 128

10.1 为游戏添加场景 128
10.2 在罗布乐思Studio中协作 130
10.2.1 打开组队创作 130
10.2.2 在组队创作中添加和管理用户 130
10.2.3 查看组队创作游戏 132
10.2.4 使用罗布乐思Studio聊天 132
10.2.5 关闭组队创作 133
10.3 在罗布乐思Studio中创建与查看包 133
10.3.1 把对象转换为包 133
10.3.2 在工具箱中查看包 135
10.3.3 在素材管理器中查看包 135
10.3.4 更新包 136
总结 137
问答 137
实践 137
练习 138

第11章 Lua概述 139

11.1 使用编程工作区 139
11.2 使用变量修改属性 141
11.2.1 变量概述 141
11.2.2 创建变量 142
11.2.3 制作半透明炸弹 142
11.3 给代码添加注释 143
11.4 使用函数与事件 144
11.4.1 创建函数 145
11.4.2 使用函数引爆炸弹 145
11.4.3 使用事件 146
11.4.4 使用事件控制触碰时引爆部件 146
11.5 使用条件语句 147
11.6 理解数组和字典 148
11.7 使用循环 149
11.7.1 while循环 149
11.7.2 wait() 149
11.7.3 repeat-until循环 150
11.7.4 for循环 150
11.7.5 ipairs()与pairs() 151
11.8 作用域 152
11.9 创建自定义事件 152
11.10 调试代码 154
11.10.1 使用字符串调试 154
11.10.2 Lua调试器 154
11.10.3 日志文件 155
总结 156
问答 156

实践 157
练习 157

第12章 碰撞、人形 159

12.1 碰撞介绍 159
12.1.1 碰撞保真度 160
12.1.2 显示和改进碰撞几何体 160
12.1.3 使用碰撞组编辑器 161
12.1.4 手动使用碰撞组编辑器 162
12.1.5 通过脚本修改碰撞组 162
12.2 检测碰撞 163
12.2.1 使用.Touched 164
12.2.2 防抖 164
12.3 Humanoid介绍 167
12.3.1 Humanoid所处的层级结构 167
12.3.2 Humanoid的属性、函数和事件 168
总结 175
问答 175
实践 176
练习 177

第13章 GUI交互 178

13.1 创建GUI 179
13.1.1 玩家GUI 179
13.1.2 SurfaceGui 181
13.2 GUI基本元素 184
13.3 编写可交互的GUI 184
13.4 渐变 186
13.5 布局 187
13.6 制作一个倒计时GUI 189
总结 190
问答 190
实践 191
练习 191

第14章 动效 193

14.1 使用位置和旋转 193
14.1.1 把对象从A点移动到B点 194
14.1.2 使用CFrame旋转部件 196
14.2 使用渐变让对象平滑移动 199
14.2.1 两点之间的渐变 200
14.2.2 EasingStyle和EasingDirection 201
14.3 移动整个模型 202
总结 204
问答 204
实践 204
练习 205

第15章 声音 207

15.1 创建声音 207
15.2 导入音频资源 208
15.3 创建环境声音 209
15.4 使用代码触发声音 210
15.5 声音组 211
总结 212
问答 212

实践 213

练习 213

第16章 使用动画编辑器 215

16.1 动画编辑器介绍 216

16.1.1 了解模型要求 216

16.1.2 打开动画编辑器 217

16.2 创建姿势 217

16.3 保存并导出动画 220

16.4 缓动 222

16.5 使用逆向运动工具 222

16.5.1 启用IK 223

16.5.2 固定部件 224

16.6 动画设置 224

16.6.1 循环 225

16.6.2 优先级 225

16.7 使用动画事件 225

16.7.1 添加事件 226

16.7.2 移动和删除事件 226

16.7.3 复制事件 227

16.7.4 在脚本中实现事件 227

16.7.5 替换默认动画 228

总结 229

问答 229

实践 230

练习 230

第17章 装备、传送、数据存储 232

17.1 装备介绍 232

17.1.1 装备的基础知识 233

17.1.2 创建装备 233

17.1.3 装备的Handle部件 234

17.1.4 装备的外观 235

17.1.5 在游戏中使用装备 235

17.2 传送 239

17.2.1 在场景中传送 240

17.2.2 场景之间传送 242

17.2.3 游戏宇宙 242

17.3 TeleportService 243

17.3.1 TeleportService的常用函数 243

17.3.2 获取placeId 244

17.3.3 客户端示例 244

17.3.4 服务器端示例 245

17.4 使用持久数据存储 247

17.5 数据存储函数 251

17.6 防范与处理错误 252

17.6.1 pcall 253

17.6.2 防止数据丢失 253

总结 253

问答 254

实践 254

练习 255

第18章 多人游戏编程和客户端-服务器模型 256

18.1 客户端-服务器模型 256

18.1.1 Script和LocalScript 257

18.1.2 复制 257

18.2 RemoteFunction和RemoteEvent 257
18.2.1 使用RemoteFunction和RemoteEvent 259
18.2.2 创建RemoteEvent 259
18.3 服务器验证 261
18.4 队伍 262
18.4.1 添加队伍 262
18.4.2 自动把玩家分配到队伍中 263
18.4.3 手动把玩家分配到队伍中 263
18.5 网络所有权 264
总结 265
问答 265
实践 265
练习 266

第19章 模块脚本 268

19.1 了解模块脚本 268
19.1.1 了解模块脚本的结构 269
19.1.2 编写可被调用的代码 269
19.1.3 使用模块脚本 270
19.2 了解客户端与服务器的模块脚本 272
19.3 使用模块脚本：游戏循环 273
19.3.1 使用配置来控制游戏循环 274
19.3.2 创建可复用的回合函数 274
19.3.3 创建主流程：游戏循环 275
总结 277
问答 277
实践 278
练习 279

第20章 摄像机 280

20.1 摄像机介绍 280
20.1.1 摄像机属性 282
20.1.2 基本的摄像机操作 282
20.2 使摄像机移动 283
20.3 使用渲染步骤 285
20.4 移动摄像机 285
20.4.1 永久连接到渲染步骤 288
20.4.2 deltaTime 289
总结 290
问答 291
实践 291
练习 291

第21章 优化 293

21.1 提升游戏性能 293
21.1.1 内存使用情况 293
21.1.2 优化场景构建 294
21.1.3 减少物理计算 295
21.1.4 内容串流 296
21.1.5 杂项调整 296
21.2 优化脚本 297
21.2.1 设置对象的父级 297

21.2.2 不过度依赖服务器或客户端 298
21.2.3 谨慎使用循环 298
21.3 适配手机设备 298
21.3.1 显示 298
21.3.2 控制 299
21.3.3 模拟手机设备 300
总结 301
问答 301
实践 301
练习 302

第22章 全球化 303

22.1 全球合规 303
22.2 隐私政策：GDPR、CCPA 304
22.2.1 常规条款 304
22.2.2 删除玩家数据 304
总结 306
问答 306
实践 307

附录A Lua脚本编程参考 308

附录B Humanoid的属性、函数和事件 311

第 1 章

是什么让罗布乐思与众不同

在这一章里你会学习：

- 罗布乐思如何强调社交；
- 罗布乐思如何管理用户内容；
- 罗布乐思如何实现快速开发；
- 罗布乐思开发引擎。

罗布乐思（见图 1.1）是一个免费的 3D 游戏在线创作社区，任何人都可以在这个年轻、活泼的社区中玩游戏和创作游戏，唯一的限制就是个人的想象力。它就像一个“元宇宙”，里面有数百万个游戏，并且这些游戏全部都是由用户自己创作的，他们根据自己的创意和独特的风格来设计游戏，并且他们也会在开发者社区里分享自己的经验。在这一章里，你将学会如何使用罗布乐思制作游戏，它将带你走上游戏开发的道路。

图1.1　欢迎来到罗布乐思

罗布乐思是一个中心化的工具，如果使用其他引擎开发游戏，开发者需要做很多额外的工作，例如多种类设备适配、服务器托管与维护、多人同时在线游戏框架开发等，但是罗布乐思集成了这些基础功能，让开发者有更多的时间专注于创意实现。只要有一个罗布乐思账号，你就可以在罗布乐思中玩游戏和创作游戏。

罗布乐思拥有多种类设备自动适配、多人跨平台游戏等特性，还拥有叫作罗宝的货币系统，开发者只需要专注于最重要的事情——把创意转化为一个游戏，就有机会让全球的玩家都玩到自己制作的游戏。

在罗布乐思社区，不需要丰富的软件开发经验，不需要昂贵的开发工具授权费，不需要繁杂的游戏发布工作，只要有一台联网的计算机、罗布乐思 Studio 和创意，就可以快速制作并免费发布一个多人在线游戏。

随着制作游戏的玩家逐渐增多，用户就可以赚取更多的罗宝，然后可以把罗宝提现。

1.1　罗布乐思强调社交

罗布乐思非常重视社交，在沉浸式的社交模拟游戏及紧张刺激的竞技游戏中都会融入社交属性。

由于罗布乐思是跨平台的，因此无论玩家使用的是手机还是平板电脑，都可以在同一个游戏里一起玩。罗布乐思有添加朋友、聊天和发送表情等功能，玩家们可以一起探索，一起解决问题，甚至一起观看他们最喜欢的演唱会。

罗布乐思提供了一些方式让所有开发者可以联系在一起，例如开发者论坛、开发者大会和年度颁奖典礼。

罗布乐思开发者论坛是一个在线论坛，开发者在这里可以讨论各种话题，还可以提供外包开发服务。定期查阅开发者论坛，这里包含很多罗布乐思相关的知识，一段时间后，你就会发现自己越来越了解罗布乐思，甚至从一个罗布乐思“小白”变成罗布乐思“达人”了。另外，你也可以发帖分享自己的经验和发现，或者在遇到问题时发帖求助其他开发者。

罗布乐思开发者大会是邀请制的活动，在该大会上会介绍罗布乐思的最新功能，开发者可以面对面一起交流开发经验，另外，优秀的开发者和罗布乐思官方团队会发表精彩的演讲。你在游戏的开发道路上并不会感到孤单。

罗布乐思全国创作大赛（RNA 大赛）颁奖典礼是对年度优秀游戏进行表彰的盛大活动（见图 1.2），颁奖典礼会全球同步直播，这从侧面突显了罗布乐思的社交属性。

优秀的游戏是在开发者论坛上被提名，并且通过大家的投票结果来确定的，优秀游戏的开发者们会得到一个虚拟的、独一无二的奖杯。

图1.2 罗布乐思全国创作大赛

1.2 罗布乐思的用户内容管理

罗布乐思给用户的创作自由度非常高，所以用户可以尽情地发挥自己的想象力。罗布乐思上几乎所有内容都是跟账号关联的，用户可以使用自己的账号上传游戏、插件和资源，并在游戏中自由地选择想要的一切。

提示 罗布乐思上所有上传的内容必须通过审核才能展示出来

罗布乐思上所有上传的内容必须通过审核才能展示出来。用户可以举报任何不当的内容，罗布乐思审核后就会对其进行标记和删除。举报的内容不限于游戏和资源，也可以是账号。如果想了解更多审核相关的信息，建议查阅罗布乐思的服务条款。

1.2.1 用户内容

罗布乐思搭建了专门的网页给用户查看上传的资源和作品。创作页面（见图 1.3）会显示用户创作的作品。

图1.3 创作页面

在创作页面，还可以查看“开发道具”子页面（见图 1.4），它包含“模型”“贴花”“音频”“网格”“插件”等子页面。

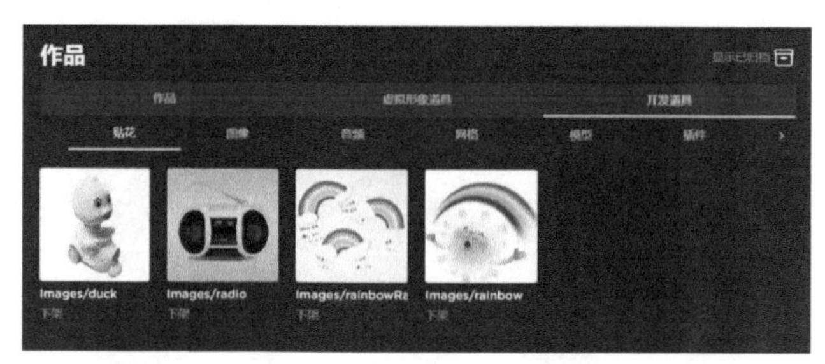

图1.4　“开发道具”子页面

1.2.2　制作创意图片

用户可以在罗布乐思制作并上传图片，例如游戏图标、缩略图和广告图（见图 1.5）。当然，用户也可以使用各种各样的第三方工具来制作图片并上传。上传成功后，罗布乐思会给予每张图片一个唯一的资源 ID。这些功能可以让罗布乐思的游戏和角色等变得更加丰富多彩。

图1.5　罗布乐思上一款射击游戏页面里的商品图标

1.2.3　自定义形象

用户可以在罗布乐思虚拟形象商店购买各种各样的虚拟物品来设计自己的形象，例如帽子、套装、装备和其他物品（见图 1.6）。罗布乐思虚拟形象商店是由官方负责管理和运营的，普通用户不能上传虚拟物品到虚拟形象商店，但是可以将设计的衬衫、T 恤和裤子上传到创作页面并且出售。设计衣服在罗布乐思社区里是非常流行的，甚至有些用户专门组建了设计衣服的俱乐部。另外，虚拟形象商店里的每一个虚拟物品都有一个唯一的资源 ID，开发者可以在罗布乐思 Studio 里加载相应资源，并将其用到游戏中。

从 2019 年 8 月开始，部分获得官方授权的用户可以在虚拟形象商店中上传自己设计的帽子（这个功能会逐渐开放给更多用户），并且有些用户上传的帽子是需要付费购买的。

罗布乐思有两种形象类型：旧版的 R6 类型和新版的 R15 Rthro（罗布乐思的一种虚拟形象类型名称）类型。这两种类型的形象都可以使用虚拟形象商店里的物品自由装扮。如果要在游戏中使用自定义装扮模型，可以通过在罗布乐思 Studio 上传来实现。

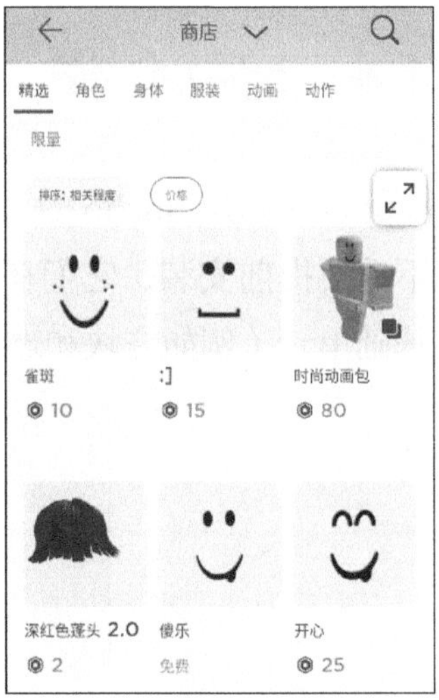

图1.6 虚拟形象商店的虚拟物品目录页面

1.3 罗布乐思支持快速开发迭代

罗布乐思 Studio 是一个灵活、高效的游戏开发引擎，它使用 Lua 语言。Lua 语言不需要编译，可以快速进行编码和测试。罗布乐思集成了错误信息输出模块和命令栏模块。命令栏对调试非常有用，游戏运行起来后，可以在命令栏里输入任意代码指令来协助调试。罗布乐思 Studio 内置了玩家角色、装备、动画、运动控制、照明、多人游戏和用户界面等系统模块，可以使用罗布乐思 Studio 自带的工具或者第三方工具修改这些模块。来打造个性化的游戏。

罗布乐思里的所有事物都是对象实例。对象有各种各样的属性，属性定义了事物的外观和功能，例如形状、颜色和材质等，使用 Lua 语言编程可以修改对象的属性。

以基础部件为例（见图 1.7），用户可以查看它的属性，例如，它的颜色是中石灰色、材质是塑料。

图1.7 罗布乐思Studio中基础部件的一些属性

可用的属性可以通过代码来修改，或者在罗布乐思 Studio 里直接修改。用户不仅可以修改 3D 对象的属性，还可以修改其他对象的属性，例如粒子发射器和用户界面。了解罗布乐思中的对象属性对设计复杂的游戏很有帮助。从第 2 章“使用罗布乐思 Studio”开始，会有更多关于部件与属性的介绍。

1.4　轻松创作

罗布乐思 Studio 的工具箱里有很多免费的资源，用户可以自由使用，这些资源都不需要提前安装，它们在游戏中通过流式传输实时加载。用户可以把这些资源与其他基础单元（例如方块和球体）结合使用，以实现更多创意玩法（见图 1.8）。

图1.8　包括部件、免费资源和属性修改的方块测试场景

如果方块风格不是想要的风格，用户可以使用罗布乐思 Studio 里的地形编辑器（见图 1.9）制作游戏场景。

图1.9　使用罗布乐思Studio中的地形编辑器制作游戏场景

罗布乐思已与 APM Music 签署了授权协议，用户可以自由地在游戏中使用 APM Music 提供的海量音频资源，不用担心版权问题。如果需要某个音频资源，可以在罗布乐思工具箱的音频资源库里搜索。

1.4.1　插件

罗布乐思 Studio 支持自定义插件，可以让开发者更便捷地开发游戏，例如自定义工具、自定义内容控件和自定义外部软件接口。某些插件可以生成树木、填充空白、扫描病毒，甚至编辑对象内部的光线。罗布乐思的官方插件包括语言翻译、角色动画和骨骼工具。

1.4.2 发布更新

通过罗布乐思，开发者可以很便捷地更新发布的游戏，不需要像传统游戏那样进行繁杂的版本发布工作，也不需要联系发行商和渠道商。另外，每个游戏都有专门的场景配置页面和游戏配置页面。

传统游戏开发者期望游戏更新发布后，玩家立刻就能安装更新，实际上这是很难实现的，但罗布乐思可以做到。因为罗布乐思的资源是云存储并且流式传输的（就像罗布乐思 Studio 的场景），当玩家进入游戏时，更新的内容会同时传输。

1.5 罗布乐思Studio

罗布乐思 Studio 是罗布乐思的游戏开发引擎，它提供了许多功能强大的组件。如果使用其他游戏引擎开发游戏，开发者需要自己开发组件，所以使用罗布乐思 Studio 开发游戏可以降低开发成本。另外，使用罗布乐思 Studio 开发游戏时，游戏项目发起人可以共享项目，与其他用户一起开发一个游戏。

1.5.1 联网

罗布乐思负责服务器的管理和维护，为游戏提供在线连接服务。因此不使用额外的软件或者硬件就可以快速实现一个多人在线游戏。游戏成功发布后，当有玩家进入游戏时，罗布乐思会自动建立对应的服务器。服务器可以是私人的，也可以是公共的，可以支持单人游戏，也可以支持多人同时在线游戏，并且最多可支持 100 名玩家同时在线。开发者可以通过游戏场景配置页面设置服务器支持的最大玩家数量。为了让服务器保持良好的性能，一般将多人在线游戏的服务器玩家数量设置为 20 ～ 30。

罗布乐思支持网络服务接口，能让游戏连接到外部互联网。一种常见的场景是：使用 HTTP 服务接口跟第三方服务器连接来传输游戏数据，用于做用户数据分析。另一种常见的场景是：使用 HTTP 服务接口访问第三方桥接服务器来访问罗布乐思网站的资源数据（如目录项描述或创建者名称），并将其实时加载到游戏中显示。

罗布乐思还具有客户端和服务器之间的安全过滤机制，防止从客户端将内容复制到服务器上，从而降低被黑客攻击的风险。但是要保证更高的游戏安全性，需要开发者有更强的安全意识和开发能力。

1.5.2 物理特性

罗布乐思有自主研发的物理模拟引擎，每个 3D 对象都有可碰撞的物理特性。网格部件在加载时会自动生成碰撞网格，如果考虑性能，则可以将碰撞限制为外壳或边界框。如果要禁用某部件的物理模拟，可以把它锚固。

罗布乐思 Studio 提供了约束和附件的功能，例如绳索、弹簧、焊接（见图 1.10）等，使用这些功能可以制作出复杂的装置，例如车辆、液压和悬架系统等。用户可以把这些功能应用在部件和其他 3D 对象上，测试物理控制效果（见图 1.11）。

图1.10 焊接部件在爆炸时的物理效果

图1.11 玩家使用不同密度的材料建造船只来寻找宝藏（造船寻宝—Chillz Studios）

1.5.3 渲染

罗布乐思的视觉保真效果可以支持所有游戏的各种环境，它的光照渲染效果支持大雾、粒子、实时光照、阴影贴花、环境遮挡、抗锯齿和各种屏幕效果（见图 1.12），还支持普通地图和粗糙金属的物理光照渲染。

这些光照渲染效果可以通过罗布乐思设置的图像选项调整，调整范围是 1 ～ 10。罗布乐思允许玩家根据设备性能自动调节渲染效果。另外，罗布乐思的场景是以流式传输方式加载的，玩家角色周围的场景区域会首先被加载，当玩家角色移动到新的区域附近时才加载新的区域。

图1.12 罗布乐思总部的画面渲染效果

提示 开发者创造世界

开发者可以自由地设计游戏的外观和氛围，也可以修改默认的用户界面和玩家角色。虽然罗布乐思是一个 3D 世界，但它的 2D 效果也是不错的。

1.5.4 支持跨平台

罗布乐思支持多种设备并且支持跨平台，所以使用不同设备的玩家可以一起同时在线玩同一个游戏。开发者发布游戏时，可以发布在以下设备上：

- 苹果计算机；
- 非苹果系统计算机；
- 苹果和安卓移动设备；
- Xbox 游戏主机；
- VR 设备。

罗布乐思开始是基于计算机的技术，后来逐渐把核心技术移植到不同的平台设备上。如果要把游戏发布在多设备平台上，就需要考虑不同设备的特点，例如用户界面和用户交互。罗布乐思 Studio 内置了不同设备的模拟器，用户可以在发布前使用模拟器测试游戏在不同平台设备上的运行效果（见图 1.13）。

图1.13 罗布乐思Studio的手机模拟器界面

1.6 免费

罗布乐思的市场规模已非常可观，拥有非常良好的生态，并且罗布乐思开发引擎是免费的，为开发者省去了服务器维护成本。罗布乐思还提供大量免费的云存储服务。

与其他引擎相比，使用罗布乐思引擎开发游戏在时间和成本上更有优势。

一般情况下，在罗布乐思上消费是为了拓展社交或者充值，例如深入地定制虚拟形象、充值罗宝来获得更深入的游戏体验等。

1.7　无限可能

罗布乐思上有各种各样的游戏和作品，目前还没有具体地定义什么才是真正的罗布乐思作品。如果不想制作常见类型的游戏，用户可以设计自己的游戏类型。罗布乐思上的热门内容包括回合制小游戏、开放世界作品、技术实验作品和艺术作品展示等（见图 1.14）。

图1.14　罗布乐思上的地牢挖掘者游戏

1.8　风格多元

除了罗布乐思的品牌和一些特定的资源外，罗布乐思不宣传特定的美学。游戏的美术设计风格完全由开发者自己决定。所以罗布乐思上游戏的美术设计风格非常多，从古怪的卡通风格（见图 1.15）到复杂的古怪风格（见图 1.16），每个人都能在罗布乐思上找到或设计出自己喜欢的风格。

图1.15　RedManta开发的“世界//零”
（一个拥有高亮色彩的、可以自定义角色形象的卡通风格MMO游戏）

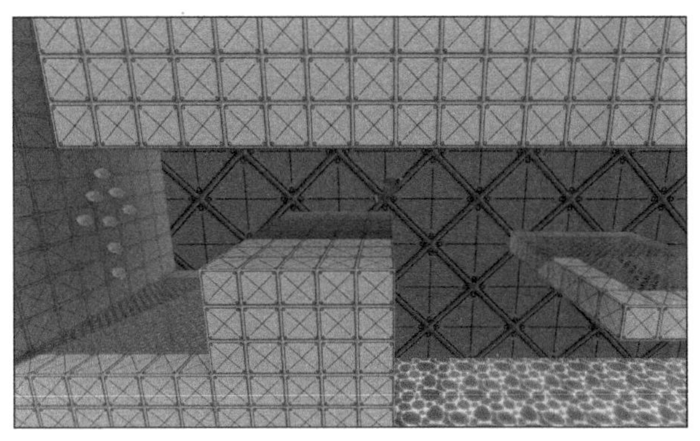

图1.16 zKevin开发的机器人64
（一个在古怪世界中跳跃、探索和收集糖果的游戏）

总结

至此，相信读者已经了解罗布乐思的文化和特性，明白为什么它可以成为一个如此出众的社区。这说明你已经踏出了罗布乐思开发道路上的重要一步！

问答

问 我可以在除罗布乐思以外的其他平台上宣传我的罗布乐思作品吗？

答 可以，用户可以在其他平台宣传自己的作品，只要不违反罗布乐思的规则和服务条款即可。

问 罗布乐思是如何处理版权问题的？

答 所有的版权法律都适用于罗布乐思。如果用户在游戏中使用了他人制作的内容，通常会受到版权方的追责，特别是利用这些内容来变现，这也包括使用罗布乐思之外的第三方工具制作的内容。但如果用户获得了版权方的授权，就可以在授权期限内在作品中使用版权方授权的内容。

问 我可以要求罗布乐思为我的游戏开发功能吗？

答 罗布乐思不会插手游戏内容的开发。如果用户想给社区提一些功能建议，可以在开发者论坛发帖提出。

实践

回顾一下学到的知识，花点时间回答以下问题。

测验

1. 如何融入开发者论坛中？
2. 保存罗布乐思资源的技术是什么？
3. 判断对错：在罗布乐思上玩游戏或者开发游戏只需要一个账号。
4. 罗布乐思除了是一个游戏引擎，还是？
5. 判断对错：我需要花钱才可以让一个上传的资源获得它专门的页面。

答案

1. 经常浏览和阅读开发者论坛上面的内容，一段时间后，你就会越来越了解罗布乐思，逐渐从一个罗布乐思“小白”变成罗布乐思达人，并可以发布自己的帖子。
2. 云存储。
3. 正确，罗布乐思开发者和玩家用的是同一个账号。
4. 一个社区。
5. 错误，所有上传的作品和资源都会自动生成专门的页面。

练习

按照如下步骤，使用计算机创建罗布乐思账号。

1. 在浏览器中打开罗布乐思创作者网站（https://create.robloxdev.cn）。
2. 单击右上角的“登录”按钮。
3. 选择注册方式：微信或者 QQ。
4. 选择后会弹出登录二维码，使用手机微信或者 QQ 扫描二维码，确认登录。
5. 根据提示，输入生日和性别等信息。
6. 单击“注册”按钮。

第 2 章

使用罗布乐思Studio

在这一章里你会学习：

- 如何安装和打开罗布乐思Studio；
- 如何使用Studio模板；
- 如何使用游戏编辑器；
- 如何创建部件；
- 如何平移、缩放和旋转部件；
- 如何保存和发布项目；
- 测试游戏。

了解罗布乐思的文化和功能后，你可以使用罗布乐思的免费游戏开发引擎——罗布乐思 Studio 来释放你的创造力。罗布乐思 Studio 是开发者在罗布乐思社区上创作、分享和玩游戏的“游乐场”。它的优点是，用户可以在上面轻松地制作一个游戏世界（如火山岛或者城市景观），然后将角色放入这个世界，就可以立刻开始游戏。罗布乐思 Studio 就像一个巨大的操场，里面装满了创造世界需要的所有工具。

这一章将讲解如何安装 Studio，如何借助模板来使用罗布乐思 Studio，还将介绍如何调整工作区来摆放 3D 世界中的对象、保存项目和发布项目之间的区别，以及发布游戏之前如何测试游戏。

2.1 安装罗布乐思Studio

罗布乐思 Studio 是一个免费和沉浸式的开发工具，可以让游戏开发者方便地制作不同的地形、城市、建筑、赛车游戏等。开发者不需要具备多年的编码经验，也不受学历限制，只要有想象力和学习动手能力，就可以制作出有趣的游戏。罗布乐思 Studio 使用起来非常直观。罗布乐思是跨平台的，开发者在 Windows 和 Mac 系统上都可以安装 Studio。

使用以下步骤安装 Studio。

1. 访问罗布乐思官方网站。
2. 根据指引下载 Studio。
3. 双击下载的文件进行安装。

提示　系统要求

为了让罗布乐思 Studio 运行流畅，在操作系统和硬件的选配上需注意以下几点：

- 罗布乐思 Studio 无法在 Linux 系统、Chromebook 或智能手机等移动设备上运行；
- Windows 系统版本要求是 Windows 7 或以上，苹果系统版本要求是 macOS 10.10 或以上；
- 至少有 1GB 的系统内存；
- 计算机联网，以便下载和更新罗布乐思 Studio、并且发布或者保存项目到罗布乐思账号中。

为了更流畅地使用罗布乐思 Studio，设备还应该满足以下条件（非强制性）：

- 带滚轮的鼠标，最好是三键鼠标；
- 独立显卡，而不是集成显卡。

2.1.1　安装常见问题

如果在按照步骤安装 Studio 时遇到问题，可以采取如下方法来解决：

- 如果最近在计算机中添加了新硬件或驱动程序，请将其移除并更换硬件，以确定它是否导致了问题；
- 运行诊断软件，并检查有关操作系统故障的信息；
- 重新启动计算机；
- 如果需要，则卸载并删除所有罗布乐思文件并重新安装最新的 Studio。

如果仍然有错误，可以访问罗布乐思开发者论坛获取更多信息。

2.1.2　打开罗布乐思Studio

安装完罗布乐思 Studio 后，需要将其打开。

1. 如果使用的是 Windows 系统，双击桌面中的 Roblox Studio 图标。如果使用的是苹果系统，单击该图标打开登录界面（见图 2.1）。

2. 使用手机微信或者 QQ 扫码登录。

3. 单击“授权”按钮登录。

图2.1 罗布乐思Studio的登录界面

登录后，可以看到一个包含多个不同模板的页面和带有“新增”“我的游戏”“最近”“归档”的侧边菜单（见图 2.2）。

下一节会简单介绍这些模板和 Studio 的其他功能。

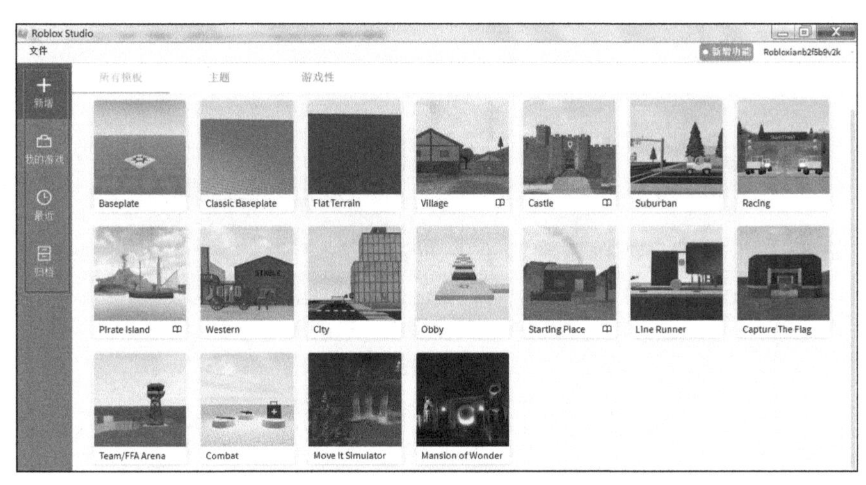

图2.2 罗布乐思Studio的主界面

2.2 使用Studio模板

第一次打开罗布乐思 Studio 时，在“新增”子页面里可以看到 3 个选项卡：“所有模板”“主题”“游戏性”。模板是预先制作好的项目，用户可以参考这些模板来学习制作自己的游戏。

2.2.1　所有模板

“所有模板”选项卡（见图 2.3）是“主题”和“游戏性”选项卡的集合。用户可以基于这些模板来制作游戏。例如，要制作一个中世纪游戏，Castle 模板带有古代的特色，很适合中世纪游戏主题；要制作一个交互的跑酷类游戏，则可以基于 Obby 模板制作。下面是两个常用的简单基础模板。

- **Baseplate**：这是一个常用的模板，因为只有一个底板，很容易删除，删除后就剩下一个空白游戏空间，可以从零开始制作。
- **Flat Terrain**：此模板具有平坦的草地地形，可以使用地形编辑器对其进行修改或清除地形。

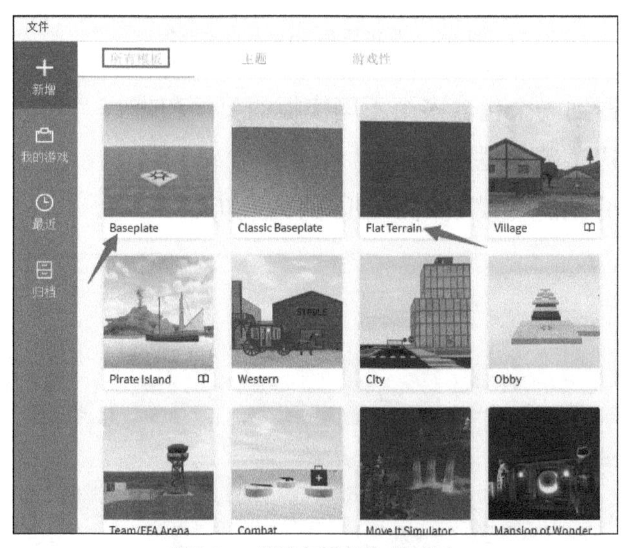

图2.3　“所有模板”选项卡

2.2.2　主题模板

主题模板包含游戏玩法，主题和游戏玩法结合在一起就可以创造一个新的游戏世界。主题设定了游戏的氛围，例如，太空格斗游戏会包含小行星和其他星系。罗布乐思提供了一些预构建的主题模板，用户可以随意使用和修改这些模板。当用户开始探索、制作游戏时，Studio 会弹出一些描述用途或功能的提示，包括如何创建特效等，以便用户可以快速熟悉和使用。

Village 模板是一个预构建主题模板（见图 2.4）。使用该模板，就可以探索模板中村子里的房屋，沿着穿过城镇的小路行走，经过一条河、一座桥，最后到达码头，看到一些小岛。

图2.4 预构建的Village主题模板示例

2.2.3 游戏性模板

Studio 中有一些模板包括互动游戏玩法，即游戏性模板。例如，Capture The Flag 模板（见图 2.5）包括团队战斗、控制点、夺旗等玩法。这些模板的优点是，开发者可以拆解它们，并从中提取想要的部分。例如，使用模板中的雷达和团队重生点。这些模板还提供了有用的组件，用于设置玩家在游戏中可以做什么、目标是什么、如何修改游戏等。

图2.5 预构建的Capture The Flag游戏性模板示例

2.3　使用游戏编辑器

熟悉了 Studio 的主界面，单击模板（以 Baseplate 模板为例），打开游戏编辑器（见图 2.6），在其中可以创建、修改和测试游戏。

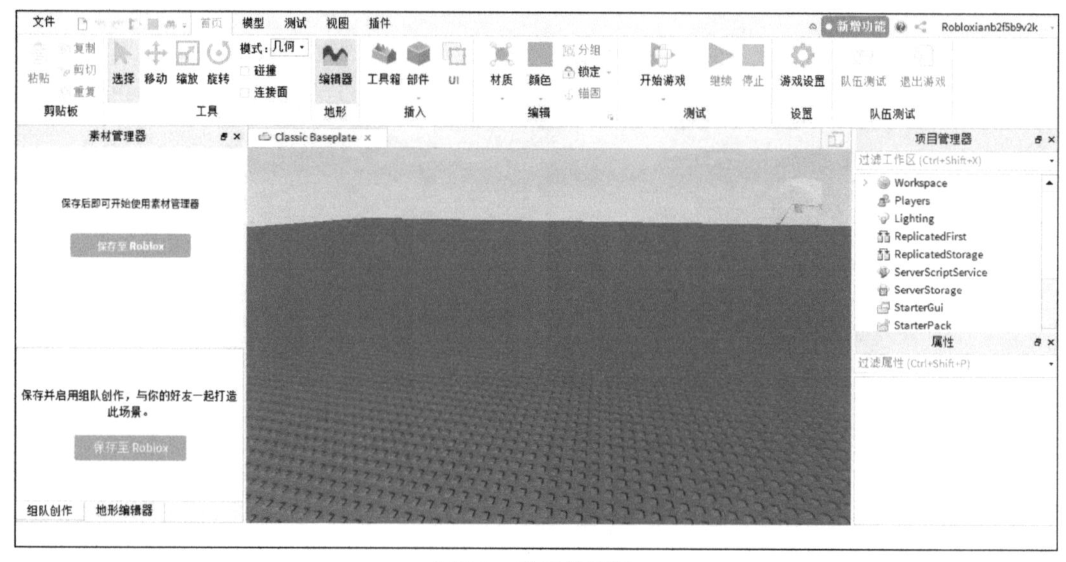

图2.6　游戏编辑器

游戏编辑器是用户可以创建、修改或测试游戏的地方，在游戏编辑器的顶部菜单栏中有不同的选项卡（见图 2.7）。

图2.7　罗布乐思Studio的菜单栏

- **“首页”选项卡**：集合了所有常用的功能，非常方便使用。
- **“模型”选项卡**：集合了很多模型制作工具，包括移动、缩放、旋转、创建重生点和特效，例如火和烟等特效。
- **“测试”选项卡**：包含多种功能，如“运行”和“开始游戏”，可以帮助用户测试游戏。“运行”会模拟整个游戏场景的物理变化，里面没有玩家；而“开始游戏”会让用户作为玩家体验游戏。
- **“视图”选项卡**：切换 Studio 的不同功能窗口。如果用户需要打开某个功能窗口，可以在“视图”选项卡下操作。
- 主窗口是“项目管理器”和“属性”，本节后面会详细介绍。
- “操作”部分有几个与显示相关的功能，例如“屏幕截图”“视频录像”“全屏”“视图选择器”。

- **“插件”选项卡**：集合了Studio的附加组件，插件可以添加自定义行为和功能。用户可以安装罗布乐思社区制作的插件，也可以开发自己的插件。

菜单栏下方是功能区（见图2.8）。当用户在菜单栏切换选项卡时，功能区会发生变化。

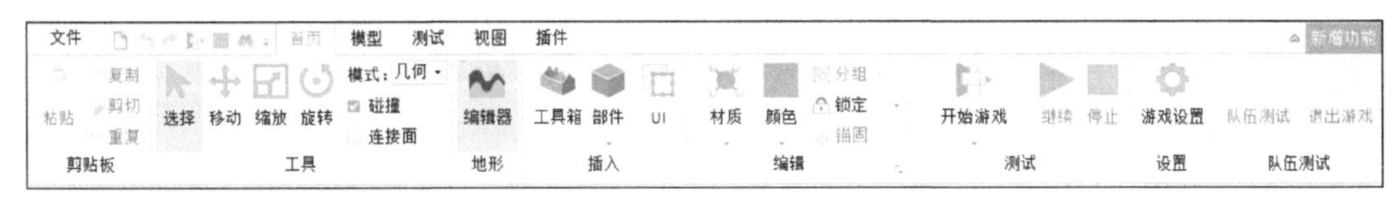

图2.8　罗布乐思Studio的功能区

下面将介绍编辑器的一些基本功能和常用功能，以及把项目发布在罗布乐思上的方法。

2.3.1　布局游戏编辑器的工作区

第一次打开游戏编辑器时，工作区左侧会默认打开一些可能暂时不需要的额外的功能窗口。为了让工作区使用起来更方便，可以先关闭这些额外的窗口，让工作区有更多的空间用于创作。

工作区右侧默认打开“项目管理器”和“属性”窗口（见图2.9）。

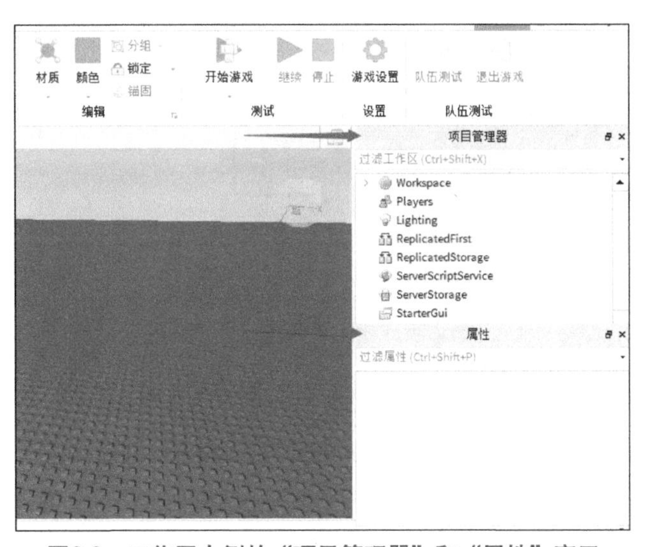

图2.9　工作区右侧的“项目管理器”和“属性”窗口

提示　游戏编辑器工作区的一些特性

再次启动罗布乐思Studio时，工作区的布局会跟上次关闭时一样。这是自动保持的，除非用户撤销布局设置。

取消停靠“属性”窗口后，就很难再把它停靠在“项目管理器”窗口下方，它要么停靠在“项目管理器”窗口旁边，要么停靠在“项目管理器”窗口上方。要解决这个问题，可以取消停靠这个两个窗口，并关闭它们；再转到“视图”选项卡，打开“项目管理器”窗口，把它停靠在右侧，然后把它关闭，对“属性”窗口使用相同的操作并关闭它；最后，重新在“视图”选项卡打开“项目管理器”窗口，打开“属性”窗口，这样它们就会上下对齐停靠。

2.3.2 使用项目管理器窗口

游戏中使用的所有对象会分层显示在“项目管理器”窗口中。“项目管理器”窗口是 Studio 中最重要的窗口，因为它集中显示了游戏的所有对象，并且用户通过它可以查看和测试这些对象。

“项目管理器”窗口使用父层级概念来组织所有对象。对象 Game 是这个层次结构的顶部父层级，但它是隐藏的，没有显示在“项目管理器”窗口中。在图 2.10 中，可以看到父层级 Workspace 下嵌套了以下对象：Camera、Terrain 和 Baseplate。

图2.10 “项目管理器”窗口中Workspace下的对象

如果要创建更多子对象，可以将鼠标指针悬停在 Workspace 上，并单击右侧的加号按钮（见图 2.11），Studio 会列出可创建的所有对象，把需要创建的子对象拖曳到相应父对象中。

部件是最重要的子对象，它是罗布乐思 Studio 中的基本构建块。部件也叫作砖块，它们在 Workspace 中可以产生交互。

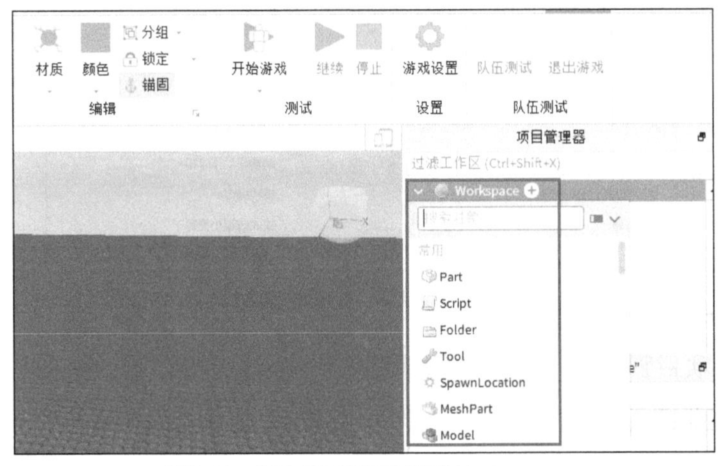

图2.11　添加更多子对象到Workspace

2.3.3　创建一个部件

要创建一个部件，可以在“首页”选项卡的“插入”选项组中单击“部件”按钮（见图 2.12）。

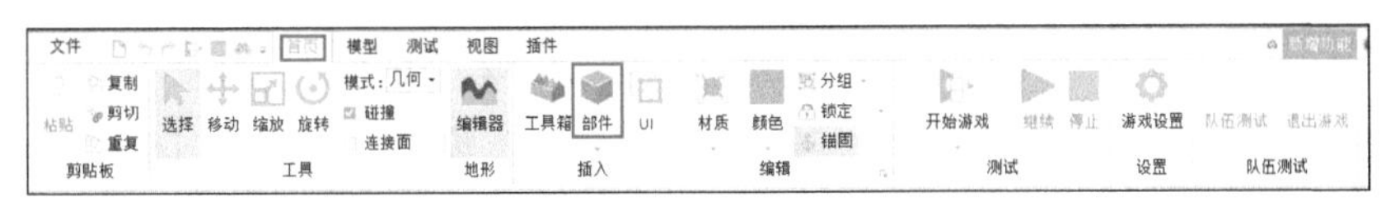

图2.12　创建一个部件

一个部件就会出现在摄像机视野的正中央和“项目管理器”窗口中（见图 2.13）。使用图 2.14 所示的摄像机控制快捷键来移动摄像机、旋转视野，以及放大和缩小视野。

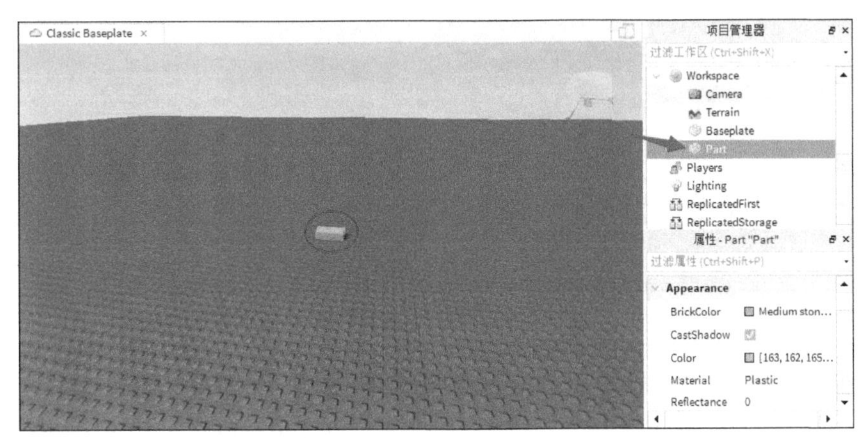

图2.13　部件出现在摄像机视野正中央和“项目管理器”窗口中

控制快捷键	实现动作
W A S D	移动摄像机
E	升起摄像机
Q	下降摄像机
Shift	缓慢移动摄像机
鼠标右键（长按并拖动）	旋转摄像机
鼠标滚轮	放大或缩小视野
F	聚焦到选中对象

图2.14　摄像机的控制快捷键

1. 双击“项目管理器”窗口中的部件。

2. 重命名部件。罗布乐思约定部件以驼峰式命名，就是将每个单词的首字母大写，例如 EndZone 或 RedBrick。

请注意，重命名的名称虽然可以包含空格，但不建议使用空格。因为如果以后通过代码调用部件，带空格的名称会导致调用失败。

如果在游戏编辑器中没有看到部件，可以在“项目管理器”窗口中选择和使用部件。

2.3.4　使用属性窗口

当在 Workspace 中添加部件时，会看到“属性”窗口（见图 2.15）中显示了新添加部件的详细信息。

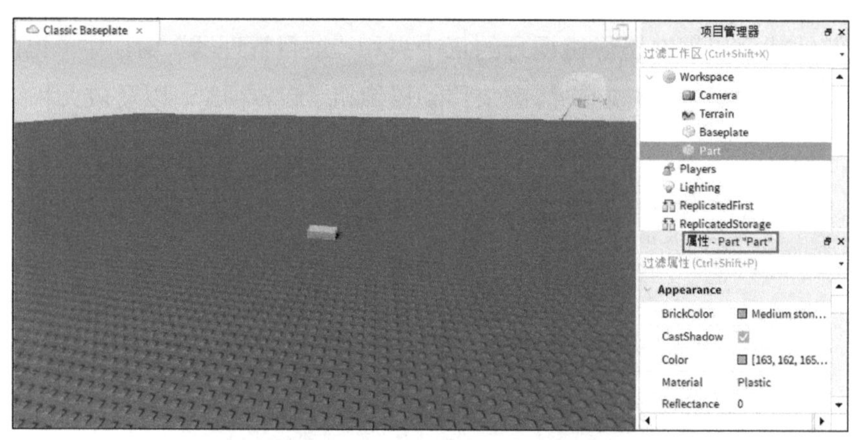

图2.15　“属性”窗口列出了新添加部件的详细信息

与其他对象一样，部件也具有大小和颜色等属性，“属性”窗口会显示与对象的外观和行为方式相关的详细信息。下一章会进一步介绍部件的属性，以及如何操作它们。

2.4　平移、缩放和旋转对象

在罗布乐思 Studio 中，可以平移、缩放和旋转场景中的对象。有多种方法可以实现部件移动，但本节仅介绍使用罗布乐思 Studio 的默认工具和快捷键实现部件移动的方法。

有两个量的设置可以让移动部件操作更便捷：调整量和碰撞。

- **调整量**是设置部件一次移动、缩放或旋转的最小量。在开发需要精确对齐的项目时，调整量设置非常有用，例如将建筑物的墙壁转成 90°。
- 如果打开了**碰撞**设置，当两个物体（或刚体）相接触或彼此在一定范围内时，就会发生碰撞。

这两个设置在操作两个或者多个部件时最常用，现在暂时关闭它们，以便可以自由地移动单个部件。稍后在介绍它们的工作原理时，再重新将其打开。

- 关闭调整量：在“模型”选项卡中，取消勾选“旋转”和“移动”复选框（见图 2.16）。
- 关闭碰撞：在“模型”选项卡中，取消勾选“碰撞”复选框（见图 2.17）[1]。

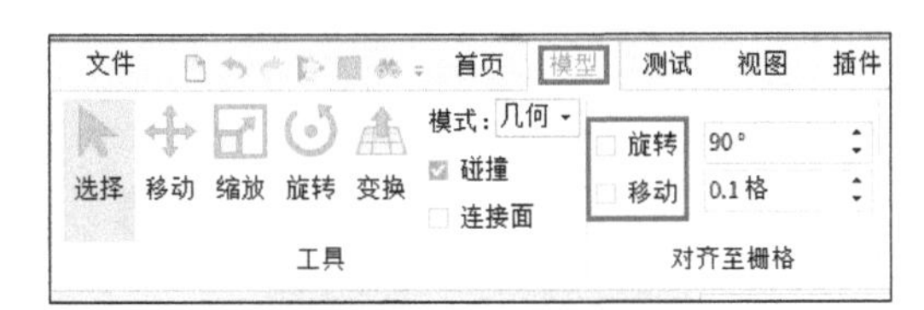

图2.16　关闭调整量

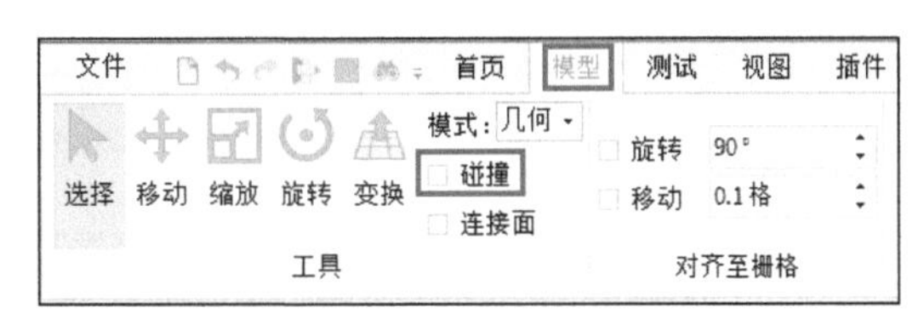

图2.17　关闭碰撞

2.4.1　平移

在“模型”或“首页”选项卡中，单击“移动”按钮（见图 2.18）。

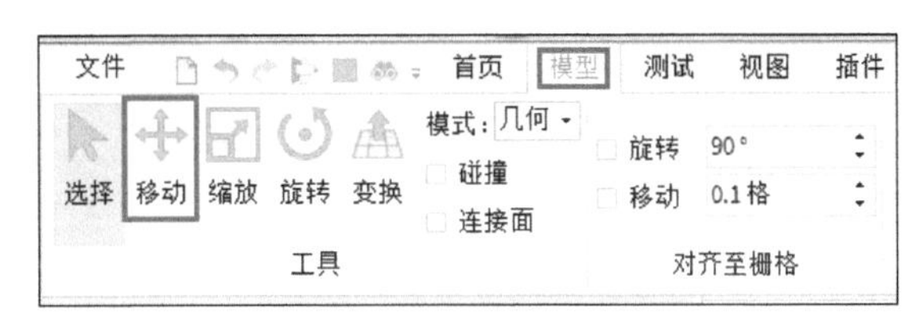

图2.18　“移动”按钮

1　新版 Studio 在显示设置开关时不是高亮显示的，而是以复选框形式来显示，故此处与原文不一致。——译者注在选中的对象上会出现 3 条坐标轴，当按住鼠标左键并拖动其中一个箭头时，对象就会沿相应的轴移动（见图 2.19）。

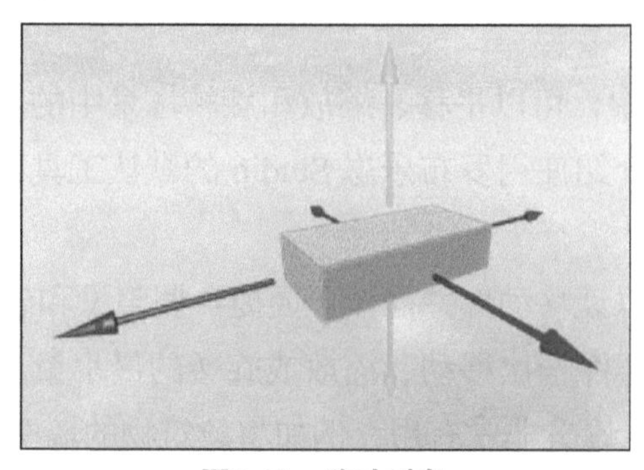

图2.19　移动对象

2.4.2　缩放

在“模型”或“首页”选项卡中，单击“缩放”按钮（见图 2.20）。

选定对象上会显示三维空间的点，当按住鼠标左键并拖动其中一个点时，对象将沿相应坐标方向缩放（见图 2.21）。

图2.20　“缩放”按钮

图2.21　缩放对象

如果要同时在两侧缩放，需按住 Ctrl（Windows）或 Command（macOS）键，然后按住鼠标左键并拖动。

如果想按比例进行缩放，可以按住 Shift 键来缩放对象。

2.4.3　旋转

在“模型”或“首页”选项卡中，单击“旋转”按钮（见图 2.22）。

选中的对象上会显示圆形连接线球体，当按住鼠标左键并拖动其中一个点时，对象将沿相应轴旋转（见图 2.23）。

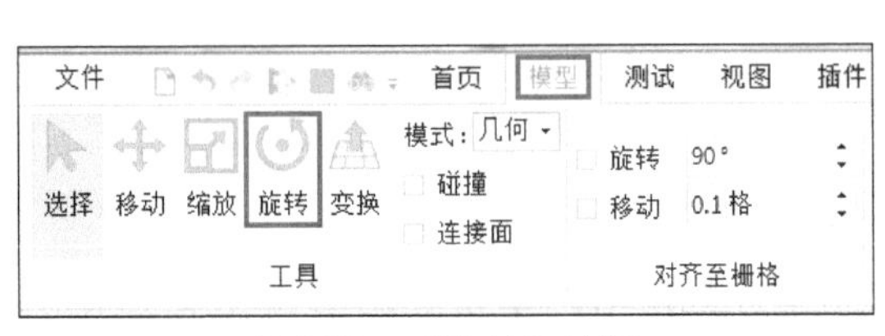

图2.22　“旋转”按钮

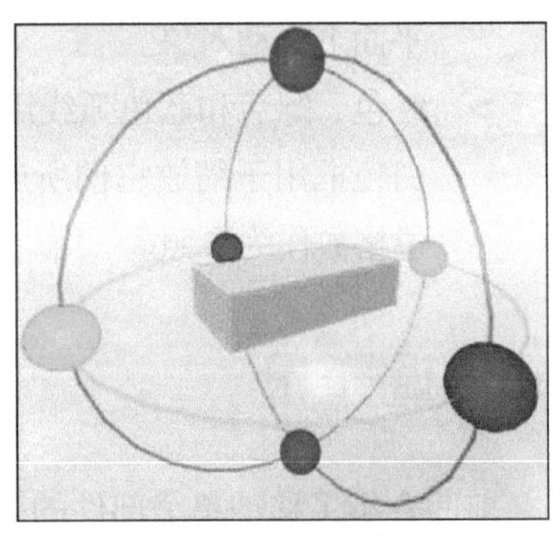

图2.23　旋转对象

2.4.4　变换

变换工具（见图 2.24）是一个重要的综合创作工具。使用它可以在一次连续操作中实现多次移动、缩放和旋转对象操作。可以把它看作移动、缩放和旋转工具的集合。使用它可以以任何方式改变对象，还可以锁定轴和对齐至栅格。

图2.24　“变换”按钮

选择对象后，在“模型”选项卡中单击“变换”按钮，对象周围会出现用于操作的标记（见图 2.25）。

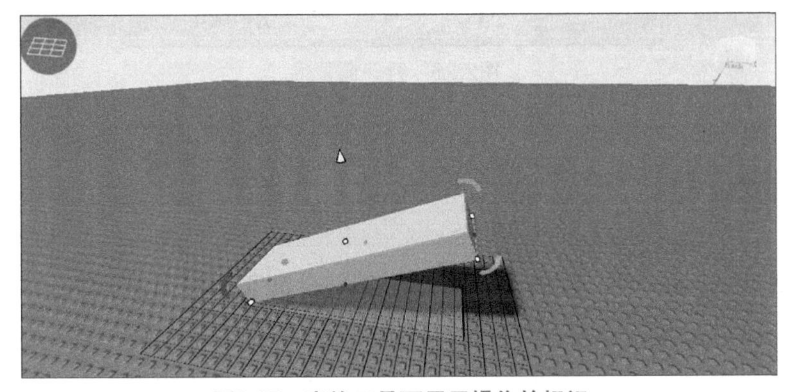

图2.25　变换工具可用于操作的标记

▶ 黄色锥体用于在 y 轴上的不同平面上移动对象。当平面设置好后，就可以在平面上拖动对象。

- 红色、绿色和蓝色弧线用于在 x、y 和 z 轴上旋转对象。
- 白色框用于缩放它们所连接对象的一侧。在缩放过程中，缩放量以底板的单位格数作为参照。

2.5　调整量

前面介绍了移动单个部件的基础知识，接下来介绍调整量和碰撞。调整量是部件一次移动、缩放或旋转的量，它可以协助用户完美地对齐对象。调整量有两种类型：旋转和移动。

- 旋转调整量可以让对象旋转固定的角度。当打开旋转调整量，将其设为 45°，旋转任何对象时，一次操作只能旋转 45°。
- 移动调整量可以同时作用于移动和缩放操作。当打开移动调整量，将其设为 1 格，移动任何对象时，一次操作只能移动 1 格，并且缩放对象时，一次也只能缩放 1 格。

但需注意，如果是从对象的中心缩放，则会在两侧同时缩放 1 格，因此最终的缩放量是 2 格。

勾选“模型”选项卡中“旋转”和“移动”复选框，就可以打开调整量，然后在旋转或移动对象时，可以设置旋转的角度或移动的格数（见图 2.26）。

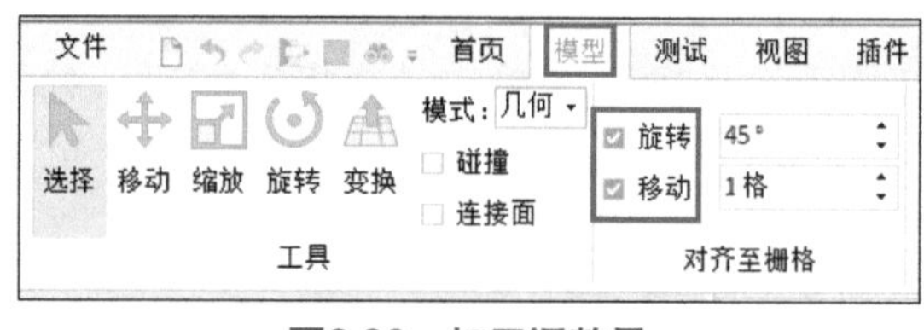

图2.26　打开调整量

2.6　碰撞

在罗布乐思 Studio 中，碰撞功能可以控制部件能否穿过其他部件。碰撞开启后，就不能使一个部件与另一个部件重叠。

勾选“模型”选项卡中的“碰撞”复选框，就可以打开碰撞（见图 2.27）[1]。

1　新版 Studio 的碰撞是以复选框形式来设置，故此处与原文不一致。——译者注

图2.27 打开碰撞

2.7 锚固

本章介绍了很多关于部件移动的知识，但是如果不想让部件移动应该怎么办？如果希望部件固定不动，则需要把它锚固。当锚固部件后，在游戏中，即使玩家角色或者其他物体碰到它，它也会保持静止。可以按照以下操作锚固部件。

图2.28 锚固一个部件

在“属性”窗口展开 Behavior，勾选 Anchored 复选框（见图 2.28）。

还可以单击“模型”选项卡或“首页”选项卡中的“锚固”按钮，便捷地锚固和取消锚固部件（见图 2.29）。

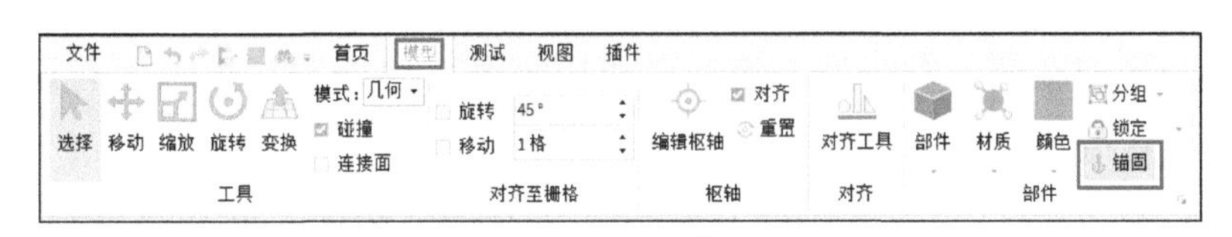

图2.29 “锚固”按钮

▼ 小练习

锚固部件

按照如下步骤练习锚固部件操作。

1. 创建部件。
2. 向左移动部件。
3. 在“属性”窗口中检查部件是否已锚固。

2.8 保存和发布项目

在使用游戏编辑器开发作品时，为了不丢失修改的内容，需要不时地保存项目进度。当游戏开发好后，为了让人们能玩到，需要发布它。

2.8.1　保存项目

罗布乐思不会自动保存项目，所以需要用户手动进行保存。有两种方法可以保存项目。

- **保存在本地**：单击罗布乐思 Studio 菜单栏中的“文件”菜单，然后选择“保存到文件”选项，可以把项目保存为本地 RBXL 文件；如果选择“文件另存为”选项，则可以重命名项目并另存为一个本地 RBXL 文件（见图 2.30）。
- **保存在服务器**：打开“文件”下拉菜单，选择“保存至 Roblox 为”选项，把项目保存在罗布乐思服务器的安全位置里，其他人不能访问。

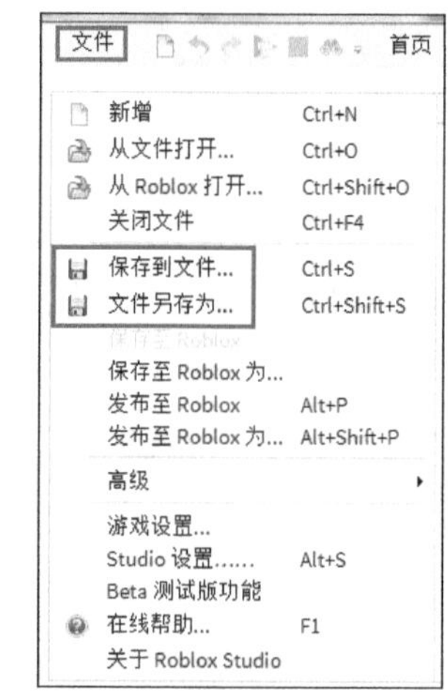

图2.30　“文件”下拉菜单

2.8.2　发布项目

创作游戏的目的是让大家可以玩到它，使用“发布至 Roblox”选项来发布项目，可以让游戏公开和赢利。发布后，游戏就可以公开，允许罗布乐思上的其他玩家玩。以下是将游戏发布到罗布乐思的步骤。

1. 选择“文件”下拉菜单中的“发布至 Roblox”选项，打开发布窗口。
2. 填写名称和描述（描述是非必填项）。
3. 单击“创建”按钮。

2.8.3　重新打开项目

如果想重新打开正在开发的项目，可以在 Studio 主界面找到它（见图 2.31），以下是 3 种打开方式。

- **“文件”下拉菜单**：打开“文件”下拉菜单，使用里面的打开选项。
- **“我的游戏”**：如果游戏已经发布到罗布乐思，它就会出现在“我的游戏”子页面中。
- **“最近”**：在“最近”子页面中查找你最近打开的所有文件。

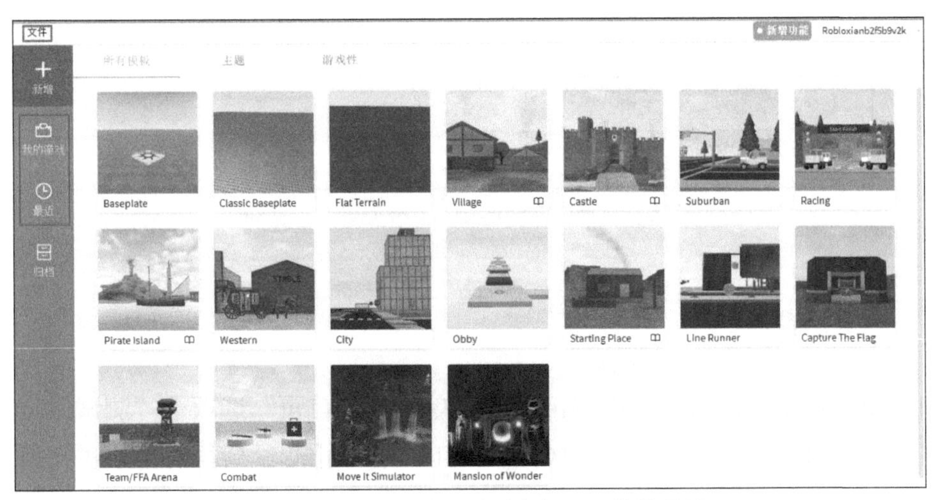

图2.31 在Studio主界面重新打开以前的项目

2.9 游戏测试

游戏测试就是通过玩游戏，检查游戏是否能正常运行，并找出改进点的过程。不要跳过这一步，因为它对游戏的成功至关重要。一个很好的开发习惯是，每次修改后都对游戏进行测试。另外，开发者还应该在各种模式下测试游戏。例如，可以在“开始游戏”模式下修改作品，但是这些修改不会被保存，所以当返回编辑模式时，需要对作品再次进行相同的修改。

提示 游戏测试练习

测试游戏时需要注意以下几点：

- 确认游戏是否正常运行，特别是在刚刚对游戏进行了修改的情况下；
- 寻找可以改进的地方；
- 体验或测试模板时，注意查看部件的命名和组合方式。

2.9.1 测试游戏

按照以下步骤测试游戏。

1. 保存游戏，记得更改文件名。

2. 单击顶部菜单栏中的“开始游戏”按钮，也可以在“首页”选项卡的“测试”选项组中单击“开始游戏”按钮（见图 2.32）。

图2.32 用于测试游戏的“开始游戏”按钮

2.9.2 停止测试

如果要停止游戏测试，可以单击顶部菜单栏或“首页”选项卡“测试”选项组中的“停止”按钮（见图 2.33）。再次提醒一下，要停止测试后再对游戏进行修改，因为在测试模式下所做的修改是不会被保存的。

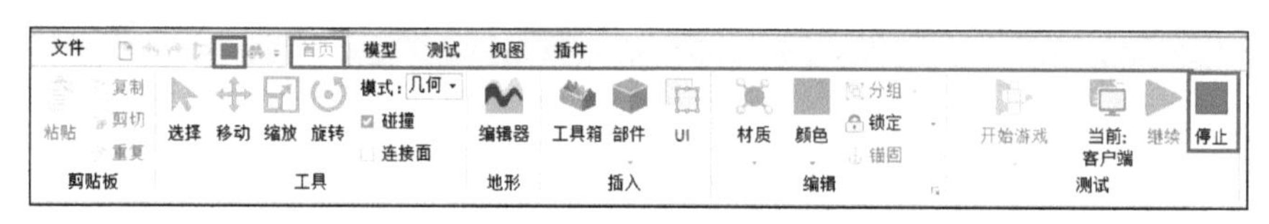

图2.33 用于停止游戏测试的“停止”按钮

▼ 小练习

游戏测试

测试以下两个模板：

- Village；
- Obby。

在进行游戏测试前，可以修改部件的位置，可以拖动部件，并在“属性”窗口中查看其属性的变化，你可以修改或删除材质。修改后，不要忘记保存修改，或以新名称发布项目。如果要添加部件或特效，需要先确认项目不是在测试模式下。

总结

本章主要讲解了安装和使用罗布乐思 Studio、布局工作区、修改模板，以及保存和发布游戏的相关操作。还介绍了如何测试游戏、验证修改，以确认游戏可以正常运行。

问答

问 在安装 Studio 前需要做什么?

答 确保计算机满足使用 Studio 的最低系统要求，如果不满足，那么即使 Studio 能安装成功，它在运行时也可能会出现问题。

问 我可以修改模板吗?

答 可以，模板是预先构建的项目，用户可以以它们为基础来开发自己的游戏。

问 我可以保存在游戏测试期间所做的修改吗?

答 不可以，在“开始游戏”模式中所做的修改不会被保存，当返回编辑模式时，用户需要再次进行相同的修改操作。

实践

回顾一下学到的知识，花点时间回答以下问题。

测验

1. 如何布局工作区?
2. 哪两种常用的基础模板可以让你从零开始开发游戏?
3. 在测试游戏时，怎样操作才能移动玩家角色?
4. 判断对错：在罗布乐思上发布项目后，其他玩家都可以看见它。
5. 判断对错：变换工具是一个制作工具的集合。

答案

1. 关闭暂时不用的窗口，以腾出更多的空间来创作，让“项目管理器”和“属性”窗口上下对齐。

2. Baseplate 和 Flat Terrain 是从零开发的两个常用模板，可以让开发者从零开始开发整个游戏世界。

3. 使用 W、A、S、D 键或方向键来移动玩家角色。

4. 正确，发布后罗布乐思会把游戏保存到服务器中安全的地方，并允许罗布乐思上的其他玩家玩（需要向所有人公开，发布后，在“游戏设置”中把作品设置为公开）。

5. 正确，变换工具是一个制作工具的集合，使用它可以移动、缩放和旋转部件。

练习

按照下面的练习进一步了解罗布乐思 Studio。

1. 打开一个新的 Baseplate 模板。

2. 从“首页”选项卡中添加部件。

3. 在“项目管理器”窗口的 Workspace 下找到添加的新部件，把它重命名为 CenterPart。

4. 重命名并保存项目，然后把它发布到罗布乐思。

5. 测试游戏。

第二个练习结合了第 1、2 章的许多内容。如果有不清楚的部分，可以再次翻阅一下。这个练习是制作一个简单的障碍跑游戏（在罗布乐思中通常被称为“obby”）。

1. 添加几个部件，把它们放在空中，并且确认它们已经被锚固。可以随意改变部件的颜色，甚至添加贴花或纹理。

2. 在这些部件的一端添加一个部件，作为障碍跑游戏的开始点，将其锚固。

3. 在这些部件的另一端添加最后一个部件，作为障碍跑游戏的结束点，将其锚固。

4. 测试游戏。可以通过传送到起点的方式来测试游戏，单击“首页”选项卡中“开始游戏”下方的蓝色箭头，然后选择“在这里开始游戏”选项。

提示：如果不想使用“在这里开始游戏”按钮，可以在罗布乐思 Studio“模型”选项卡的“游戏性”选项组中单击“重生点”按钮，添加一个“重生点”对象，让所有玩家都从重生点开始游戏（重生点默认是锚固的）。

提示 请记住这些提示

- 添加至少五六个不同大小和形状的部件，建造一条跳跃的路。开始部件的跳跃难度应比后面部件的跳跃难度低。
- 创建完成后，测试游戏，确保所有的部件都可以跳过去，并且所有部件都已经被锚固。

第 3 章

部件构建系统

在这一章里你会学习：

- 如何改变部件的外观；
- 如何创建贴花和纹理。

上一章介绍了如何使用罗布乐思 Studio 创建独特的游戏，并且发布到罗布乐思给其他玩家玩。这一章会更详细地解释部件，并介绍如何使用它们。部件可大可小，可以有不同的纹理和颜色。只要你想象力丰富，部件可以有无限的可能。可以使用部件来创建道具、城市景观和车辆等。本章将介绍改变部件的外观，以及创建、添加和修改贴花与纹理的相关内容。

3.1 创建部件

按以下步骤创建部件。

1. 在“所有模板”选项卡中单击 Baseplate 模板。

2. 在“首页”选项卡中，单击“插入”选项组中的“部件”按钮（见图 3.1），摄像机视野的中心会生成一个部件。

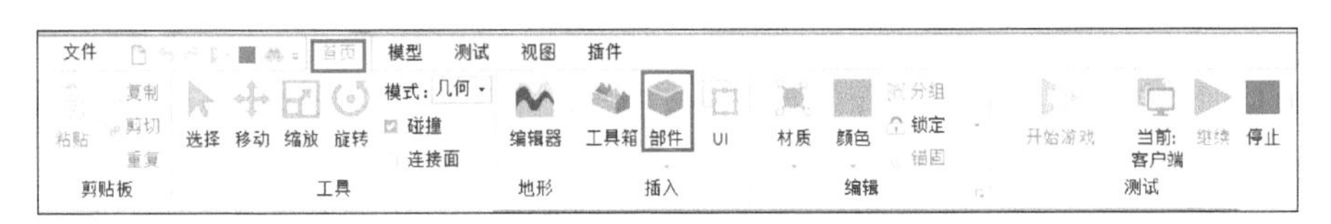

图3.1 创建一个部件

3.2 改变部件的属性

创建部件后，可以在“属性”窗口中进行如下操作改变部件的属性。

1. 选择 Workspace 中的部件。
2. 在“属性”窗口查看所选部件的属性，展开 Appearance（见图 3.2）。

图3.2 部件外观属性

可以看到外观有多种属性，包括颜色、材质、反射率和透明度。下面将详细介绍不同的外观属性。

提示 显示和隐藏窗口

如果窗口被隐藏了或者不见了，可以通过单击菜单栏的“视图”选项卡中的对应按钮来显示它们，按照图 3.3 所示打开本节需要的窗口。

图3.3 在“视图”选项卡中根据需要显示和隐藏窗口

3.2.1 颜色

颜色属性用于改变部件表面的颜色。在“属性”窗口中勾选 Appearance 中 Color 旁边的框，就可以打开颜色选择器（见图 3.4），从而为部件选择颜色。

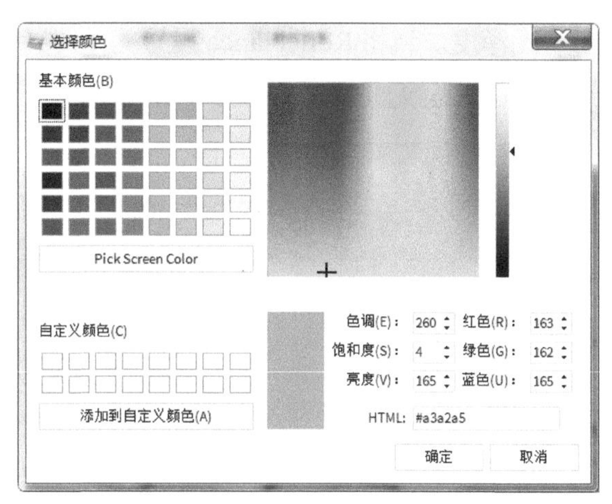

图3.4 颜色选择器

3.2.2 材质

可以通过材质设置让部件细节更丰富，达到更逼真的外观效果。就像在现实世界中一样，改变材质也会影响部件的密度和物理行为，例如，Marble（大理石）的密度比 Grass（草）的大。部件的默认材质是 Plastic（塑料），但用户可以在 Material 下拉列表框中，选择不同的选项来修改材质（见图 3.5）。使用这些材质，可以创建任意场景，如茂密的森林或城市高楼。

罗布乐思 Studio 目前提供了 22 种材质，如图 3.6 所示。

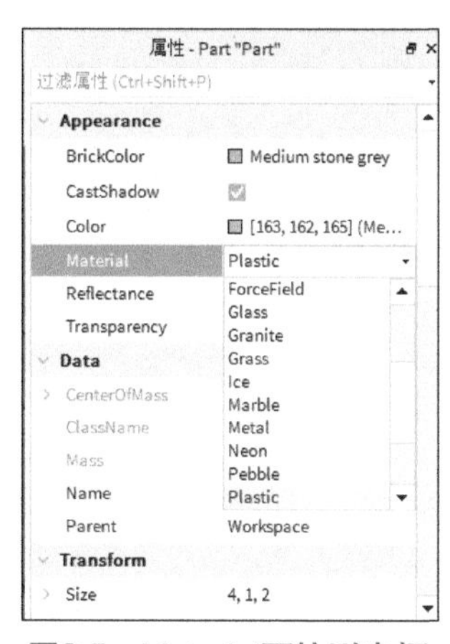

图3.5 Material下拉列表框

图3.6 Studio中的材质

3.2.3 反射率和透明度

最后两个外观属性是 Reflectance（反射率）和 Transparency（透明度）。增大反射率可以增加部件表面的光泽度。当将 Reflectance 设置为 1 时，部件表面完全有光泽；当将它设置为 0 时，部件表面完全无光泽（见图 3.7）。

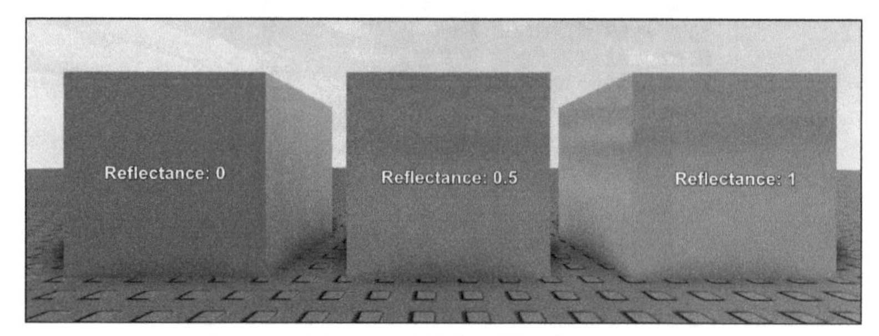

图3.7 反射率设置示例

当将 Transparency 设置为 1 时，部件完全透明；当将其设置为 0 时，部件完全可见（见图 3.8）。透明度属性在制作玻璃表面和其他透明对象时很有帮助。

图3.8 透明度设置示例

▼ 小练习

改变部件的颜色、纹理和形状

使用本节介绍的知识，尝试创建图 3.9 所示的黄色鹅卵石球体部件。

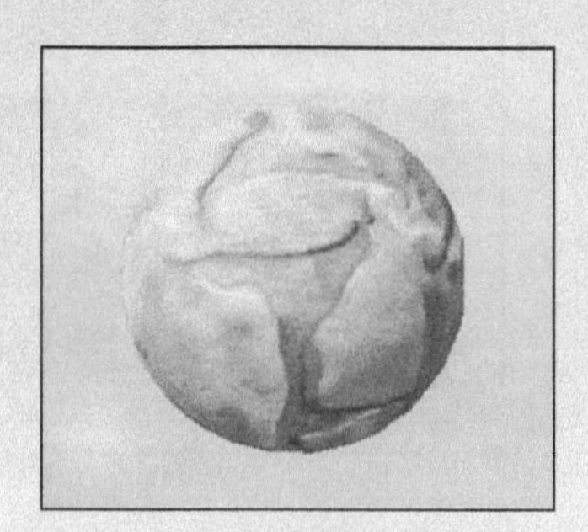

图3.9 黄色鹅卵石球体部件

3.3 创建贴花与纹理

部件的材质属性很有用，合理利用它们可以实现很多创意，但材质并不是增加部件细节的唯一方法，贴花和纹理的应用在部件细节刻画方面也十分有用。

贴花是一种特殊的纹理，与其他纹理相比，它具有不一样的用途。贴花会拉伸填充部件的整个面（见图 3.10）。

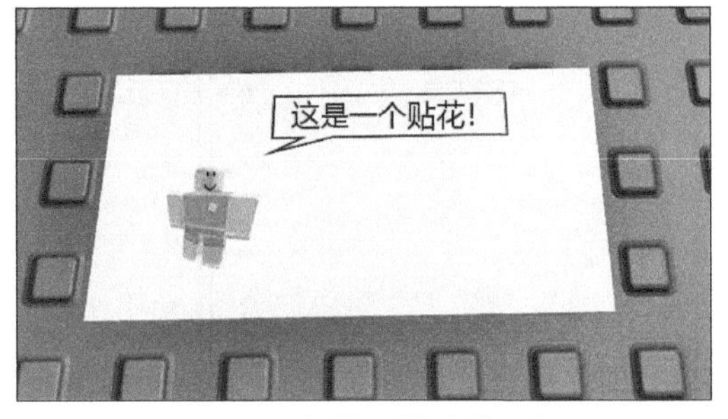

图3.10 部件上的贴花示例

纹理具有允许并排重复的属性。在图 3.11 所示的放大细节中，可以看出纹理重复得不均匀，有“接缝”，这与贴花上显示的整个图片不同。

图3.11 部件上的纹理示例

3.3.1 贴花

当希望将纹理拉伸到整个表面时，最好使用贴花，例如制作路边的广告牌。用户可以制作或上传用作贴花的图片来制作个性化游戏对象。按照以下步骤制作和上传贴花。

1. 确认游戏已发布，如果游戏没有发布，就无法上传贴花。关于如何发布游戏，请查看第 2 章相关内容。

2. 如果还没有制作图片，可以使用图片编辑器软件（例如 Photoshop 或 GIMP）创建所需的贴花图片并保存。

3. 在“素材管理器”窗口中，单击“导入”按钮（如果没有看到“素材管理器”窗口，则需要在“视图”选项卡中单击“素材管理器”按钮）。

4. 选择制作好的贴花图片，单击“打开”按钮，这样就完成了上传图片的操作。

图片上传成功后，按照以下步骤把图片以贴花方式添加到部件上。

1. 将鼠标指针悬停在“项目管理器”窗口中的部件上，单击加号按钮。
2. 选择 Decal 选项（见图 3.12），部件周围会出现黄色边框，显示贴花的放置位置。
3. 在“属性”窗口中，单击 Texture 旁边的空白字段（见图 3.13）。

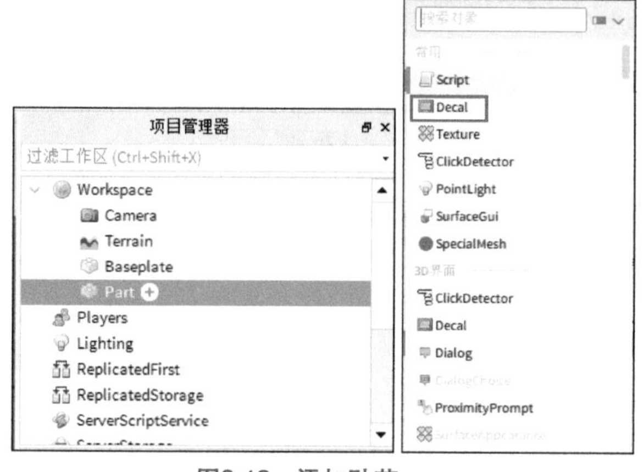

图3.12 添加贴花

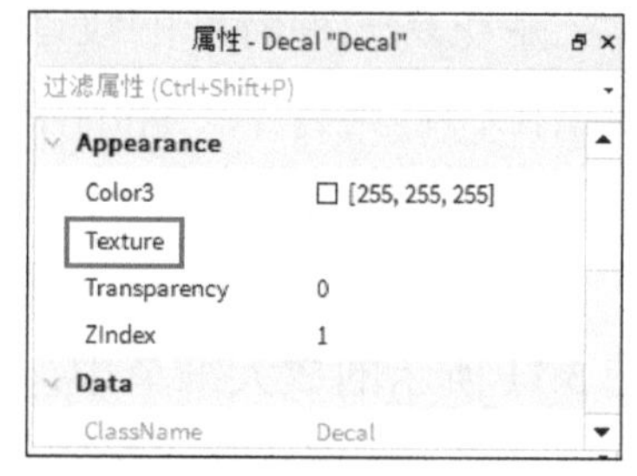

图3.13 贴花的外观属性

4. 从列表框中选择刚刚上传的图片，图片会出现在黄色边框里。

Texture 是贴花的一个属性，贴花还有其他属性，如 Face、Color3 和 Transparency。

Face（面）属性用于设置把贴花显示在部件的哪个面。

Color3（颜色）属性用于设置图片的颜色。Color3 只会为图片叠加颜色，而不会覆盖它。

Transparency（透明度）属性可以让图片变为透明（见图 3.14），其作用就像前面介绍的部件的透明度一样。

在图 3.13 中，你可能已经注意到示例中砖块的 Color3 属性的值为 [255,255,255]，即白色。但砖块的实际颜色包括黄色、黑色和粉红色等。如果想把砖块的颜色改为蓝色，可以在 Color3 属性字段中输入蓝色的 RGB 值 [0,255,255]，但结果会如图 3.15 所示。

图3.14 贴花的透明度属性

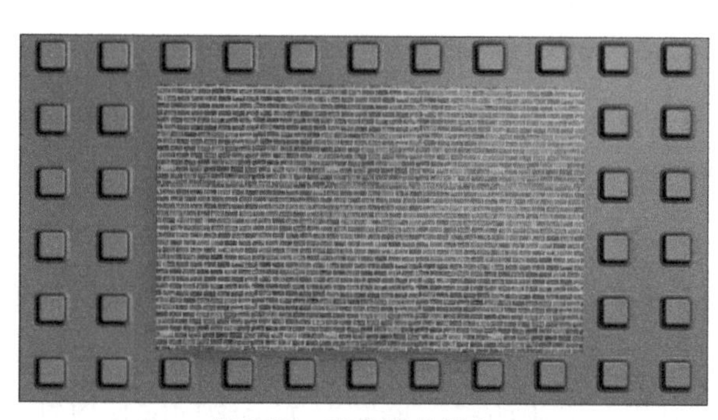

图3.15 改变贴花颜色

可见砖块并没有变成蓝色，其效果只是在砖块的原始颜色上叠加了一层蓝色。

3.3.2　纹理

纹理和贴花之间有根本的区别。一个主要区别是贴花是在部件的表面拉伸显示的，而纹理会不断地重复，所以纹理适用于砖块或道路类的对象，或者能调整纹理的地方。

如果想创建和上传纹理，上传的步骤与贴花相同，但是创建的方法有区别，区别是单击加号按钮后选择的是 Texture 选项（见图 3.16）。

纹理具有一些与贴花相同的属性（如 Texture、Color3 和 Transparency），并且这些属性的使用方式也与贴花相同。另外纹理还具有一些其他属性（见图 3.17），例如 OffsetStudsU、OffsetStudsV。

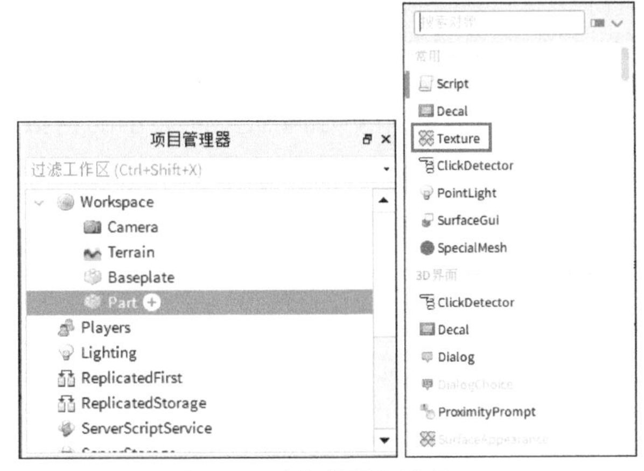

图3.16　为部件添加纹理

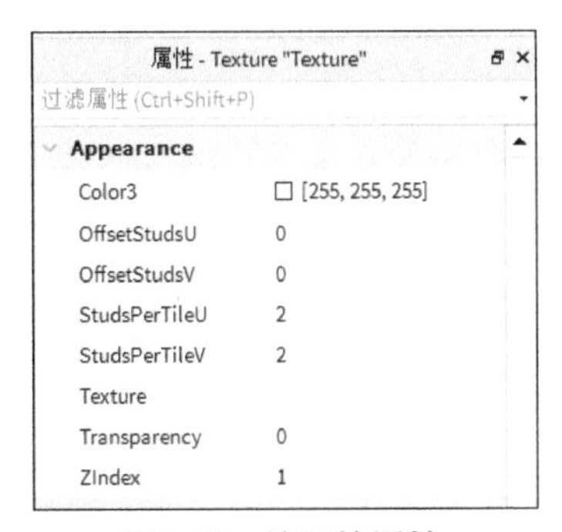

图3.17　纹理的属性

在进一步讲解它们之前，需要先介绍 *u* 和 *v* 代表什么。*u* 是 *x*（水平）轴的二维等效值，*v* 是 *y*（垂直）轴的二维等效值。

OffsetStudsU 和 OffsetStudsV 用于设置图片在 *u* 和 *v* 方向偏移的格数。图 3.18 所示是未偏移的重复纹理的图。

图3.18　没有偏移的纹理，注意它的接缝

从图 3.18 可以看到，纹理没有任何偏移，但是将 OffsetStudsU 设置为 0.5 后，可以在图 3.19 中看到，图片向侧面移动了半格，使接缝不那么明显。同样可以设置 OffsetStudsV 的值，但由于这个纹理在调整前后非常相似，很难分辨调整的效果，可以尝试调整其他不同的纹理。

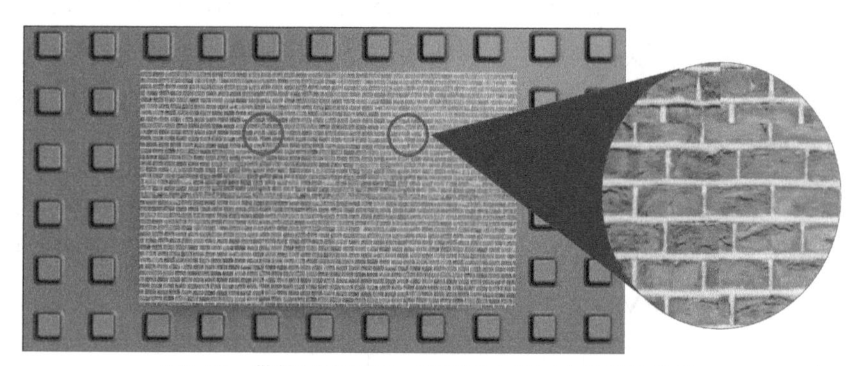

图3.19　带偏移的纹理，注意图中的两个接缝已移动

StudsPerTileU 和 StudsPerTileV 用于设置图片在 *u* 和 *v* 方向上拉伸显示的格数。例如，如果将 StudsPerTileU 设置为 6，表示纹理的每个重复图片在 *u* 方向上以 6 个格子大小拉伸显示（见图 3.20），与设置之前相比，注意观察砖块的长度。

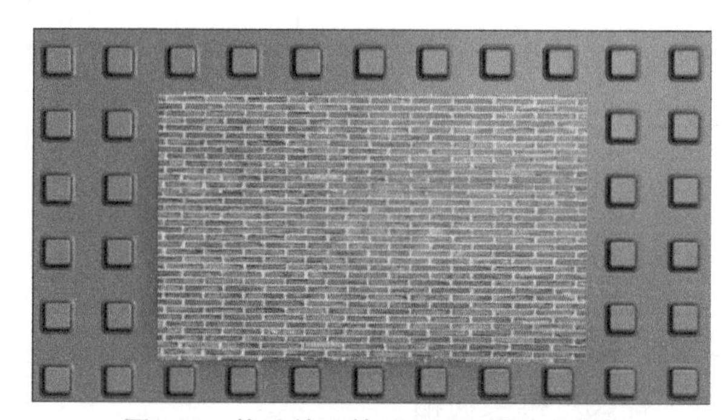

图3.20　修改纹理的StudsPerTileU属性

如果将 StudsPerTileV 也改为 6，结果会显示为图 3.21 所示的没有被拉伸的纹理效果。

图3.21　修改纹理的StudsPerTileV属性

▼ 小练习

制作电影院

现在使用学到的知识，尝试制作自己的电影院，并附上电影海报（见图 3.22）。

图3.22 制作自己的电影院

提示：不需要与图 3.22 完全一样。

了解如何导入和自定义贴花，并使用各种材质来添加更多细节。图 3.22 中，墙壁使用了纹理，海报使用了贴花。

总结

这一章在部件的基础上介绍了使用贴花和纹理来修改部件外观的方法，并在实际的场景中使用贴花和纹理，例如为你的游戏建造砖墙。

问答

问 我可以修改部件的透明度吗？

答 可以，在“属性”窗口中可以修改部件的许多属性，例如颜色、材质、反射率和透明度。

问 我可以修改贴花的属性吗？

答　可以，贴花和纹理都有其自己的属性，例如颜色和透明度，用户可以修改这些属性。

问　我可以创建和上传纹理吗？

答　可以，用户可以制作并上传想要的图片，然后将其用在游戏的贴花或纹理中。

实践

回顾一下学到的知识，花点时间回答以下问题。

测验

1. 判断对错：当部件的透明度属性值设置为 0 时，部件会完全透明。
2. 判断对错：设置 Color3 属性会覆盖图片的颜色。
3. 判断对错：Color 和 BrickColor 属性相同。
4. 判断对错：在中心按 1 格缩放对象，实际会缩放 2 格的大小。
5. 判断对错：贴花会拉伸显示在部件的表面，而纹理可以重复显示。

答案

1. 错误，当透明度属性值为 1 时，部件完全透明；当透明度属性值为 0 时，部件完全可见。
2. 错误，设置 Color3 属性会向图片叠加颜色，而不是覆盖图片的颜色。
3. 错误，二者有一定的区别，虽然它们都可以修改部件的颜色，但 Color 属性支持任何 RGB 值，而 BrickColor 属性只支持调色板中的颜色。
4. 正确，从中心缩放时，实际缩放比例是设置值的两倍。
5. 正确，纹理可以重复任意次数，而贴花不能。

练习

这个练习将结合前面讲解过的知识，如果有不清楚的地方，可以翻看前面的内容。尝试制作一条带有广告牌的高速公路，如图 3.23 所示。

1. 从道路开始制作。使用多个部件制作主要道路，并把部件用中间分隔线分开。

图3.23 带广告牌的高速公路

2. 分别修改道路和分隔线的属性，为部件使用不同的材质和颜色，让道路的材质看起来像沥青和油漆。

3. 使用圆柱部件制作广告牌的柱子，顶座使用一个普通部件，分别修改它们的材质。

4. 在广告牌的顶座上，使用另一个部件和贴花来制作广告牌。

5. 额外练习：尝试不使用多个部件制作道路，而只使用一个部件和一个纹理来制作道路。

第 4 章

物理构建系统

在这一章里你会学习：

- 如何使用附件和约束；
- 如何使用CanCollide（碰撞）属性；
- 如何使用铰链和弹簧；
- 如何使用电机。

前文讲解了如何在罗布乐思 Studio 中操作 3D 对象，本章将介绍如何使用物理学系统来构建逼真的互动场景。如果想在游戏世界里制作一扇可以开关的门或一个可以转动的风扇，就需要用到物理学系统。

物理引擎负责控制部件（如砖块、楔形块、球体、圆柱体）在游戏中的移动。这个引擎模拟现实生活中的物理规则，让用户可以轻松制作带物理特性的装置，例如工作柜或 Rube Goldberg 机械（一种被设计得过度复杂的机械组合，以迂回曲折的方法去完成一些其实非常简单的工作）。在这个引擎中，用户可以使用电机、铰链和弹簧，并修改它们的属性，以控制它们在游戏中的运行方式。

本章将以两种不同方式制作门。第一种方式是制作一扇简单的门，玩家角色可以穿过门，忽略门的物理特性。第二种方式是利用罗布乐思 Studio 内置的物理特性来制作一扇门，玩家可以打开和关闭此门。

本章将在 Studio 中进行以下操作：

- 制作一扇门；
- 通过关闭 CanCollide 属性让玩家角色穿过门；

▶ 通过添加铰链和弹簧，并重新打开 CanCollide 属性来制作更逼真的门。

4.1 使用附件与约束

在制作门之前，先介绍机械结构的两个关键要素：附件和约束。附件是对象连接到部件的地方，所有附件的父级必须是一个部件，如图 4.1 所示。

图4.1 附件

约束用于连接两个附件。约束是可用于构建机械结构的元素，例如杆、电机、铰链、弹簧等。图 4.2 所示是杆约束的示例。

图4.2 杆约束示例

这个示例使用了带有附件的杆约束来让锚固部件悬挂未锚固部件，具体实现步骤如下。

1. 创建两个悬浮在空中的部件，一个部件在另一个部件的上方（见图 4.3），为较高的部件设置锚固，较低的部件不用锚固。

图4.3　两个悬浮在空中的部件

2. 在“模型”选项卡中单击“约束详情”按钮（见图 4.4），这可以方便查看正在创建的约束和附件。

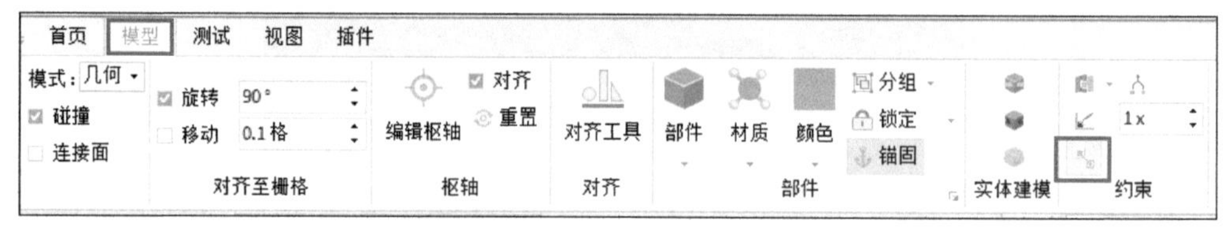

图4.4　“约束详情”按钮

3. 在“模型”选项卡的“创建”下拉菜单中选择“杆”选项。

4. 单击上面部件的底部，然后单击下面部件的顶部，杆约束就在两个绿色附件之间创建好了（见图 4.5）。

图4.5　两个部件约束在一起

5. 测试游戏，会看到未锚固部件悬挂在锚固部件下面。

4.2 制作一扇门

在介绍了基础附件和约束后，现在可以尝试利用该方法制作一扇门。

1. 使用 3 个部件来制作门框，并使用一个单独的部件来制作一扇门。可以使用对齐网格来保证所有部件对齐。

2. 锚固门框部件，但不要锚固门。

3. 添加门把手，方便识别门的两侧（见图 4.6）。

为了让门把手随着门移动，需要使用接合约束，这是一种把物体固定在一起的约束。按照以下步骤添加接合约束。

1. 在“创建”下拉菜单中选择“接合”选项（见图 4.7）。

2. 单击要接合在一起的两个部件。你只能使用一个约束接合两个部件。

3. 将门把手的其他部件与把手主体部件接合，让门把手的所有部件都接合在一起。

图4.6 带把手的门

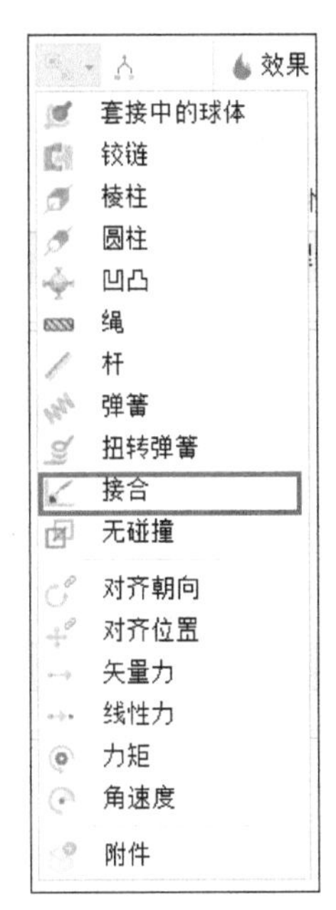

图4.7 选择“接合”选项

图 4.8 显示了哪些部件是接合的，哪些部件是锚固的。在这个示例中，不仅把手接合到了门上，门本身也是由几个部件接合在一起的。

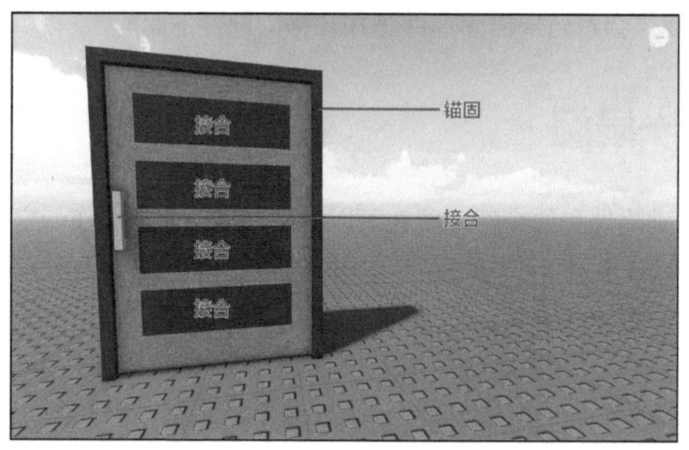

图4.8　接合部件与锚固部件

4.3　关闭CanCollide属性，让玩家角色穿过门

让玩家角色穿过门的一种方法是关闭 CanCollide 属性。CanCollide 属性用于确定一个部件是否会与其他部件发生物理碰撞，或者是否能够穿过其他部件。以下是 CanCollide 属性的设置：

- 当部件的 CanCollide 属性打开时，部件会与玩家角色和其他部件发生碰撞；
- 当部件的 CanCollide 属性关闭时，玩家角色和其他部件可以穿过此部件。

关闭门的 CanCollide 属性后，玩家角色可以穿过门。按照如下步骤操作。

1. 选择门部件。
2. 在“属性”窗口的 Behavior 中，取消勾选 CanCollide 复选框（见图 4.9）。
3. 测试游戏，看看玩家是否可以穿过门。

现在游戏中有一扇可以穿过的门了，但是在现实世界中，人不会直接穿过一扇门。他们会先打开门，然后走进去，并且门通常会自动回弹关闭。使用罗布乐思 Studio 的内置物理功能，可以为门添加铰链和弹簧，使门具有逼真的外观和物理特性。

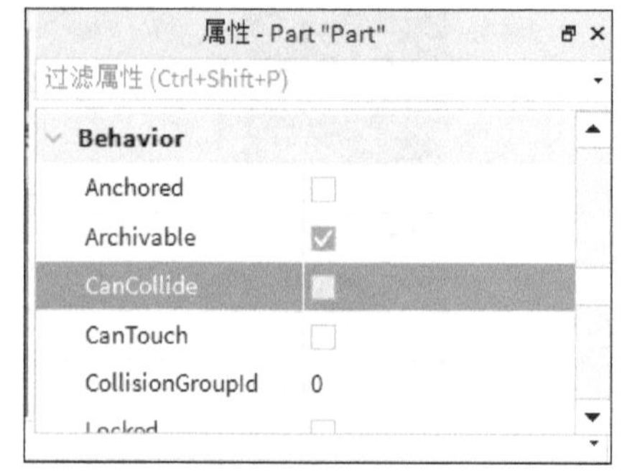

图4.9　关闭碰撞

4.4　增加铰链和弹簧

要让玩家可以与门互动，并可以推开门，需要把门的部件的 CanCollide 属性重新

打开，否则，玩家角色只能穿过门而不能打开门。在这个制作逼真的可以开关的门的示例中，需要使用铰链，让门可以摆动打开，还需要使用弹簧让门可以自动关闭。

铰链约束可以让两个附件绕一个轴旋转，可以应用在门和橱柜等对象上，也可以用作电机。它约束部件绕着两个附件的 x 轴方向旋转，改变旋转轴向的唯一方法是旋转附件本身。

4.4.1　用铰链让门可以开关

按照以下步骤添加铰链约束来制作逼真的门。

1. 确认门部件的 CanCollide 属性已经打开。
2. 把门从门框中移开（见图 4.10），以方便放置门的铰链的附件。

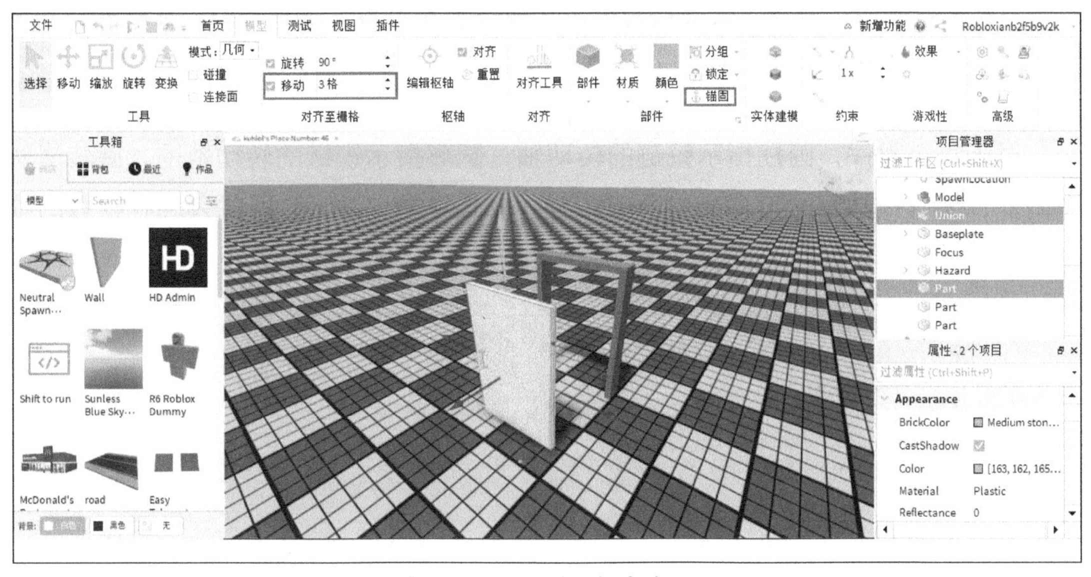

图4.10　把门从门框中移开

3. 如果“约束详情”还没打开，则打开它，便于查看约束的详细信息。
4. 在菜单栏的“模型”选项卡中，展开“创建”下拉菜单，选择“铰链”选项（见图 4.11）。

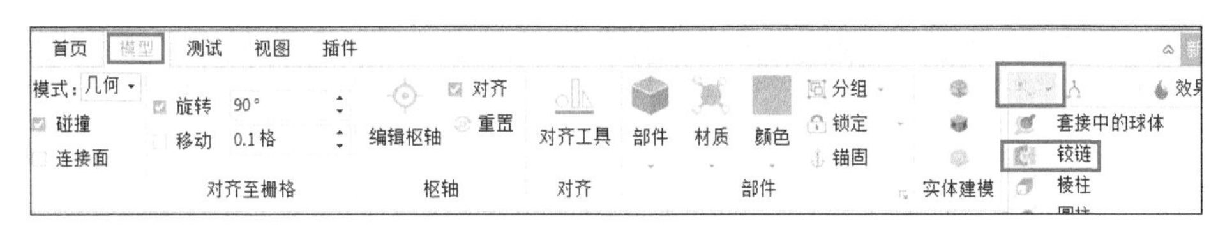

图4.11　选择“铰链”选项

5. 单击以把一个附件放置在右侧门框内，把另一个附件放置在门的右侧，也就是铰链所在的位置（见图4.12）。

图4.12 把铰链连接到门上

提示 排列附件

尝试对齐两个附件，使连接两个附件的约束指示器呈水平状态。可以有一点偏移，但是如果偏太多了，门可能会奇怪地摆动。

对于每个附件，圆柱指示铰链的转动轴，圆环指示铰链的转动范围。旋转这两个附件，使圆柱从水平方向转到垂直方向（见图4.13），这样门就会绕着垂直的轴摆动。

图4.13 旋转附件，使橙色圆柱与圆环垂直，如右侧图所示，左侧图所示是错的

6. 添加铰链后，把门移回原处。将门按比例缩小，让门框和门之间有微小的间隙，否则门可能会粘住门框。测试游戏，来体验一下开门（见图4.14）。

图4.14 使用铰链开门

提示 让门正确摆动

如果附件旋转不正确，门可能会上下摆动，而不是左右摆动。如果门没有按正确的方向摆动，可以通过旋转两个附件来调整，令圆柱垂直，如图 4.15 所示，橙色圆柱应旋转至垂直。图 4.16 所示是正确方向的铰链示例。

图4.15 橙色圆柱正确指向下方

图4.16 铰链约束两侧的正确指示圆柱方向

在门可以正确摆动后，需要限制门的摆动角度，使其不会360°旋转。在“项目管理器”窗口中选中 HingeConstraint（铰链约束），然后在“属性”窗口中勾选 LimitsEnabled（限制选项）复选框，再把 LowerAngle（最小角度）设置为 −80、UpperAngle（最大角度）设置为 80（见图 4.17）。

绿色卡位指示设定的门的摆动范围（见图 4.18）。

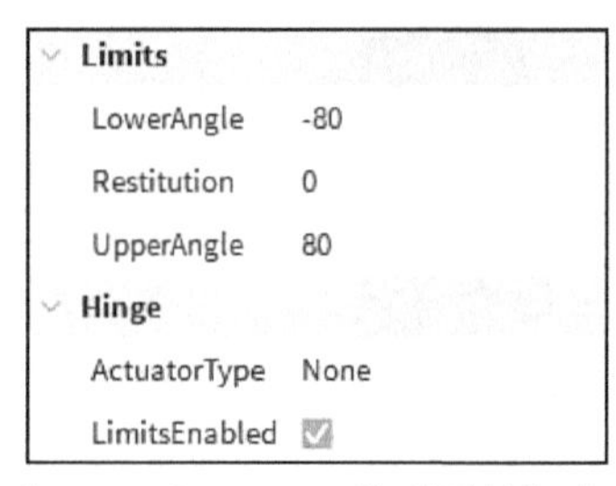
Limits
LowerAngle -80
Restitution 0
UpperAngle 80
Hinge
ActuatorType None
LimitsEnabled ☑

图4.17　在HingeConstraint的“属性”窗口中设置限制旋转角度的属性LowerAngle和UpperAngle

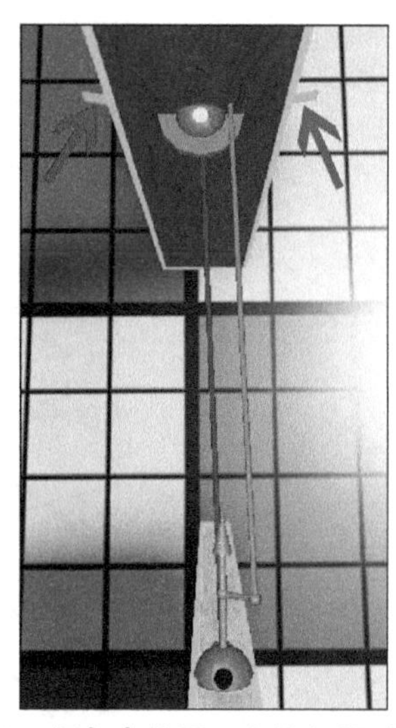

图4.18　绿色卡位显示允许门摆动的范围

4.4.2　创建弹簧

铰链让门有真实的开门效果，另外还可以为门添加弹簧约束实现自动回弹关门效果。弹簧约束根据弹簧和阻尼器物理行为对它的附件施加力。这种约束很像现实生活中的弹簧，有一个固定的松紧距离，如果两个附件之间的距离比这个距离更远，弹簧会把它们拉到一起；如果它们之间的距离比这个距离更近，弹簧会把它们推开。

按照以下步骤给门添加关门弹簧。

1. 把左门框部分暂时移开，以便安装弹簧约束，如图 4.19 所示。

图4.19　将左门框部分移开

2. 在“创建”下拉菜单中选择“弹簧”选项。

3. 单击门左侧，添加一个弹簧附件，单击右侧门框，添加另一个附件（见图4.20）。

4. 单击刚刚在门上添加的弹簧附件，添加第二个弹簧，单击右侧门框的另一侧，添加附件。图4.21所示为弹簧位置示意，其中弹簧为红线，弹簧附件为蓝点，铰链为绿点，门框为黑色矩形。完成后测试关门效果。

图4.20　从门的外侧连接到门框外部的弹簧约束

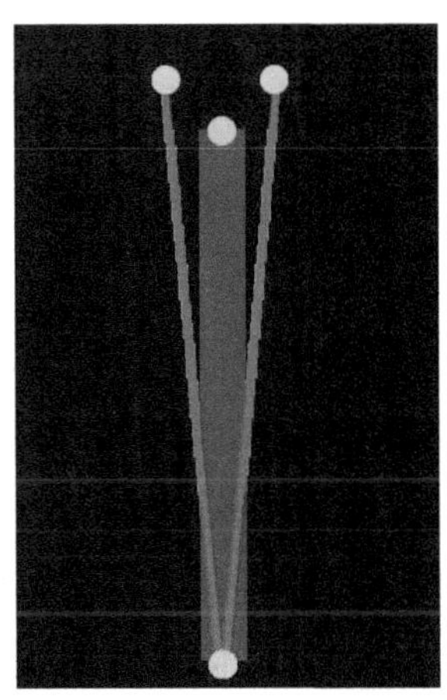

图4.21　从门连接到门框的弹簧（红色）和铰链（绿色）的位置示意

4.4.3　使弹簧逼真

要使弹簧具有逼真的效果，可以按照以下步骤操作。

1. 在“项目管理器”窗口中选中两个弹簧。

2. 隐藏弹簧。可以在“属性”窗口中取消勾选Visible复选框（见图4.22），这样当玩家进入游戏时，弹簧就会被隐藏。

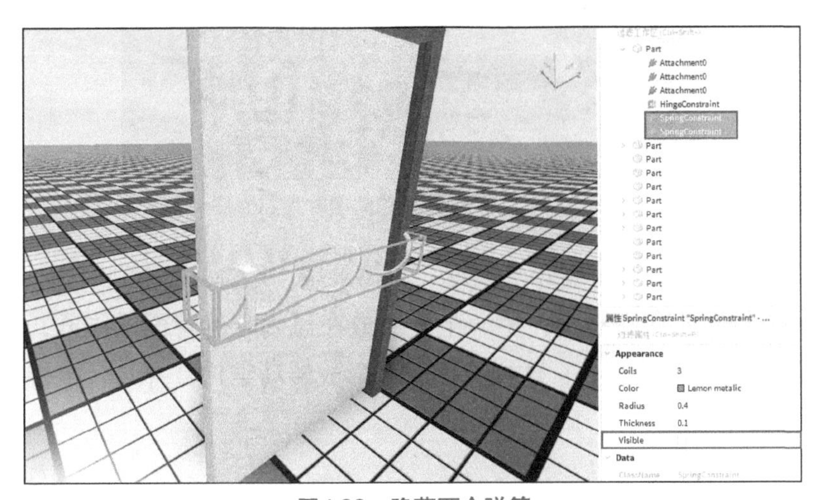

图4.22　隐藏两个弹簧

3. 在“属性”窗口中，找到Damping（阻尼）和Stiffness（刚度）属性，把Damping改为850、Stiffness改为2850，使门真实地按照弹簧效果关闭（见图4.23）。

对游戏进行测试，并根据需要来调整弹簧和附件。

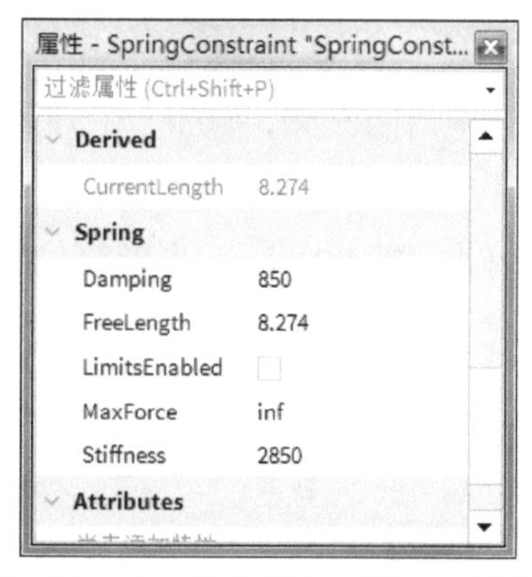

图4.23　Damping设为850，Stiffness设为2850

4.5　使用电机

运用学到的知识，制作另一种在游戏中会使用到的机械结构：带电机的风扇。电机不是一个独立的约束，需要结合前面介绍的铰链约束来设置属性，才能实现电机的效果。按照以下步骤操作。

1. 用部件制作风扇，锚固底座，但不要锚固风扇叶片。
2. 把风扇从底座上沿水平方向移开，以便放置附件（见图4.24）。

图4.24　用部件做成的风扇叶片和底座

3. 在“模型”选项卡中展开“创建”下拉菜单，选择“铰链”选项。
4. 把一个附件放在底座上，另一个附件放在风扇叶片背面的中间，如图4.25所示。需要把两个附件水平对齐，这样它们才能形成转动结构，并结合电机一起工作。

图4.25 用铰链约束的呈水平放置的附件

5. 在“项目管理器”窗口中选中 HingeConstraint，在“属性”窗口中把 ActuatorType（执行类型）设为 Motor（电机），如图 4.26 所示。

6. 在“属性”窗口中，把 AngularVelocity（每秒转速）设为 0.6。AngularVelocity 属性是指每秒旋转的弧度速度。

7. 要增大风扇的转速，可以增大 AngularVelocity 的数值。如果希望风扇向另一个方向旋转，可以为 AngularVelocity 属性的值添加一个负号。

8. 把 MotorMaxTorque（电机最大扭矩）设为 100000（见图 4.27）。

图4.26 把ActuatorType设为Motor

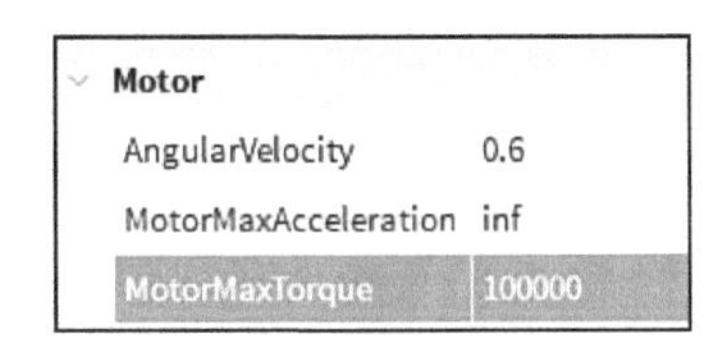

图4.27 在“属性”窗口中，把MotorMaxTorque设置为100000

9. 把风扇叶片的部件移回原位（见图 4.28），进行游戏测试，确保风扇可以正常工作。

图4.28 制作完成的风扇

提示 排除电机故障

如果电机不工作，可以将附件和铰链卸下，然后重新添加它们。和门一样，故障原因可能是没有正确对齐附件，所以在放置附件时需要多加注意。

总结

本章使用弹簧、铰链和电机制作了一扇可以开关的门和一个可以转动的风扇，并且讲解了如何设置碰撞，使玩家角色可以碰撞或者穿过部件。

问答

问 如果把铰链约束放在不同的位置，它会有作用吗？

答 会的，它同样能产生作用，但可能没有按预期工作。如果附件没有对齐，门可能会奇怪地摆动。

问 约束是否可以用在已经锚固的部件上？

答 不可以，部件需要取消锚固，物理引擎才可以检测到它，并让约束与它交互。

实践

回顾一下学到的知识，花点时间回答以下问题。

测验

1. 判断对错：当对锚固部件使用约束时，它们不会移动。
2. 判断对错：即使修改属性设置，铰链约束也不能用作电机。
3. 判断对错：当部件的CanCollide属性关闭时，其他部件和玩家角色可以穿过它。
4. 风扇基座必须________，这样风扇才不会掉下来。

答案

1. 正确，对锚固部件使用约束，它们还是不会移动。
2. 错误，如果修改铰链约束的属性设置，铰链约束可以当作电机使用。
3. 正确。
4. 锚固。

练习

想象一下世界上能与人们互动的事物。如果去公园，可能会发现孩子们在玩跷跷板，请利用约束和附件等知识，制作一个玩家可以玩的跷跷板。

1. 用部件搭建跷跷板，如图4.29所示。确保跷跷板的支柱已经锚固，但不要锚固跷跷板座椅。

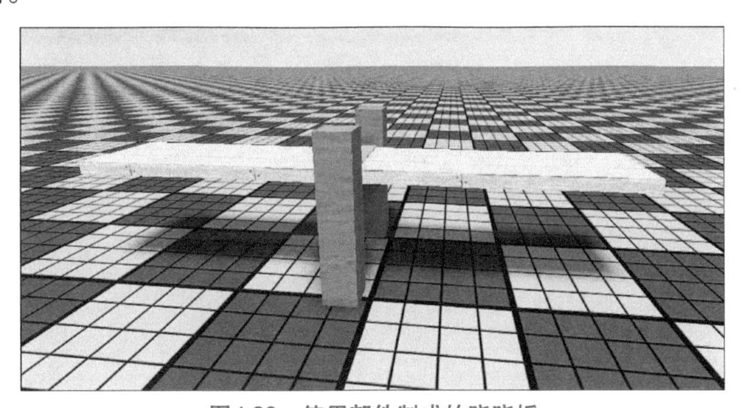

图4.29 使用部件制成的跷跷板

2. 使用铰链约束让跷跷板可以摆动。

提示　使用接合约束把不同颜色的部件固定在一起

展开“创建”下拉菜单，选择“接合”选项，然后分别单击要接合在一起的两个部件。注意，如果已选中一个部件，在创建接合约束时会自动创建第一个附件。图4.30所示的座椅板上的浅蓝色木质部分不是锚固的，它是使用接合约束的。

图4.30　右侧是两个黄色部件和一个淡蓝色部件，它们通过接合约束连接在一起

提示　只需要一个铰链约束

只在跷跷板的一侧使用铰链，因为如果两侧都使用铰链，可能会导致跷跷板摆动异常。建议使用尽可能少的约束来制作装置。

利用目前学到的部件和物理构建系统知识，制作一个可以给玩家玩的完整的游乐场，如图4.31所示。

图4.31　Alexnewtron开发的米普城市中的游乐场

第 5 章

创建地形

在这一章里你会学习：

- 如何使用地形工具生成地形；
- 如何使用编辑选项卡；
- 如何使用区域选项卡。

地形工具可以用于创建具有河流、山脉和峡谷等特征的逼真地形。例如，如果想创建一个公园，就可以使用地形编辑器来实现。本章将讲解如何使用罗布乐思 Studio 的地形编辑器和各种材质创建和编辑美丽的自然景观，以及如何使用高度图来生成地形。图 5.1 所示是使用地形工具创建的地形。

图5.1　罗布乐思资源库中的户外古代遗址的自然景观

5.1 使用地形工具生成地形

本章将通过创建一个岛屿（见图 5.2）来介绍地形工具，并演示如何使用它们来生成、编辑和添加细节。

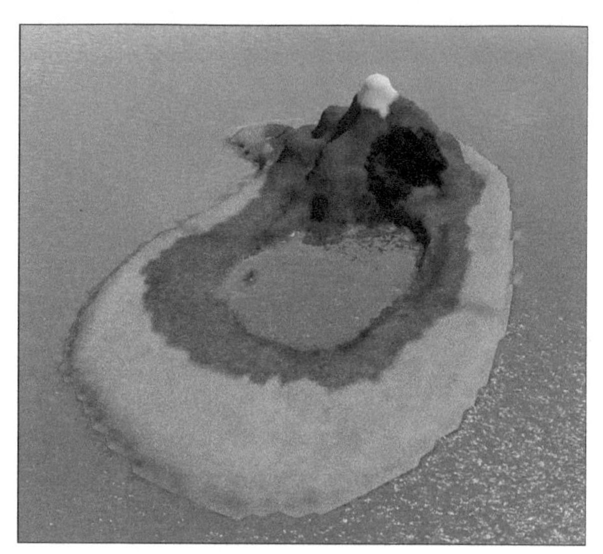

图5.2 使用地形编辑器创建的岛屿

你可以在罗布乐思 Studio 的“首页”选项卡中找到地形编辑器。单击“编辑器”按钮，左侧会打开一个新窗口，用于显示设计地形的各个工具。

可以使用“生成”工具，选择任意组合的生态来创建一个随机地形，例如水域、平原、峡谷、极地等生态。可以设置所选的生态生成的位置和尺寸。在开始制作岛屿前，按照以下步骤生成一个简单的地形。

1. 在罗布乐思 Studio 主界面中打开 Baseplate 模板。

2. 在“项目管理器”窗口中展开 Workspace，选中 Baseplate 将其删除。

3. 在“首页”选项卡中，单击“编辑器”按钮，打开“地形编辑器”窗口（见图 5.3），单击“生成”按钮。

“生成”工具的地图设置部分包含多个选项（见图 5.4），用于设定生成地形的大小和位置，“材质设置”部分包含多种可选的生态。

4. 勾选需要的生态对应的复选框，单击“生成”按钮，生成结果如图 5.5 所示。

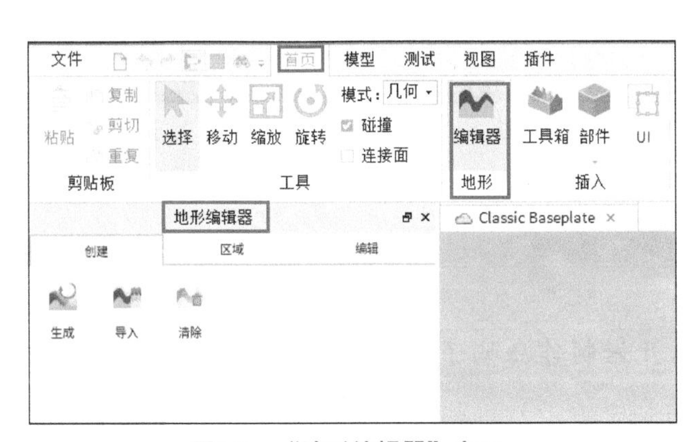

图5.3 “地形编辑器”窗口

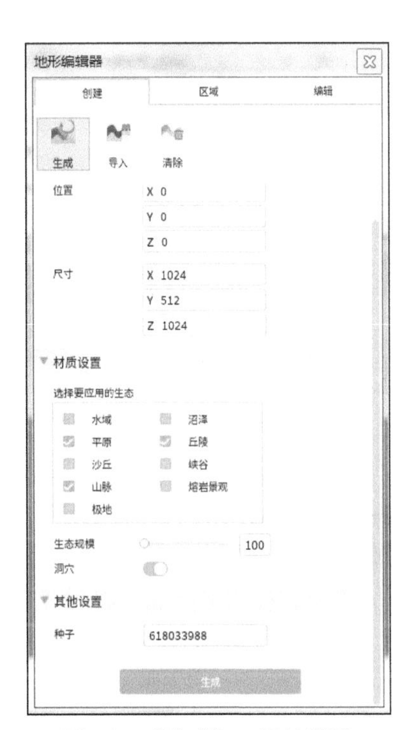

图5.4 “生成”工具的设置

图5.5 “生成”工具构建的地形示例

如果不喜欢当前地形，可以单击“清除”按钮（见图 5.6）把它清除，然后再生成一个新地形。

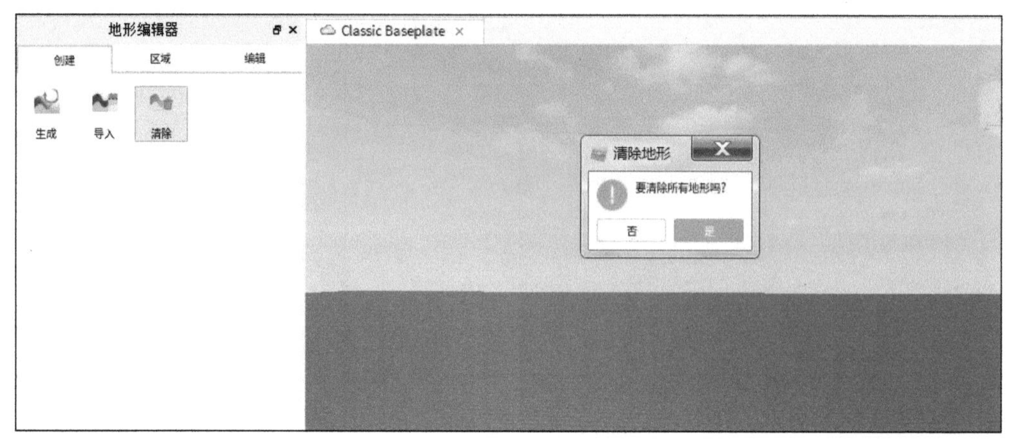

图5.6　清除地形

▼ 小练习

开始制作岛屿

在了解如何生成地形后，就可以开始制作岛屿了。生成海洋地形，如图 5.7 所示。

图5.7　海洋地形

提示：注意不要选择不需要的生态，在这个示例中，只需要勾选“水域”复选框。在本章的后面部分将讲解如何创建和调整水位。

5.2　使用编辑选项卡

创建了海洋地形，就可以开始添加岛屿，并且编辑它的形状，需要使用“编辑”选项卡（见图 5.8）。该选项卡中的工具可以平滑、展平、侵蚀地形，还可以填充间隙。例如，如果想创建一个洞穴，可以使用“侵蚀”工具来移除地

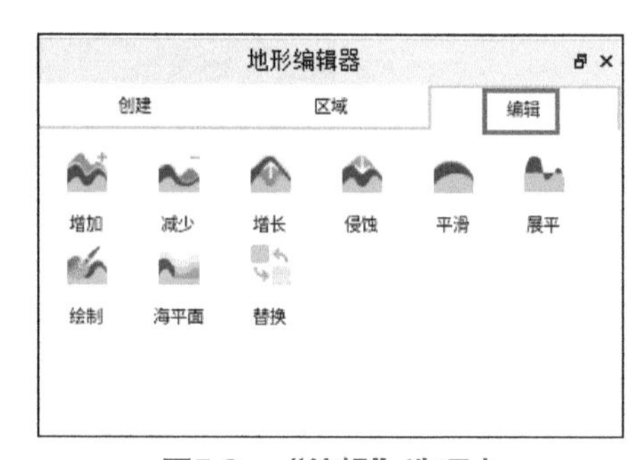

图5.8　“编辑”选项卡

形；如果想修建一条道路，可以在修建之前使用“展平”工具将地形展平。

5.2.1 使用增加工具添加地形

可以使用增加工具在空间中添加地形。单击“增加”按钮后，3D 编辑器中会出现一个网格平面和一个蓝色球体，蓝色球体是笔刷，它指示鼠标指针的位置。按住鼠标左键并拖动鼠标指针，就可以在笔刷经过的位置创建地形。笔刷会锁定在网格平面上，网格平面是由摄像机面向的方向决定的。

使用增加工具为岛屿创建地基，如图 5.9 所示。

另外，以下有用的功能能帮助用户更便捷地完成岛屿塑造：

- 使用鼠标滚轮可以缩放视角，方便查看和控制地基形状；
- 在绘制岛屿的形状时，单击屏幕右上角视角选择器（见图 5.10）上的顶视图，可以快速地切换到直视水面的视角。

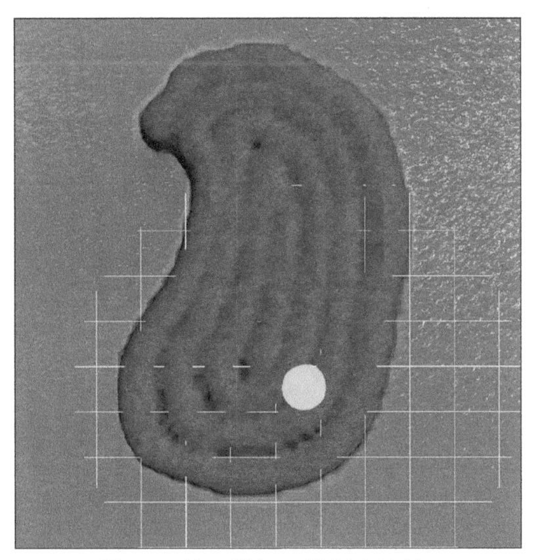

图5.9 使用增加工具创建地基

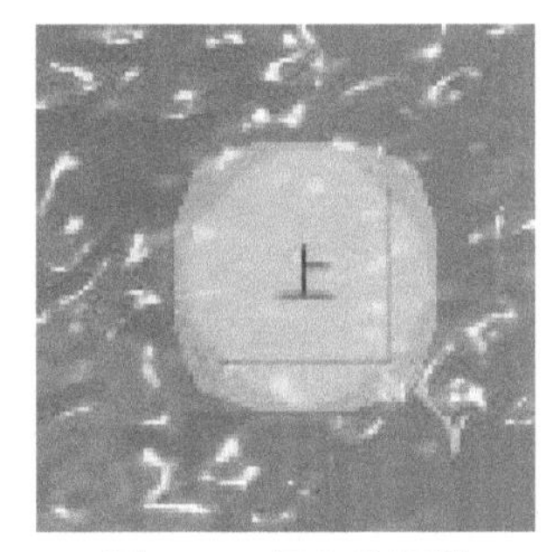

图5.10 视角选择器

5.2.2 使用减少工具改变地形

减少工具用于移除地形。减少工具的工作方式与增加工具非常相似，不同的地方是，当你按住鼠标左键并拖动笔刷时，减少工具会以笔刷的形状移除当前笔刷经过的地形（见图 5.11）。笔刷锁定在网格平面上，网格平面由摄像机面向的方向决定。减少工具的笔刷设置与增加工具相同。

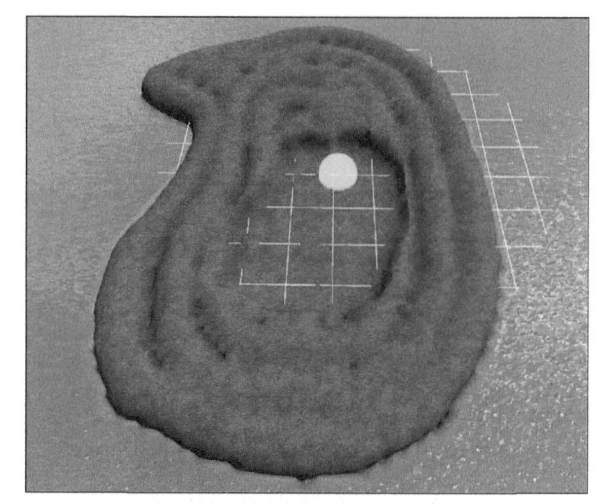

图5.11 使用减少工具改变地形

使用减少工具在岛屿中间挖一个小湖，后面会介绍如何往湖里加水。

5.2.3 使用增长工具提升地形

可以使用增长工具提升地形。尝试使用增长工具，在岛屿的各个部分拖动来创建山脉和丘陵（见图 5.12）。

图5.12 使用增长工具创建山脉和丘陵等

增长工具的笔刷设置与增加和减少工具相同，另外增长工具还有“强度”和“平面锁定”等笔刷设置（见图 5.13）。

- **“强度”**用于设置笔刷使用多少力来扩大地形。强度越大，地形增长得越快。增大强度可以更快地创建高山，如图 5.12 所示。
- **“平面锁定”**使用的是与增加和减少工具相同的网格平面，如果打开了“平面锁定”，地形就只能在白色网格平面增长。

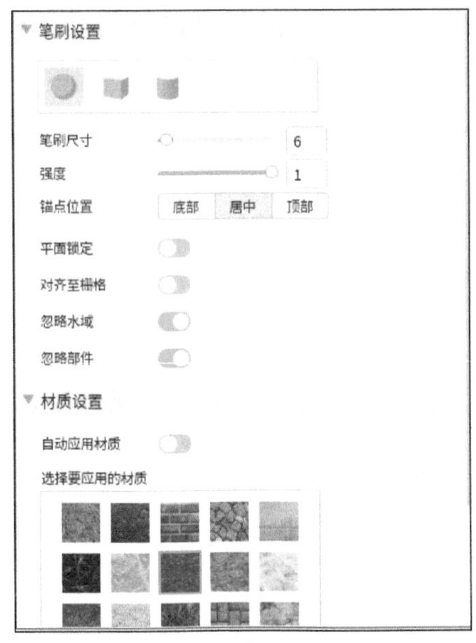

图5.13 增长工具设置

5.2.4 使用侵蚀工具移除地形

侵蚀工具用于使用侵蚀效果移除地形，它与增长工具的功能正好相反。当按住鼠标左键并拖动笔刷时，侵蚀工具会以“腐蚀”的方式移除地形。与减少工具不同，侵蚀工具不会按照笔刷形状均匀地移除地形。侵蚀工具的笔刷设置与增长工具相同。使用侵蚀工具在山中创建一个山洞，如图 5.14 所示。

图5.14 使用侵蚀工具创建山洞

5.2.5 使用平滑工具细化地形

平滑工具用于平滑凌乱和带有尖刺的地形。当你按住鼠标左键并拖动笔刷时，它会慢慢平滑笔刷经过的地形。平滑工具的笔刷设置与增长和侵蚀工具相同。现在岛屿已经初步成形，但还需要平滑一些之前用增加工具创建的凹凸区域，如图 5.15 所示。

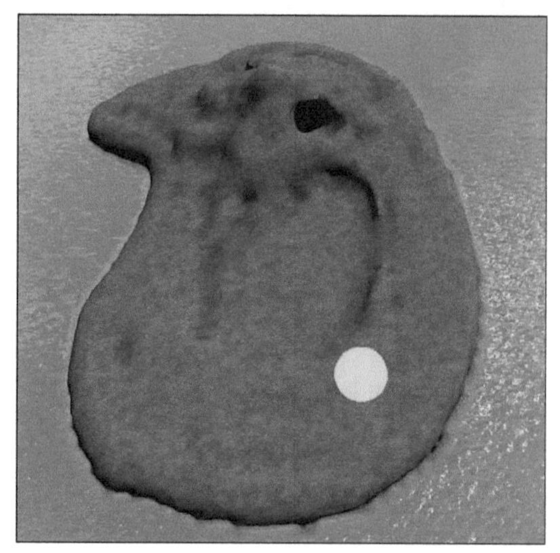

图5.15　使用平滑工具细化地形

5.2.6　使用展平工具展平地形

可以使用展平工具使不平坦的地形变得平坦，如果想在地形上添加城市或道路，这个工具会很有用。当按住鼠标左键并拖动笔刷时，它会慢慢拉平笔刷经过的地形。岛上的某些区域需要变平坦，可以使用展平工具来平整区域（见图 5.16）。

图5.16　使用展平工具处理需变平坦的区域

展平工具的差异设置项（见图 5.17）如下。

- **“展平模式”**有 3 种模式：展平选区上方的所有内容（见图中左侧的选项）、填充选区下方的所有内容（中间选项）、两者都展平（右侧选项）。

- **“固定平面”**是以“平面位置”设置的高度作为展平的平面高度。如图 5.17 所示，如果关闭“固定平面”，展平的平面高度是开始展平时鼠标指针的位置高度。

图5.17　展平工具设置

5.2.7　使用绘制工具修改材质

可以使用绘制工具修改地形中的材质。当按住鼠标指针并拖动笔刷时，笔刷经过的地形的材质将替换为绘制工具中设置的材质。绘制工具的笔刷设置与增长和侵蚀工具相同。使用绘制工具把海岸线的材质变成沙，把湖底的材质变成泥，把隧道入口的材质变成玄武岩，把山顶的材质变成雪，让岛屿变得缤纷多彩，如图 5.18 所示。

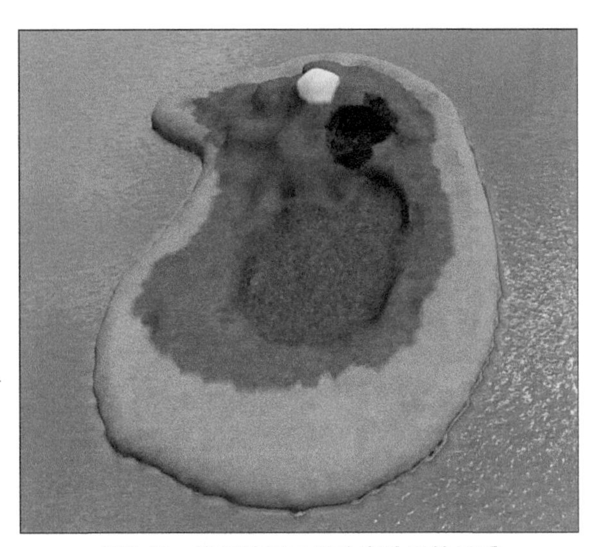

图5.18　使用绘制工具改变地形的材质

在“材质设置”（见图 5.19）中，选择要使用的材质进行绘制。选择“沙”材质并沿着岛屿边缘绘制，创建海滩。

在绘制时，很容易不小心把水的材质也改变了，因此可以在“笔刷设置”中打开“忽略水域”（见图 5.20）。如果关闭这个设置，水就会像任何其他对象一样，被轻易改变材质。

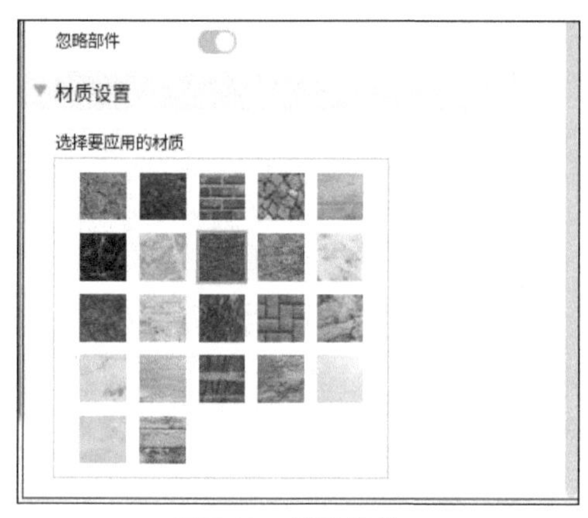

图5.19　材质菜单

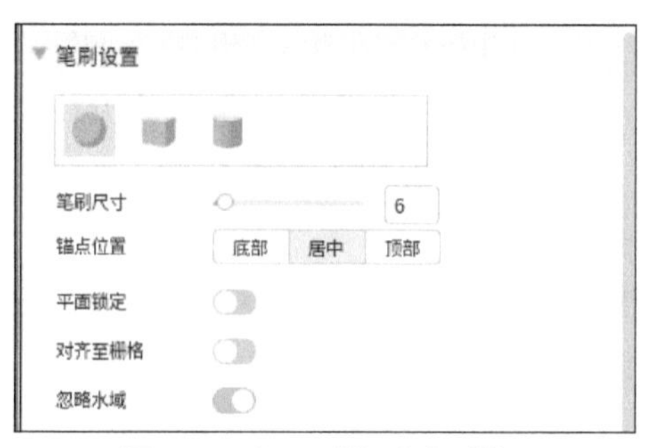

图5.20　打开“忽略水域”

5.2.8　使用海平面工具创建水

如果要修改创建的水域，可以单击“海平面”按钮，按住鼠标左键并拖动蓝点来缩放水域，也可以在“地图设置”中手动输入“位置”和“尺寸”的值（见图 5.21）。

图5.21　“地图设置”用于修改海平面尺寸和位置

- **“位置”**用于设置创建的水域的中心位置。
- **“尺寸”**用于设置创建水域的大小，数值单位是格。

当设置好位置和尺寸后，单击“创建”按钮可以创建水域，单击“蒸发”按钮可以把区域内的水删除。使用海平面工具，为创建的湖添加水（见图 5.22）。

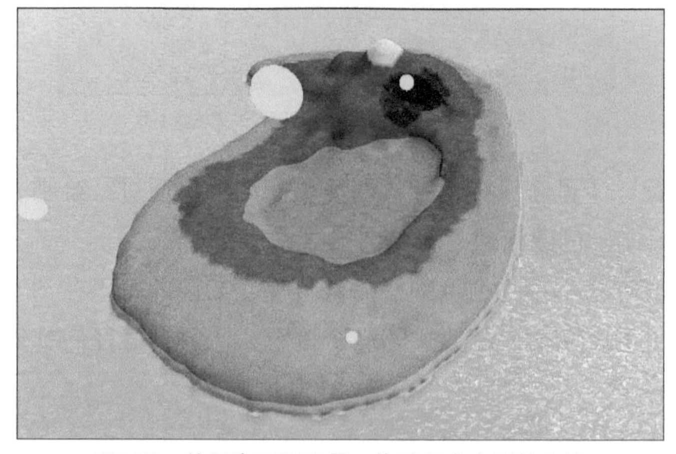

图5.22　使用海平面工具，拖动蓝点来调整水体

5.3 区域选项卡

岛屿的基本地形已做好，但某些细节部分还需进一步编辑。例如将山放在岛屿的南侧。这时就需要使用“区域”选项卡（见图5.23）。该选项卡中的工具可以处理大型地形区域，提高制作效率。

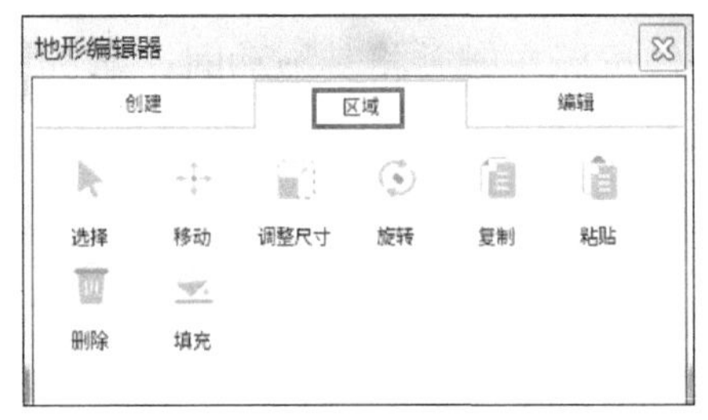

图5.23 “区域”选项卡

5.3.1 使用选择工具选择地形

如图5.24所示，单击“选择”按钮，按住鼠标左键并拖动选择地形，会出现一个蓝色框（见图5.25）。如果想改为选择其他区域的内容，可以在蓝色圆点上按住鼠标左键，然后把它们拖动到新的位置。

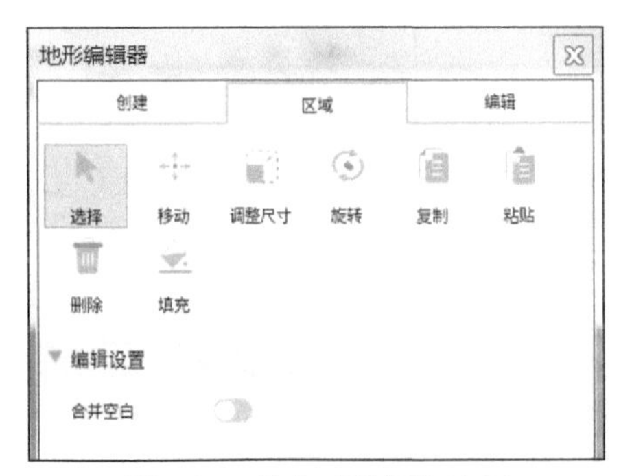

图5.24 单击“选择”按钮

图5.25 使用选择工具选择地形

5.3.2 使用移动工具移动地形

可以使用移动工具移动选中的地形。单击“移动”按钮（见图5.26）后，原来用选择工具选中地形的蓝色框会变为白色（见图 5.27）。当你在任意一侧的箭头上按住鼠标左键并将其拖动时，所选地形就会沿相应方向移动。在移动工具下打开“合并空白”，会有不同的效果（见图 5.28 和图 5.29）。使用移动工具修改山在岛屿上的位置（见图 5.30）。

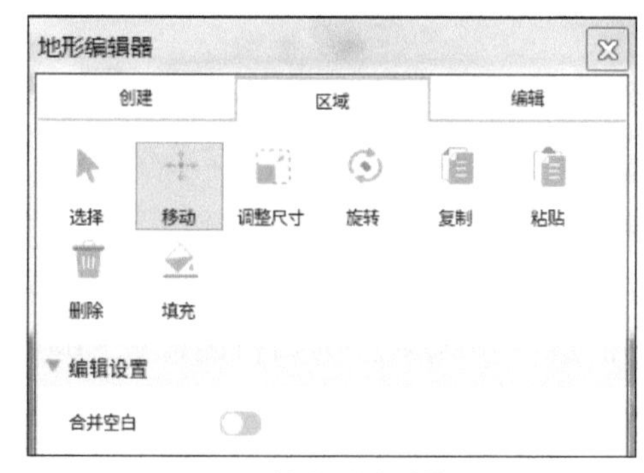

图5.26　单击“移动”按钮

图5.27　蓝色区域为选中的山和山洞

图5.28　关闭“合并空白”，在移动山时会保持山洞中的空白空间

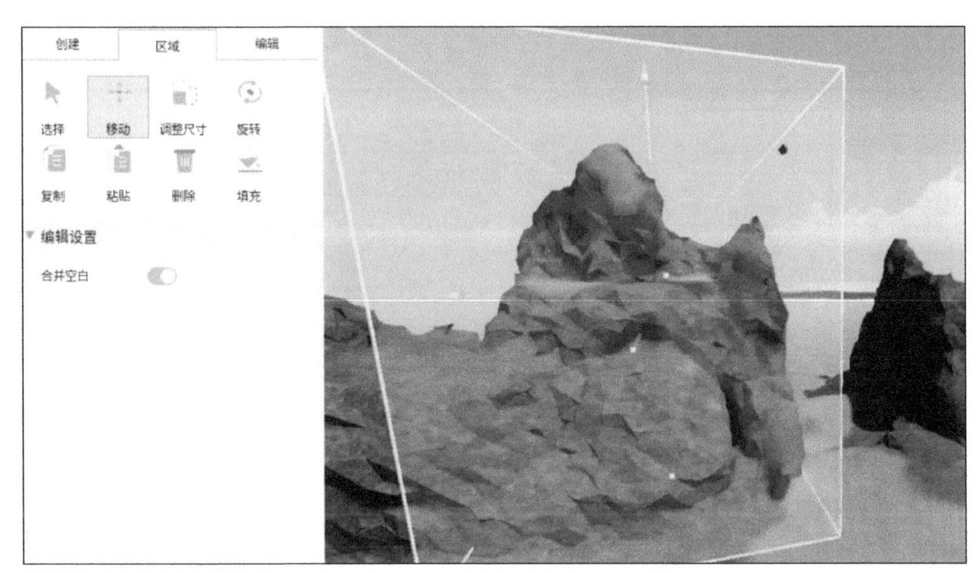

图5.29 打开“合并空白”可以填充山洞

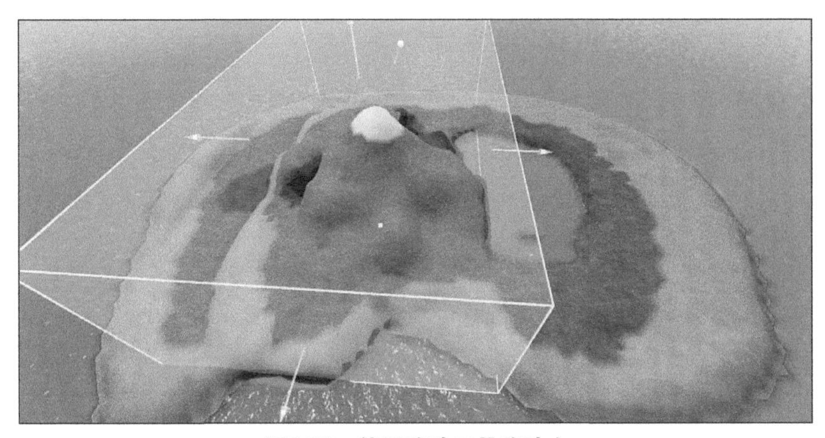

图5.30 使用移动工具移动山

5.3.3 使用调整尺寸工具缩放地形

可以使用调整尺寸工具来缩放选中的地形（见图 5.31），在选择框任意一侧的点上按住鼠标左键并拖动时，所选地形就会沿相应方向调整大小。同样，可以在调整尺寸工具下打开“合并空白”。如果觉得山太小，可以尝试使用调整尺寸工具把它变大。

图5.31　使用调整尺寸工具缩放地形

5.3.4　使用复制、粘贴和删除工具

选择一个区域后，可以使用复制工具复制地形，然后使用粘贴工具把复制的地形粘贴到新的位置，还可以使用删除工具删除所选区域。使用删除工具删除选中区域中的山和湖的一部分，如图 5.32 所示。

图5.32　使用删除工具之前和之后的效果

5.3.5　使用填充工具填充区域

可以使用填充工具创建一片大地形（见图 5.33），然后对其进行绘制、侵蚀和缩放，这个过程类似于雕刻家雕刻一块石头。如果需要创建一大块平坦的地形（例如城市街区），使用这个工具会很方便。

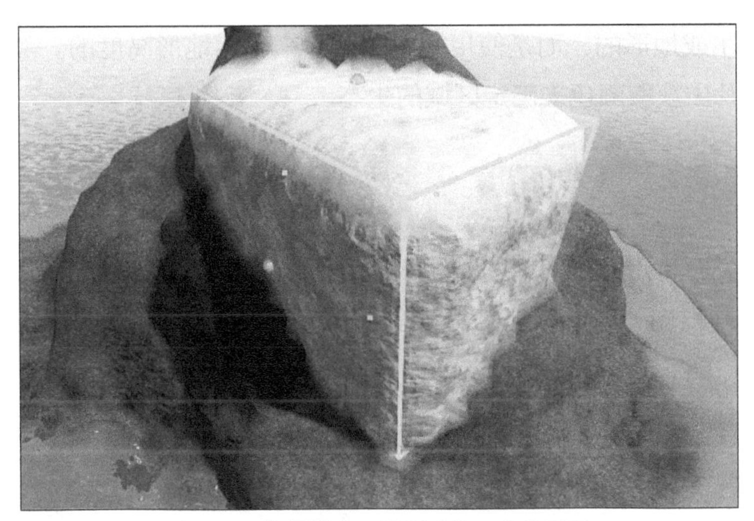

图5.33　使用填充工具创建的一大块地形

可以调整填充工具的“材质设置”（见图 5.34），然后使用选择的材质来填充选中区域。填充工具也有“合并空白”选项。

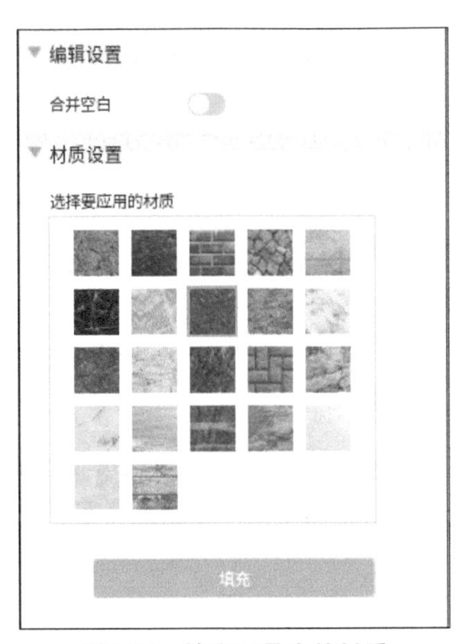

图5.34　填充工具中的材质

5.4 高度图和颜色图

通常很难准确地生成想要的地形类型和生态——这时候可以使用高度图和颜色图。高度图和颜色图对于重建地形或者在地形上添加特定元素很有用。高度图不是使用随机种子来生成地形的，而是使用指定的图片来确定地形高度的。颜色图提供类似的功能，从图片中获取颜色来确定区域的生态。

5.4.1 高度图

手动创建具有特定特征的地图（例如山谷周围的高山）可能需要花费大量的时间，但使用导入的高度图，就能很快地完成。高度图是3D地形图的2D表示，是从上方直接观察的，如图5.35所示。

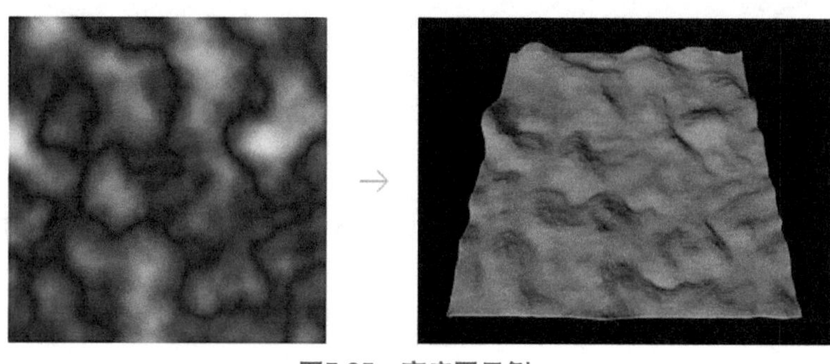

图5.35 高度图示例

高度图可以让开发者轻松控制地图里每一部分的外观，并且不需要等待随机生成地形的过程。使用高度图时，高度图的较亮区域会生成较高的地形（如山脉），而较暗的区域会生成较低的地形（如山谷）。

按照以下步骤导入高度图。

1. 在“地形编辑器”窗口的“创建”选项卡中，单击“导入”按钮，单击Heightmap旁边的按钮，上传高度图。

2. 根据需要修改尺寸和位置属性，单击“生成”按钮，罗布乐思Studio就会开始根据导入的高度图生成地形。

5.4.2 颜色图

颜色图也是2D图片，它可以在导入高度图时指定地形的材质，如草或冰（见

图 5.36）。颜色图很有用，它不仅可以生成不同高度的地形，同时还可以在生成地形时指定地形的材质，这样就不需要开发者在大片地形上绘制材质。

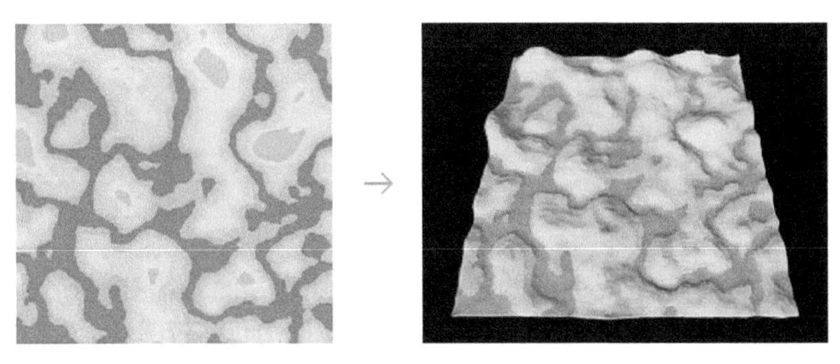

图5.36 颜色图示例

图 5.37 所示为各种颜色代表的材质。

颜色	RGB值	材质
	[255, 255, 255]	Air
	[115, 123, 107]	Asphalt
	[30, 30, 37]	Basalt
	[138, 86, 62]	Brick
	[132, 123, 90]	Cobblestone
	[127, 102, 63]	Concrete
	[232, 156, 74]	CrackedLava
	[101, 176, 234]	Glacier
	[106, 127, 63]	Grass
	[102, 92, 59]	Ground
	[129, 194, 224]	Ice
	[115, 132, 74]	LeafyGrass
	[206, 173, 148]	Limestone
	[58, 46, 36]	Mud
	[148, 148, 140]	Pavement
	[102, 108, 111]	Rock
	[198, 189, 181]	Salt
	[143, 126, 95]	Sand
	[137, 90, 71]	Sandstone
	[63, 127, 107]	Slate
	[195, 199, 218]	Snow
	[139, 109, 79]	WoodPlanks
	[12, 84, 92]	Water

图5.37 颜色图中的材质及对应颜色值

如果所用颜色图上的颜色与图 5.37 所示的颜色样本不完全一样，不用担心，罗布乐思 Studio 在生成地形材质时会尽量匹配颜色。

总结

本章讲解了如何使用地形编辑器和它的工具来生成、修改地形；还介绍了高度图和颜色图的使用方法，用户可以使用它们代替随机种子生成地形。使用这些工具，你可以制作任何你能想象到的地形——洞穴网络、热带岛屿、城市景观、古老的森林，甚至火星。

问答

问　为什么要使用高度图？

答　高度图可以控制生成地形的每一部分的外观，而不需要等待随机生成地形。如果要制作特殊的地形，例如一座被沙漠包围的高山或者深谷中的一片大沼泽，就可以使用高度图。

问　为什么颜色图很有用？

答　颜色图可以在使用高度图生成地形的同时指定地形的材质，它节省了大量的绘制材质的时间。

实践

回顾一下学到的知识，花点时间回答以下问题。

测验

1. 除了部件和组合部件，还可以使用________来创建游戏世界。
2. 判断对错：不管怎么设置，相同的种子会产生差不多的地形。
3. 要生成特殊的地形（例如深谷周围的高山），可以导入________。
4. 判断对错：增加与增长工具的功能相同，减少与侵蚀工具的功能相同。
5. ________工具允许设置生成水的高度。
6. 可以用________工具改变地形的材质。
7. 修改导入地形材质的一种方法是同时使用________。
8. 判断对错：增加和减少工具的笔刷被锁定在一个网格平面上，这个网格平面会根据摄像机角度的变化而变化。

答案

1. 地形 / 地形编辑器。

2. 错误，用户可以改变创建的地形的外观。

3. 高度图。

4. 错误，增加和减少工具在笔刷的使用方式上相同，它们不需要存在现有地形；增长和侵蚀工具需要存在现有地形，并只能应用在现有地形上。

5. 海平面。

6. 绘制。

7. 颜色图。

8. 正确。

练习

这个练习结合了本章介绍的许多内容，如果有不清楚的地方，可以翻看前面的内容。使用高度图导入地形到游戏中，然后修改更多细节。

1. 在网上找一张高度图（注意确保可以免费使用）并导入。
2. 使用编辑选项卡中的绘制工具（或使用颜色图）修改地形的材质。
3. 使用区域选项卡中的工具来编辑地形中的大地块。
4. 使用编辑选项卡中的工具来微调地形。
5. 使用海平面工具创建曾经有水的有趣的地形环境（例如大峡谷，如图5.38所示）。

图5.38 修改现有地形（例如大峡谷）的示例

在罗布乐思 Studio 上制作地形之前，可以先使用第三方工具规划地形布局，这样制作起来更加容易。特别是如果正在开发一个大型的虚幻世界，那么可能需要规划作为城镇地区的山谷、探险的山脉，以及玩家做任务需要的道路。使用 Photoshop 或 GIMP 等图片编辑软件，尝试为游戏世界绘制布局图，然后使用高度图和颜色图导入。

1. 使用 GIMP 等图片编辑软件创建高度图和颜色图。不需要制作复杂的图片，因为即使是一张简单的图片，也可以生成一个很好的地形，并且可以节省时间。

2. 使用海平面工具来增加水道导入的地形。如果需要在某个区域（例如湖底或河流底部）添加大量水，这会非常有用。

3. 使用区域选项卡中的工具修改大块的区域。

4. 使用编辑选项卡中的工具微调较小的区域。

5. 添加细节，使用绘制工具修改一些地形的材质。

提示

选中“项目管理器”窗口中的 Terrain（地形），在“属性”窗口中勾选 Decoration（装饰）复选框（见图 5.39），可以为地形添加草，另外，还可以根据需要修改各种地形材质的颜色。

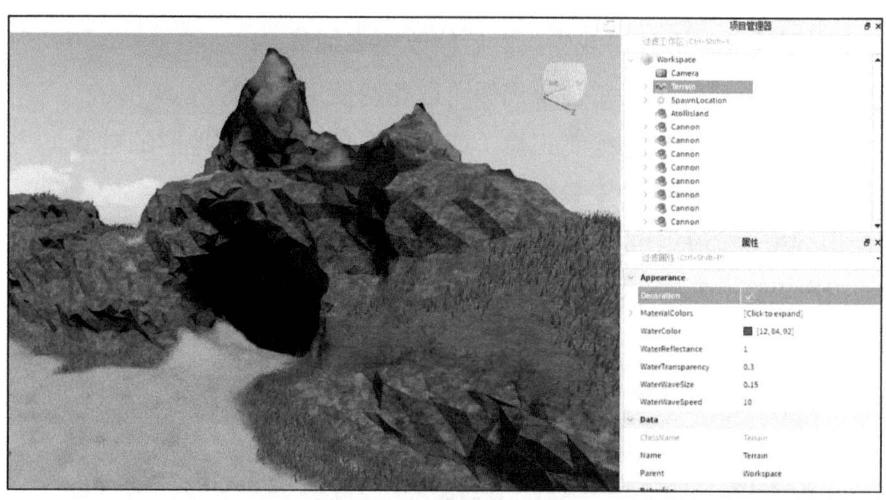

图5.39　启用草地的地形

第 6 章

光照环境

在这一章里你会学习：

- 全局光照的属性；
- 如何使用光照效果；
- 如何使用聚光源、点光源和面光源。

你已经学会了创建地形，现在可以为你的游戏世界添加光照效果。让游戏世界变得逼真的两个重要元素是光和阴影。本章将介绍如何使用全局光照设置把光线添加到环境中，让游戏世界更有活力和更逼真。可以使用光照设置使游戏变得更明亮或者更黑暗，可以使用不同颜色的光，还可以添加效果，例如 Bloom（旺盛）、ColorCorrection（色彩校正）、Blur（模糊）、SunRays（太阳光线）和 DepthofField（景深）。无论你是想创造一片光线斑驳的森林，还是一座霓虹灯闪烁的城市，这些设置都能帮助你实现。使用光照效果可以使游戏场景看起来更逼真，更符合主题。通过设置光照还可以控制时间是白天、下午或晚上。图 6.1 所示为一个包含阳光、阴影和霓虹灯的场景。

设置好全局光照后，可以使用其他光源对象来照亮室内或者让道具发光，例如路灯和手电筒。下面将更详细地介绍如何为游戏场景添加光线。

图6.1　具有逼真的全局光照、阴影和霓虹灯的城市街道

6.1　全局光照属性

全局光照可以让游戏更有活力和更逼真。本节介绍全局光照的属性，以及如何使用它们让游戏场景变得接近现实。首先创建一个如图 6.2 和图 6.3 所示的城市，城市里需要一些建筑和一片草地，除此之外，还可以根据个人的喜好添加一些其他的东西。

图6.2　设计和创建一座城市

在创建好城市后，在“项目管理器”窗口中选中 Lighting（光照）（见图 6.4）。光照属性分为 4 类：Appearance（外观）、Data（数据）、Behavior（行为）和 Exposure（曝光）（见图 6.5）。

图6.3 卡通风格的城市示例

图6.4 “项目管理器”窗口中的光照图标

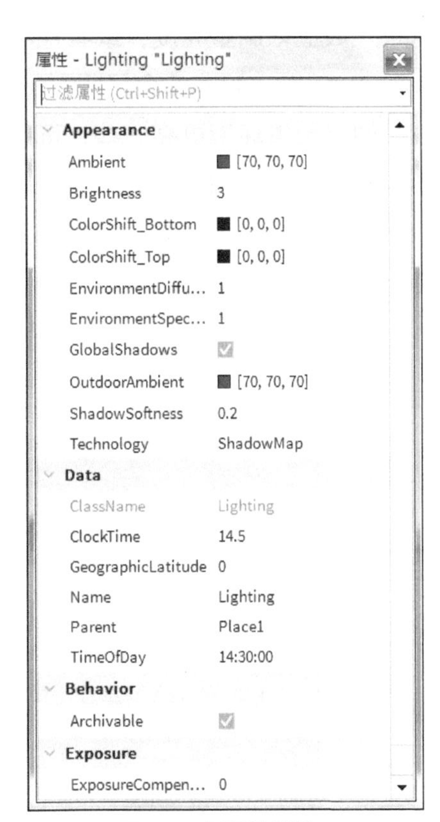

图6.5 光照的属性

6.1.1 Appearance属性

Appearance 部分（见图 6.6）有几个不同的属性用于自定义游戏世界。

对于刚创建的城市，Appearance 的默认设置会使城市显得有点暗，可以调整以下属性，让城市更有氛围感。

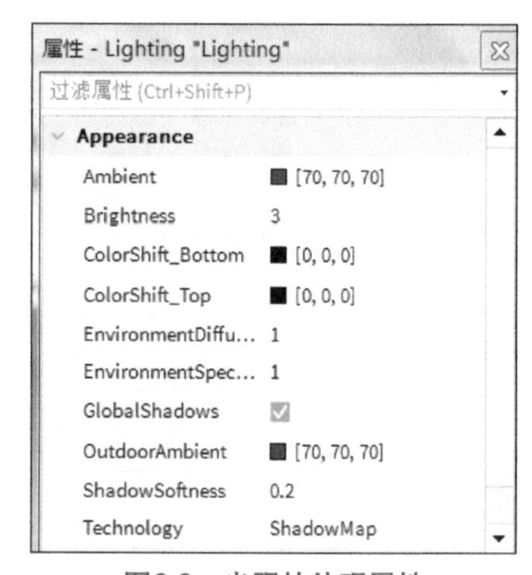

图6.6　光照的外观属性

- **Ambient**（环境光色）是指天空下被遮挡的地方的光的颜色。环境光通常是房间的基本光，例如吸顶灯或蜡烛的光。在现代荧光灯照明的房间里，墙壁会呈现更多的绿色色调。单击 Ambient 旁边的框可以打开颜色选择器，可以根据游戏需要调整环境光色。
- **Brightness**（亮度）是指空间中的光照强度。可以在 Brightness 旁边的数值框中输入数值来调整亮度，或者拖动旁边的滑块来调整亮度。
- **GlobalShadows**（全局阴影）默认是打开的，这样可以产生阴影令环境逼真。如果希望环境更亮一些，可以关闭此属性。
- **EnvironmentDiffuseScale**（环境漫反射比例）是从环境中获得的环境光的比例。修改这个属性会影响 Skybox（天空盒）的效果。
- **EnvironmentSpecularScale**（环境反射比例）是某些部件（例如金属）在环境光下的镜面反射效果的比例，环境反射效果可以使部件更逼真（见图 6.7）。

图6.7　建筑上的环境反射效果

可以调整游戏的亮度来测试这些属性，如图 6.8 所示。

图6.8　一个明亮的城市

6.1.2　Data和Exposure属性

在 Data 部分（见图 6.9），最有用的两个光照属性如下。

- **ClockTime**（时钟时间）可以修改一天中的时间，这会影响环境中的光影效果。与亮度属性一样，ClockTime 旁边也有一个拖动栏，可以拖动其中的滑块来更改时间，并观察环境在几个小时里的缓慢变化，例如可以看到阴影会随着太阳升起而移动。
- **TimeOfDay**（时间）显示 24 小时制的具体时间，并且它会随着 ClockTime 的设置而自动调整。

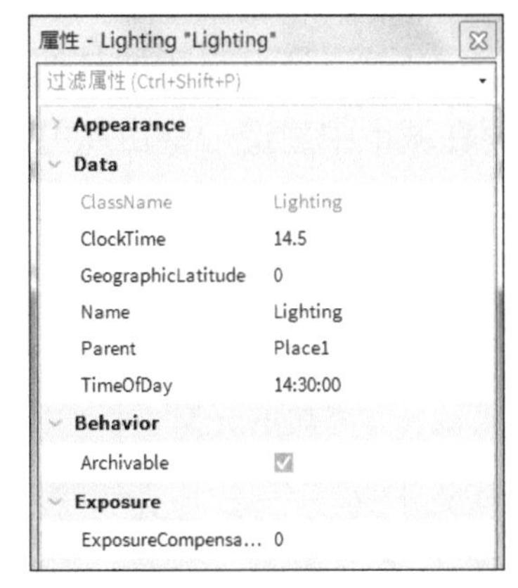

图6.9　光照的Data和Exposure属性

6.2　光照效果

光照效果可以使游戏看起来更加逼真和符合主题。例如，SunRays（太阳光线）效果可以添加太阳光线，在 SunRays 的属性里减少或增加光线，可以为太阳增加真实感。按照以下步骤把 SunRays 效果添加到 Lighting。

1. 在“项目管理器”窗口中，选中 Lighting 并单击加号按钮。
2. 从打开的列表中，搜索想要的效果，本例选择 SunRays（见图 6.10）。

图6.10　把SunRays效果添加到Lighting

3. 调整 Spread 和 Intensity 属性以实现想要的效果。

注意　渲染设置

如果没有看到 SunRays 等效果，那么可能需要调高 Studio 渲染设置的等级。设置方法：选择“文件”—“Studio 设置”—“渲染中”，提高“编辑器品质等级”。

图 6.11 所示为使用 SunRays 效果前后的场景对比。

图6.11　没有SunRays效果（左）和带有SunRays效果（右）的场景

当然，还可以添加其他几种效果使游戏看起来更出色。在尝试这些效果之前，需要在城市中建造一些由霓虹灯或塑料制成的物体，并在草地上建造一些建筑物。下面分别描述这些效果。

- **Bloom**（旺盛）效果可以增加光线的光辉。它不会使现有的环境光线更亮，但会为塑料和霓虹部件增添更多光泽，如图 6.12 所示。它还会增加太阳和天空盒的光辉。

图6.12　没有Bloom效果（左）和具有Bloom效果（右）的霓虹灯柱

- **ColorCorrection**（色彩校正）效果用于改变环境颜色。在这个效果的“属性”窗口中，可以设置光线的亮度、对比度和饱和度。可以通过添加一些对比度和修改色调来使游戏看起来具有超现实感。使用 ColorCorrection 效果增强草地上的建筑与自然地形之间的对比度的效果如图 6.13 所示。

图6.13 没有ColorCorrection效果（左）和带有ColorCorrection效果（右）的场景

- **BlurEffect**（模糊效果）用于模糊摄像机“看到”的一切，使用 Size 属性来控制模糊的程度。这个效果可用于显示炎热的环境或表示玩家角色的身体状况不佳。使用 BlurEffect 前后的场景效果对比如图 6.14 所示。

图6.14 没有BlurEffect（左）和带有Size设置为10的BlurEffect（右）的场景

- **DepthOfField**（景深）效果用于把焦点集中到特定区域并同时模糊其他地方，如图 6.15 所示。调整 FocusDistance 和 InFocusRadius 属性，使所需区域保持对焦并模糊其余区域。

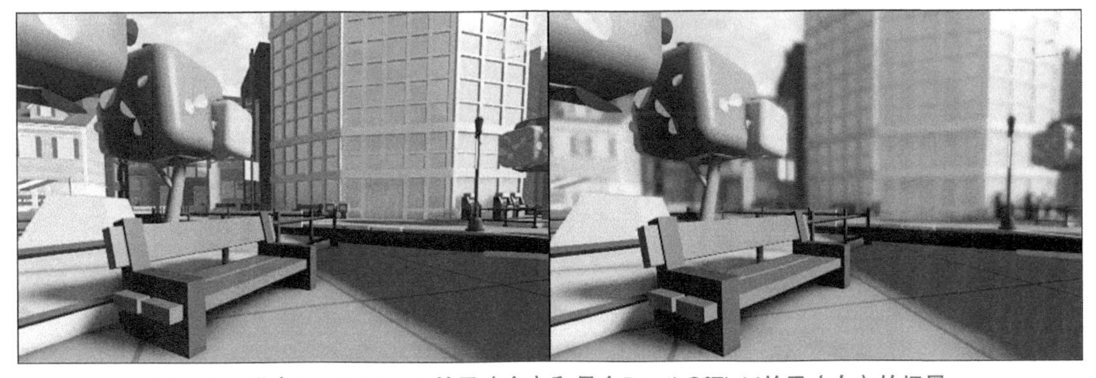

图6.15 没有DepthOfField效果（左）和具有DepthOfField效果（右）的场景

6.3 聚光源、点光源、面光源

在罗布乐思 Studio 中，用户可以使用 3 种光源对象来创建更有活力的游戏环境，它们分别为聚光源、点光源和面光源。使用这些光源对象可以使区域更亮，就像在现实生活中一样。使游戏场景明亮很重要，因为这样玩家才能看清周围的事物。可以使用这 3 种光源对象来自定义光线，例如光线的发射方式、范围、角度等。

光源对象需要作为部件（通常是简单的块，然后将其设置为透明）的子项。每个光源对象都会根据光源的类型和属性不同而发出不同的光。光源对象的属性包括以下内容：

- **Angle**（角度）用于设置光线发射的角度范围；
- **Brightness**（亮度）控制光线的亮度；
- **Color**（颜色）控制光的颜色；
- **Face**（面）用于设置对象的发光面；
- **Range**（范围）控制光的照射范围；
- **Shadows**（阴影），如果打开 Shadows，会在光线被部件阻挡时产生阴影。

所有光源对象都具有相似的属性，所以上面的属性可用于设置每个光源对象。

在这一章的配图示例中，我们在开阔的平地上测试光源对象。在游戏环境中，你可以在建筑物、房间和开阔的平地上测试光源对象。

6.3.1 聚光源

SpotLight（聚光源）是一种锥形光，非常适合作为定向光。它可以应用在建筑、汽车前灯和手电筒上。如果聚光灯发生旋转，则灯光会随着部件旋转。图 6.16 所示为一个有路灯的夜晚场景，这些路灯对象都有聚光源作为子项。

图6.16　聚光源在头顶（左边的路灯）和聚光源在地面（右边的路灯）的图片

6.3.2 点光源

PointLight（点光源）是单个点向所有方向发出光的光源。点光源可以用于创建如蜡烛和灯泡的光源。图 6.17 所示为点光源在地牢中的应用示例。

图6.17 点光源示例

6.3.3 面光源

SurfaceLight（面光源）可以点亮对象的一整个侧面，例如计算机的屏幕和时钟的正面。图 6.18 所示为罗布乐思 Studio 徽标底部面光源的效果。请注意，面光源与点光源的不同之处是，面光源的光线从整个面发出，而不是从单个点发出。

图6.18 罗布乐思Studio徽标底部的面光源照亮它下方的区域

总结

本章介绍了全局光照，并讲解了如何使用光照设置让游戏变得更棒。包括不同光照对象的特性，为游戏添加光照效果。

光照效果很重要，它可以让游戏变得更逼真、更有活力、更吸引玩家，并且能提升游戏体验。

光源对象是重要的游戏元素，它不仅可以让玩家看清地图，还可以为游戏对象添加真实感，例如为汽车添加前灯。

问答

问 可以使用 SunRays 效果添加模糊吗？

答 不可以。

问 可以通过 ColorCorrection 效果调节对比度吗？

答 可以，ColorCorrection 效果中有一个对比度属性，通过它可以调节对比度。

问 在哪里可以找到 Ambient 属性？

答 Ambient 属性位于 Lighting“属性”窗口中 Appearance 下列表的顶部。

问 EnvironmentSpecularScale 属性有什么作用？

答 EnvironmentSpecularScale 属性通过在金属和塑料等材料上添加镜面反射，使游戏更加逼真。

问 如何插入光照效果对象？

答 单击“项目管理器”窗口中 Lighting 旁边的加号按钮，然后搜索相应效果名称，单击该效果将其创建为 Lighting 的子项。

实践

回顾一下学到的知识，花点时间回答以下问题。

测验

1. ShadowSoftness 属性可以使阴影________。
2. 判断对错：SpotLight 是一种定向光。

3. Bloom 效果可以在________中增加亮度 / 光辉。
4. 判断对错：Blur 效果可以用于模糊用户界面的背景。

答案

1. 模糊。
2. 正确。
3. 天空盒。
4. 正确。

练习

这些练习结合了本章介绍的许多知识，如果有不清楚的地方，可以翻看前面的内容。

第一个练习：制作一个聚光灯。

1. 寻找或创建一个交通灯作为光源。
2. 将 SpotLight 对象插入发光的部件里。
3. 调整亮度、角度和范围属性以适配场景。
4. 打开阴影，让灯光可以投射阴影。

第二个练习：尝试为晴朗的天空创建光照。

1. 在 Lighting 中插入 SunRays 效果。
2. 将 Intensity 改为 0.174，将 Spread 改为 0.13。
3. 插入 ColorCorrection 效果并将亮度设置为 0、对比度设置为 0.1、饱和度设置为 0。
4. 插入 Bloom 效果，设置 Intensity 为 0.5、Size 为 53、Threshold 为 1.232。
5. 选中 Lighting 并设置以下属性：

Ambient 设置为 [223,223,223]；

Brightness 设置为 6；

ColorShift_Bottom 设置为 [255,255,255]；

ColorShift_Top 设置为 [255,255,255]；

EnvironmentDiffuseScale 设置为 0.068；

EnvironmentSpecularSize 设置为 0.748；

GlobalShadows 设置为打开状态；

OutdoorAmbient 设置为 [255,255,255]；

ShadowSoftness 设置为 1；

Technology 设置为 ShadowMap；

ClockTime 设置为 -9.727；

GeographicLatitude 设置为 -12.732；

TimeOfDay 设置为 -9:43:36；

ExposureCompensation 设置为 -0.25。

最后一个练习：在场景中添加太阳光线。

1. 在“项目管理器”窗口中，单击 Lighting 旁边的加号按钮并插入 SunRays 效果。
2. 把 SunRays 的 Intensity 属性设置为 0.375、Spread 属性设置为 0.02。

太阳光线的最终效果如图 6.19 所示。

图6.19　使用SunRays效果的示例

第 7 章

大　气

在这一章里你会学习：

- 如何使用Atmosphere（大气）对象的属性；
- 如何自定义天空盒。

前文讲解了如何通过光照让游戏环境充满活力，本章将更进一步介绍如何使用大气效果来创建更逼真的场景。Atmosphere 对象使用密度和空气粒子来模拟阳光在真实环境中的散射效果（见图 7.1），另外，Atmosphere 对象还有雾度和眩光属性，这两个属性对制作特殊的日出、晨雾、深空等场景特别有用。本章将具体介绍如何使用大气的属性创建自定义天空盒，为游戏环境营造额外的氛围。

图7.1　模板Galactic Speedway的大气设置

7.1　Atmosphere对象的属性

需要在 Lighting 下创建 Sky 和 Atmosphere 对象后，才能使用大气设置，按照如下步骤在游戏场景中添加 Sky 和 Atmosphere 对象。

1. 在“项目管理器”窗口中展开 Lighting，如果 Lighting 下还没有图 7.2 所示的 Sky 和 Atmosphere，就单击加号按钮插入它们。

2. 单击 Atmosphere 对象，Atmosphere 的属性出现在“属性”窗口中（见图 7.3）。

图7.2　Lighting下的Sky和Atmosphere对象

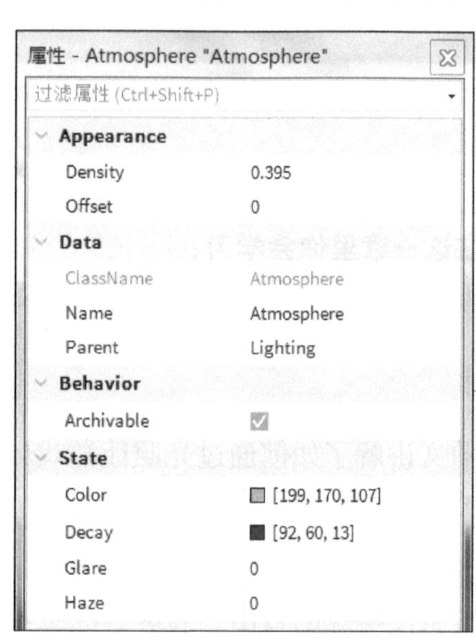

图7.3　Atmosphere对象的属性

注意　把属性重置为默认值

检查 Atmosphere 的属性是否在游戏中被修改过，如果被修改过，则需要删除它，并重新插入，这样就可以把它的属性恢复为默认值，以便轻松地创建大气效果。

7.1.1　密度

Density（密度）定义了大气中粒子的数量。在空气粒子非常密集的环境中，例如宁静的森林，物体或地形会被空气粒子遮挡；而在空气稀薄的明亮的沙漠环境中，物体和地形会清晰可见。

注意　密度和天空盒

密度不会直接影响天空盒，它只影响游戏中的物体和地形，所以不管如何设置密度，天空盒都是可见的。

调整场景中的 Density 属性，并比较调整前后的差异。Density 为 0 时，图片非常清晰，如图 7.4 所示。Density 设置为 0.395，大气粒子更浓，如图 7.5 所示。

图7.4　Density为0的视图

图7.5　Density为0.395的视图

调整环境的密度，让游戏中的大气环境达到需要的效果。

7.1.2　偏移

Offset（偏移）属性控制光线如何从天空传输到摄像机。当 Offset 设为 0，地平线几乎不可见，远处的物体与天空混合，给人一种世界看起来无穷无尽的感觉，如图 7.6 所示。地平线与摄像机距离越远，效果越明显。

图7.6　Offset为0的视图

在图 7.7 中，将 Offset 设为 1，使地平线的轮廓与天空形成对比。

图7.7　Offset为1的视图

偏移应该与密度一起配合调整，在场景环境中仔细调整测试。低偏移可能会导致“重影”，即透过物体或地形可以看到天空盒，可以通过增大偏移来纠正这个问题，这样可以更清晰地在天空中把远处的物体或地形映衬出轮廓。另外，过大的偏移可能会导致远处的地形和网格出现细节层次“弹出”。

7.1.3　雾度

Haze（雾度）属性可以降低大气中粒子的清晰度。在现实世界中，朦胧感通常是由灰尘或烟雾等颗粒引起的。Haze 为 1 时，场景中大气中粒子的清晰度比较低，如图 7.8 所示。密度表示粒子的数量，雾度表示粒子的清晰度。

如果修改 Haze 属性的值，就会在地平线上方和远处产生明显的效果。可以结合颜色属性来创建大气环境，例如，如果想建造一个衰落和被污染的城市，可以修改 Haze 和 Color 属性的值来创建烟熏色调，如图 7.9 所示。

图7.8　Haze为1的视图

图7.9　Haze为2.8的视图

7.1.4　颜色

Color（颜色）属性可以改变大气环境的色调，营造不同的环境氛围。如前所述，增加雾度来调整颜色，可以增强视觉效果，使颜色更加突出。图 7.10 所示的亮蓝色表现夏日宜人的效果；而图 7.11 所示的深色调表现出阴暗的效果。

图7.10　Color设为[255,255,255]的视图

图7.11　Color设为[250,200,255]的视图

7.1.5　眩光

Glare（眩光）属性用于设置太阳周围的大气光辉。太阳的位置是由 Lighting 中的时间属性来控制的。图 7.12 所示效果的 Glare 设置为 0；图 7.13 所示效果的 Glare 设置为 1，可以让更多的阳光投射到天空和场景中。

图7.12　Glare设为0的视图

图7.13　Glare设为1的视图

注意 眩光需要雾度

眩光必须与大于 0 的雾度结合使用才能体现出变化。如果没有雾度，那么调整眩光是不起作用的。

7.1.6 衰变色

Decay（衰变色）属性用于调整远离太阳的大气环境色调。这个效果会随着时间的改变在天空中移动。图 7.14 所示效果的 Decay 设置为白色（RGB 值是 [255,255,255]），修改 Decay 的值，可以看到大气色调的变化，如图 7.15 所示。

图7.14 Decay设为[255,255,255]的视图

图7.15 Decay设为[255,90,80]的视图

注意 衰变色需要雾度和眩光

衰变色必须与雾度和眩光结合使用才能体现出变化，即雾度和眩光的值必须大于 0 才能看到衰变色的效果；否则调整衰变色是不起作用的。

7.2　自定义天空盒

天空盒可以为游戏环境增添气氛，甚至可以给人一种游戏世界在深空中或水下的感觉（见图7.16）。天空盒一般用于适配游戏主题。开发者可以在工具箱中搜索Skybox，免费使用里面的天空盒资源，也可以制作自己的天空盒。

图7.16　Move It Simulator模板中的天空盒和天体

7.2.1　制作天空盒

天空盒由6张单独的图片组成，这些图片可以连接成一个立方体。一个天空盒看起来是全景的，因为每张图片大小相同，可以完美对齐。这让玩家在环顾四周时，不会产生置身于立方体内的感觉。图7.17显示了6张图片组成一个全景图片的方法。

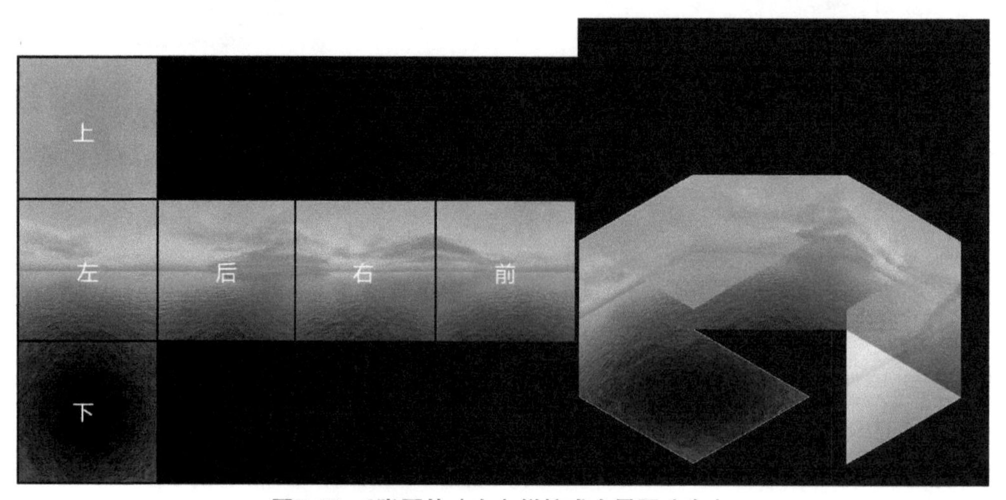

图7.17　6张图片（左）拼接成全景图（右）

从零开始制作天空盒图片的方法不在这一章介绍，且制作天空盒所需的这些图片需读者自己制作，同时需注意每张图片必须沿着相邻图像的边缘无缝衔接，以便在“折叠”成立方体时它们可以自然地连接成一体。

制作好天空盒图片后，按照以下步骤创建天空盒。

1. 在“项目管理器”窗口中选中 Lighting。

2. 单击加号按钮，插入 Sky 对象（见图 7.18）。

3. 单击 Sky 对象，它的属性会出现在“属性”窗口中。图 7.19 显示了“属性”窗口中的 6 个属性的名称，图 7.20 显示了天空盒图片对应属性名称的排列。

图7.18　在Lighting下插入Sky对象

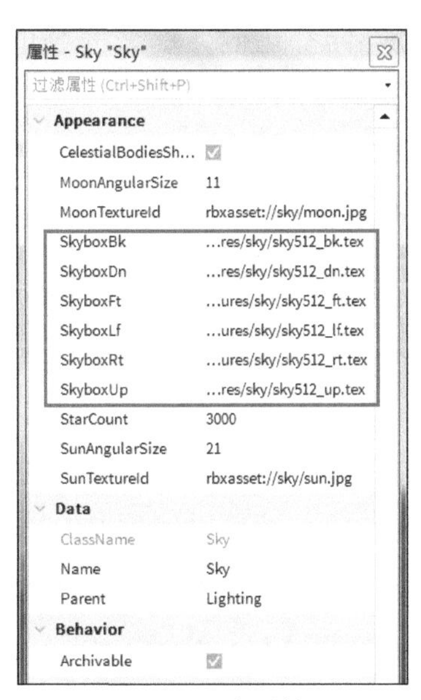

图7.19　6个属性

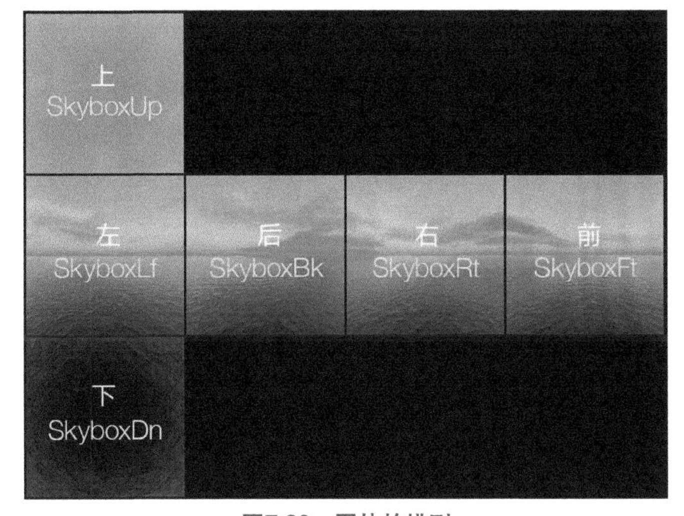

图7.20　图片的排列

4. 单击6个天空盒图片属性旁边的框，选择已上传的图片或单击“添加图片”按钮。如果没有看到上传图片的选项，则需要先发布游戏。

5. 在弹出的对话框中单击“选择文件”按钮（见图7.21），选择制作的天空盒的图片。注意天空盒图片的排列位置，确保在对应的属性中上传对应的图片。

6. 上传后，单击“创建”按钮。

如果操作都正确，那么完整的天空盒就会出现在场景中。

图7.21　单击“选择文件”按钮上传图片

7.2.2　自定义天体

默认情况下，罗布乐思 Studio 中的天体包含太阳、月亮和星星。这些天体会根据 Lighting 的 TimeOfDay 和 ClockTime 属性的值动态地上升和下降。

可以按照如下方式自定义天体。

- 太阳：可以上传一张新图片到 SunTextureId 属性来更改太阳的图片（见图7.22），还可以使用 SunAngularSize 属性调整太阳的大小。
- 月亮：可以上传一张新图片到 MoonTextureId 属性来更改月亮的图片，还可以使用 MoonAngularSize 属性调整月亮的大小。
- 星星：星星的图片不可以更改，但可以使用 StarCount 属性增加或减少星星的数量。

天体设置决定了太阳、月亮和星星是否会出现。若要禁用所有天体，可以关闭 CelestialBodiesShown 属性（见图7.23），也可以通过把 SunAngularSize 或 MoonAngularSize 属性设置为0来禁用太阳或月亮。

SunTextureId	rbxasset://sky/sun.jpg

图7.22　把新的太阳图片上传到素材管理器

CelestialBodiesShown	☑

图7.23　关闭天体的显示

7.2.3　调整光照颜色

在现实生活中，光的环境颜色全天都在变化。例如，清晨和傍晚的阳光色调通常更暖，色调偏粉橙色。

可以在“项目管理器”窗口中选中 Lighting，修改 Ambient 属性来修改环境光色；

Ambient 属性在 Lighting 属性列表的顶部。

可以将 Ambient 属性设置为想要的颜色，但这个设置不会更改游戏的主题颜色。若要更改游戏的主题颜色，则还需要更改 ColorShift_Top 属性，可以在 Ambient 属性的下面找到它。图 7.24 ～图 7.27 所示为一些修改游戏主题颜色的示例。

图7.24 日出主题视图（Ambient设为[255,100,150]，ColorShift_Top设为[255,100,150]）

图7.25 日落主题视图（Ambient设为[255,100,0]，ColorShift_Top设为[255,100,0]）

图7.26 多云天空主题视图（Ambient设为[110,110,130]，ColorShift_Top设为[110,110,130]）

图7.27　另一个多云天空主题视图（Ambient设为[110,110,225]，ColorShift_Top设为[0,150,225]）

总结

本章介绍了Atmosphere对象的属性——Density、Offset、Haze、Color、Glare和Decay，可以使用这些属性来添加逼真的细节，使环境更加怡人。本章还讲解了Lighting的Ambient和ColorShift_Top属性，并介绍了如何把这些属性应用在场景中，例如应用于日出、日落、多云天空主题场景等。Lighting是让游戏看起来出众的主要组件之一。出色的光照设计可以表现游戏场景的动感细节，并提高游戏的清晰度。

问答

问　Ambient属性可以改变整个游戏的光照色调吗？

答　不可以，还需要更改ColorShift_Top属性，才能更改整个游戏的光照色调。

问　高强度眩光会影响太阳吗？

答　是的，它使太阳看起来更大并增强了阳光。

实践

回顾一下学到的知识，花点时间回答以下问题。

测验

1. 判断对错：眩光必须与大于0的雾度结合才能看出效果。如果没有雾度，眩光不会起作用。

2. 判断对错: 衰变色定义了大气的朦胧度，在地平线上方和远处都可以看见效果。
3. 天空盒由________张独立的图片组成，这些图片包裹成一个立方体。
4. 判断对错：天空盒可以更换。

答案

1. 正确。
2. 错误，雾度定义了大气的朦胧度，在地平线上方和远处都可以看见效果。
3. 6。
4. 正确。

练习

看看是否可以使用之前创建的城市场景或罗布乐思 Studio 的模板来创建一个衰落的天空（见图 7.28）。思考：你的城市是在地球上，还是在外星上？然后根据你自己的答案来修改天体和大气的颜色。

图7.28　Beat the Scammers模板的修改版

1. 使用第 6 章创建的城市场景，把新的太阳图片上传到 SunTextureId 属性。
2. 修改 ClockTime 属性使时间属于日落时分。
3. 修改 Haze、Color、Decay 和 Glare 属性，让城市景观看起来有衰落之感。

第 8 章
效果环境

在这一章里你会学习：
- 如何使用粒子；
- 如何使用光带。

粒子可以用来创建效果，例如星尘轨迹、穿过森林的光球、风中飘扬的树叶。这种效果可以让玩家感觉游戏场景更加生动和真实。例如，创建一个火炉，然后添加火的粒子，再添加一些烟雾和火花，玩家可能就会被温暖的火吸引。

除了使用粒子创建效果，还可以使用连接两个附件的光带创建效果。光带具有从一端到另一端的固定粒子，你可以把光带效果使用在发光物体上，使它看起来更逼真。

本章将介绍如何使用粒子和光带制作游戏。下面介绍这些效果是如何让游戏更有趣的，并增加与玩家的互动。

8.1 粒子

粒子是一种有非常多用途的独特效果，并且其产生的效果对玩家来说极具吸引力。使用它可以创建烟、火、火花、雨、瀑布和其他自定义粒子。图 8.1 所示为使用粒子效果的场景。

按照以下步骤练习粒子效果的使用。

1. 创建部件。
2. 单击加号按钮并插入 ParticleEmitter（粒子发射器）对象（见图 8.2）。

图8.1 Pirate Island模板中用粒子创建的火山效果

速率控制粒子在部件上的产生速度。如果父部件移动，粒子会形成一条轨迹。如果把部件变大，粒子会在更大的区域产生，但粒子的产生速度不会变；如果把部件变小，粒子会更紧密地堆积在一起，如图 8.3 所示。

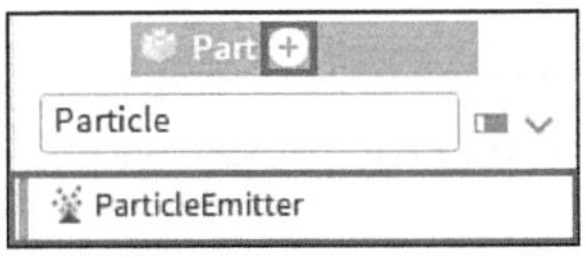

Part
Particle
ParticleEmitter

图8.2 创建粒子发射器

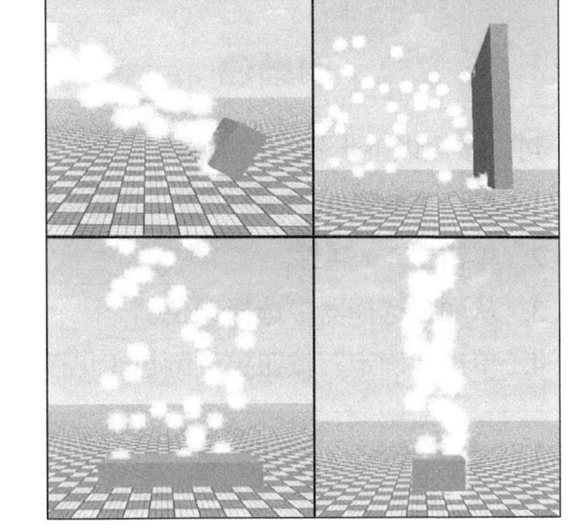

图8.3 从不同尺寸的部件发出相同的粒子数

如果不想移动部件，则可以使用 EmissionDirection 属性修改粒子的发射方向：单击 ParticleEmitter 对象，然后在“属性”窗口中修改 EmissionDirection 属性的方向。

8.1.1 自定义粒子

可以按照以下步骤给粒子发射器添加纹理来自定义粒子。

1. 在部件里创建一个 ParticleEmitter 对象。

2. 单击 ParticleEmitter 对象，它的属性会出现在“属性”窗口中。

3. 确保游戏已经发布，单击 Texture 属性来添加纹理图片（见图 8.4），注意纹理图片的背景必须是透明的，粒子的纹理会发生相应变化，如图 8.5 所示。

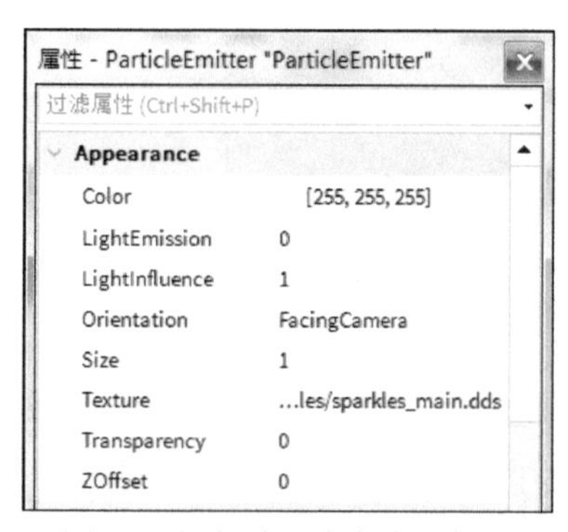

图8.4　添加纹理来自定义粒子

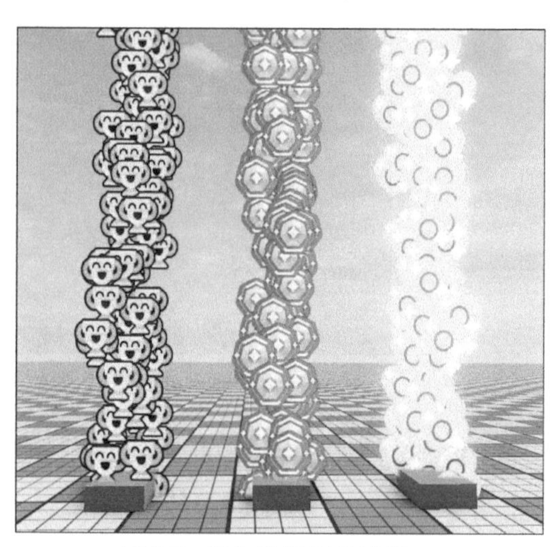

图8.5　添加纹理后的粒子

8.1.2　改变粒子的颜色

可以按照以下步骤为粒子添加颜色。

1. 单击 ParticleEmitter 对象，它的属性会出现在“属性”窗口中。
2. 单击 Color 属性。
3. 从颜色选择器中选择颜色。
4. 单击“确定”按钮更改颜色（见图 8.6）。

图8.6　改变粒子的颜色

8.1.3 粒子发射器的属性

与其他对象一样，ParticleEmitter 有各种可自定义的属性。下面介绍一些常用的属性。

- Color（颜色）：可以为粒子添加颜色。
- LightEmission（发射光亮）：控制粒子的亮度。
- Size（大小）：控制纹理的大小，如果调大这个属性的值，则粒子会变大。
- Drag（负加速度）：粒子发射后的负加速度，会让粒子的速度逐渐变慢。
- Lifetime（寿命）：控制粒子的持续时间。
- Rotation（旋转）：旋转纹理。
- RotSpeed（旋转速度）：控制纹理的旋转速度，如果这个属性的值为正，纹理会按顺时针方向旋转；如果这个属性的值为负，纹理会按逆时针方向旋转。
- SpreadAngle（传播角度）：控制粒子的传播角度范围。

8.2 光带

光带对象是一条纹理带，可以设置为动态的，也可以设置为静止的，可以用来制作激光、瀑布（见图 8.7）、路。

图8.7 在Galactic Speedway模板中，使用光带创建瀑布效果

要使用光带，需要在两个部件之间放置附件，添加纹理，然后设置速度、透明度和宽度，可以按照以下步骤来操作。

1. 创建两个部件，让它们之间保存一定距离，如图 8.8 所示。

图8.8　创建两个部件

2. 选中其中一个部件，单击加号按钮，添加 Beam 对象。

3. 分别选中这两个部件，单击加号按钮，插入 Attachment 对象（见图 8.9）。

4. 选中 Beam 对象，在“属性”窗口中单击 Attachment0 旁边的框（见图 8.10），可以看到鼠标指针发生了变化。

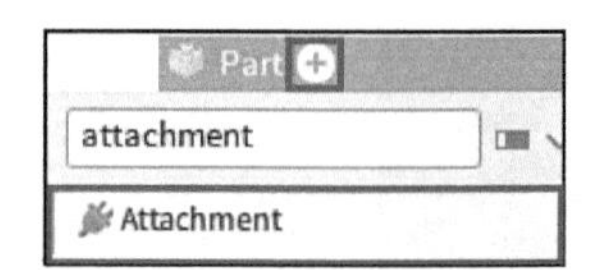

图8.9　为每个部件添加附件

图8.10　选中Beam对象，在“属性”窗口中单击Attachment0旁边的框

5. 单击刚刚创建的其中一个附件，将其设置为光带的起点。

6. 在“属性”窗口中，单击 Attachment1 旁边的框，单击刚刚创建的另一个附件，将其设置为光带的终点。

7. 完成光带起点和终点的设置后，在“属性”窗口中单击 Texture 属性，给光带对象添加纹理。

完成以上操作后，就可以看到所选的纹理在两个部件之间移动。图 8.11 所示的光带纹理是彩色条纹。

图8.11　两部件之间的光带

如果连接到光带的部件发生移动，光带会被拉伸并随着部件移动。

8.2.1　弯曲

CurveSize（弯曲）属性控制光带的弯曲程度，分为 CurveSize0 和 CurveSize1，属性的数值越大，对应端光带就弯曲得越明显。图 8.12 所示效果中，CurveSize0 设为 10。

图8.12　CurveSize0设为10的光带

图 8.13 所示的光带两端的弯曲属性都进行了修改。

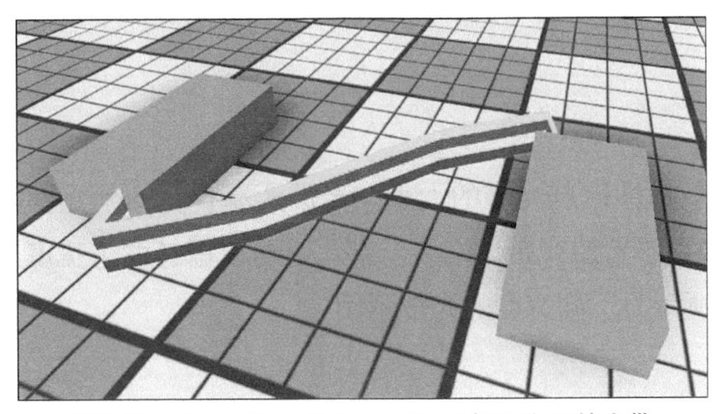

图8.13　CurveSize0和CurveSize1都设为10的光带

8.2.2　平滑

Segments（平滑）属性控制光带弯曲的平滑程度，增大这个属性的数值可以产生平滑的弯曲光带，如图 8.14 所示。

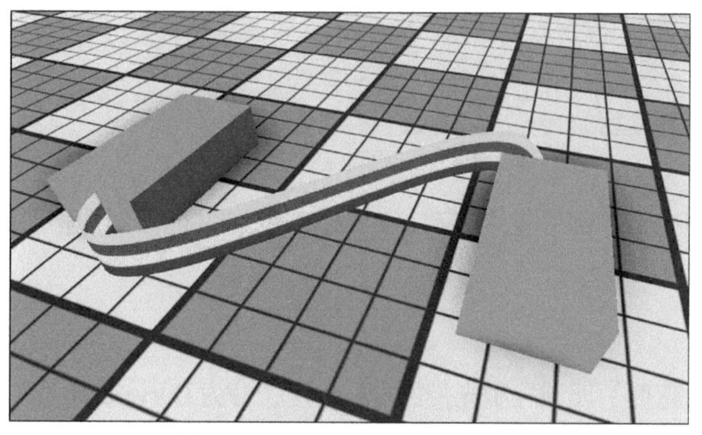

图8.14　Segments设为60的光带

减小平滑属性的数值会产生粗糙的弯曲光带，如图 8.15 所示。

图8.15　Segments设为5的光带

8.2.3　宽度

Width（宽度）属性控制光带的大小，光带两端各有一个宽度属性，单独控制各端的宽度大小。如果不希望光带一端大一端小，可以保持两个宽度属性的数值相同。图 8.16 和图 8.17 所示为不同宽度的光带示例。

图8.16 Width0设为10、Width1设为5的光带

图8.17 Width0和Width1都设为5的光带

8.2.4 使用光带在光线上添加射线效果

图 8.18 所示为使用光带添加的射线效果，光带效果可以增强聚光灯的视觉冲击力。要实现图 8.18 所示的效果，需要创建一个一端较宽且没有动画的光带。先为 Beam 对象添加射线效果的纹理，纹理图片必须是背景透明的，然后设置 Beam 对象的以下属性：

- LightEmission 设为 0；
- LightInfluence 设为 0；
- TextureLength 设为 19；
- TextureMode 设为 Wrap；
- TextureSpeed 设为 0；
- Transparency 设为 0.5；
- ZOffset 设为 0；
- CurveSize0 设为 0；

- CurveSize1 设为 0；
- Face Camera 设为 Disabled；
- Segments 设为 100；
- Width0 设为 3；
- Width1 设为 22。

图8.18 使用光带做出的射线效果

总结

本章介绍了粒子效果，它可以应用在许多地方，例如火炉中的火、烟囱中的烟、装满宝藏的盒子中的闪闪发光效果，它可以让游戏场景更加逼真，从而增强玩家的游戏体验。同时，本章还讲解了如何自定义粒子，更改它的颜色。最后介绍了光带，一种非常特殊的效果，可以在两个附件之间渲染纹理。使用粒子和光带等效果，可以创建更加逼真的场景，从而提高玩家的参与度。

问答

问 可以弯曲光带吗？

答 可以，使用 CurveSize 属性弯曲光带。

问 在一个区域内发射粒子的数量有限制吗？

答 产生粒子的区域大小是由它的父部件的大小控制的，要增加生成的粒子数，可以增大 Rate 属性的数值。如果 Rate 属性值已经调到最大，但还想生成更多的粒子，可以在同一区域放置多个粒子发射器，但是这样可能会影响性能。

问 可以改变粒子的颜色吗？

答 可以，使用“属性”窗口顶部的 Color 属性改变粒子的颜色，这对浅色纹理的粒子效果最好。

实践

回顾一下学到的知识，花点时间回答以下问题。

测验

1. 判断对错：可以改变光带的颜色。
2. 判断对错：粒子默认从部件的上方发射。
3. 判断对错：粒子的创建方式与光带相同。
4. 光带的________速度可以通过属性控制。
5. 粒子的生成速度可以通过________属性来增大和减小。

答案

1. 正确。
2. 正确。
3. 正确。
4. 纹理。
5. Rate。

练习

这个练习结合了本章介绍过的许多知识，如果有不清晰的地方，可以参考前面的内容。

1. 打开罗布乐思 Studio。
2. 制作一个如图 8.19 所示的火炉。

3. 使用火效果和烟粒子发射器效果的组合，使火变得有活力，如图 8.20 所示。

图8.19　火炉

图8.20　火炉里熊熊的火光

第二个练习制作一个瀑布，按照以下操作创建光带效果。

1. 放置两个部件，让它们作为瀑布的顶部和底部。

2. 为光带添加瀑布的纹理图片，可以在网上搜索一张合适的图片，注意纹理的背景必须是透明的。

3. 尝试调整光带的属性，如 Curve、Width 和 Segments，完成后，效果应该类似于图 8.21 所示。

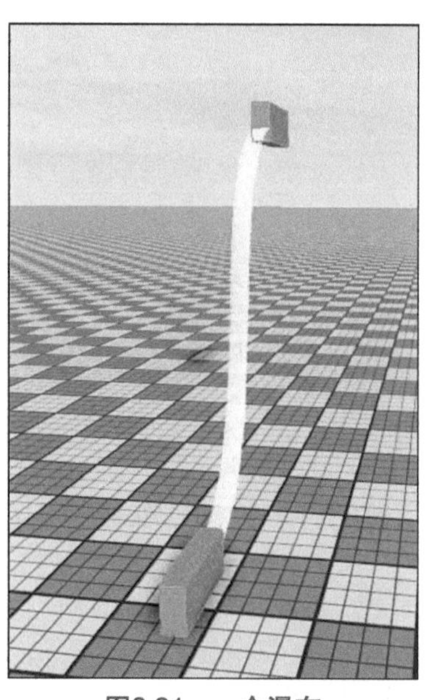
图8.21　一个瀑布

提示　增强瀑布效果

可以给瀑布添加更多效果，例如，在底部的部件上添加烟雾效果，使瀑布底部看起来雾气迷茫（见图 8.22）。

图8.22　给瀑布添加雾气

第 9 章

导入资源

在这一章里你会学习：

- 如何插入和上传免费模型；
- 如何导入网格；
- 如何导入纹理；
- 如何导入音频。

所有游戏资源（包括模型、脚本、纹理和音频文件）都是在线保存在罗布乐思中的。与其他游戏引擎不同，罗布乐思玩家和开发者都不需要存储本地游戏资源，这样的优势是可以更好地进行团队协作开发，并且减少玩家换设备玩游戏引起的存储问题。

所有资源都是与罗布乐思账号 ID 相关联的，上传后，资源会自动提交给罗布乐思的审核团队。审核通常需要几分钟，审核通过后资源就会出现在罗布乐思 Studio 中。

9.1 上传和插入免费模型

免费模型可以看作由一组对象组成的一个单独物品，例如，一个武器模型可能包括一组部件、粒子发射器、附件和脚本。免费模型都是由罗布乐思用户制作并上传到资源库的。

模型可以共享，在上传时打开“允许复制”选项就可以给所有人免费使用。创建模型并上传到工具箱后，就不可以更新或删除此模型，但可以修改标题、所有权和描述。可以删除背包中其他人创建的公共模型。

按照以下步骤创建模型。

1. 用部件创建模型，完成后，选中所有部件。

2. 在“首页”选项卡中，单击“分组”按钮（见图 9.1），对部件进行分组。

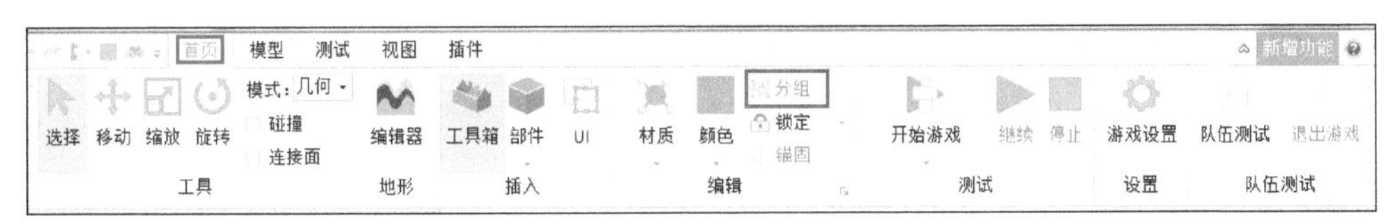

图9.1　单击“分组”按钮

3. 模型会显示在“项目管理器”窗口中，可以重命名它。

4. 指定其中一个部件作为模型的主要部件，当模型被定位时，会以主要部件的位置作为模型的定位标准。在模型的“属性”窗口中选择 PrimaryPart，鼠标指针会处于活动状态，然后单击模型中的一个部件可以将其设为主要部件（见图 9.2）。

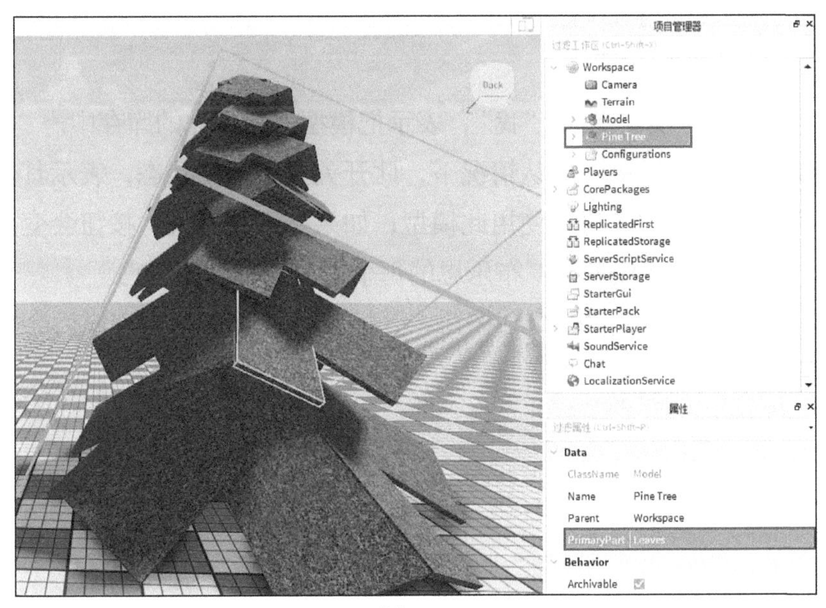

图9.2　选择PrimaryPart

9.1.1　上传模型

按照以下步骤把模型上传到罗布乐思。

1. 需要设置好 PrimaryPart 才能上传模型，设置好 PrimaryPart 后，使用鼠标右键单击“项目管理器”窗口中的模型，从弹出菜单中选择“保存至 Roblox”选项（见图 9.3）。

2. 在打开的窗口中（见图 9.4）填写以下必要的信息。

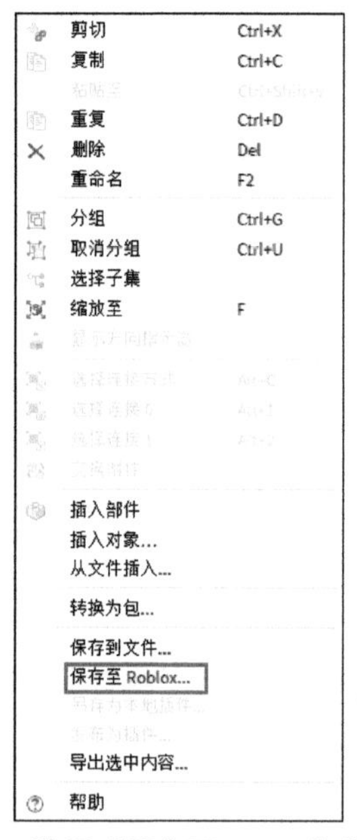

图9.3 选择“保存至Roblox”选项

图9.4 填写必要的信息

- **“创建者”**：如果选择“我”，表示把模型保存到你的库存中。
- **“允许复制”开关**：默认情况下，此开关处于关闭状态，表示其他人不可以使用，只有创建者可以使用此模型；如果打开此开关，按钮会变为绿色，此模型会成为免费模型，罗布乐思的每个用户都可以使用它。

3. 填写完成后，单击“提交”按钮，开始上传模型。上传完成后会弹出模型成功保存到罗布乐思的确认对话框（见图 9.5）。

图9.5 成功提交

9.1.2　查看上传的模型

打开“工具箱”窗口，在“背包”选项卡的下拉列表框中选择“我的模型”选项，就可以看到上传的模型。用户在罗布乐思中保存的资源都会放在“背包”选项卡里（见图 9.6）。

图9.6　工具箱中的“我的模型”

9.1.3　插入模型

免费模型是由社区用户创建的，其他用户可以在他们的游戏中自由拿取和使用这些免费模型。

注意　免费模型中的脚本

使用免费模型时，可能需要删除模型里的脚本，因为脚本中的代码可能与目标游戏不兼容，或者不适用于目标游戏。例如，一个免费模型每隔几分钟会孵化一只鸟，另一个免费模型会点燃周围的物体。

按照以下步骤在你的游戏中插入免费模型。

1. 打开“工具箱”窗口（见图 9.7）。

2. 在“商店”选项卡左上角的下拉列表框中选择“模型”选项（见图 9.8），可以找到汽车、树木和其他游戏资源。

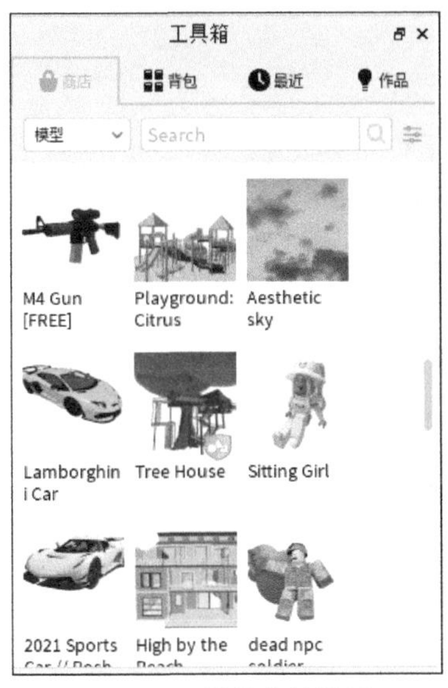

图9.7　工具箱中的模型

图9.8　选择“模型”选项

3. 单击要插入的模型（见图 9.9），它就会出现在 Studio 中。如果需要查看模型的详细信息，单击放大图标，就会打开模型的资源信息（见图 9.10）。

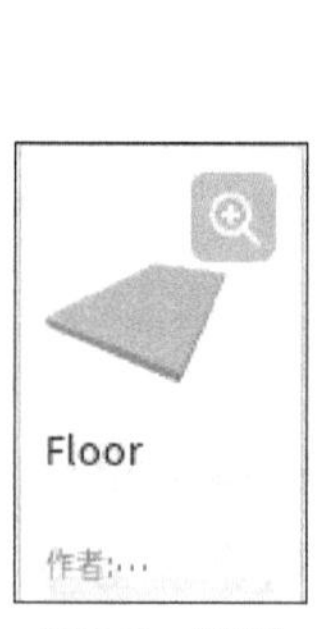

图9.9　模型

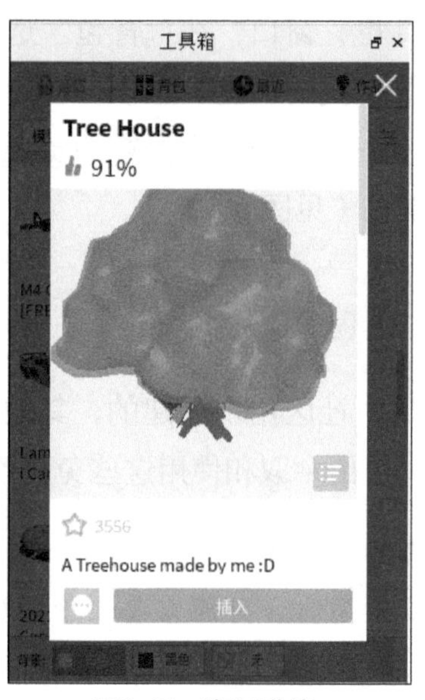

图9.10　资源详情

提示　音频资源

可以使用相同的操作查看音频资源，单击音频资源的放大图标可以收听音频。后面会介绍更多导入音频资源的知识。

9.2　导入网格

MeshPart（网格部件）是物理模拟的网格，支持使用 FBX 或 OBJ 文件格式上传网格。把网格导入游戏的最简单方法就是使用“项目管理器”窗口。按照以下步骤通过 MeshPart 导入网格。

1. 在“项目管理器”窗口中，把鼠标指针悬停在 Workspace 上，单击加号按钮（见图 9.11）。

2. 单击 MeshPart（见图 9.12），MeshPart 会出现在摄像机视野的中心（见图 9.13）。

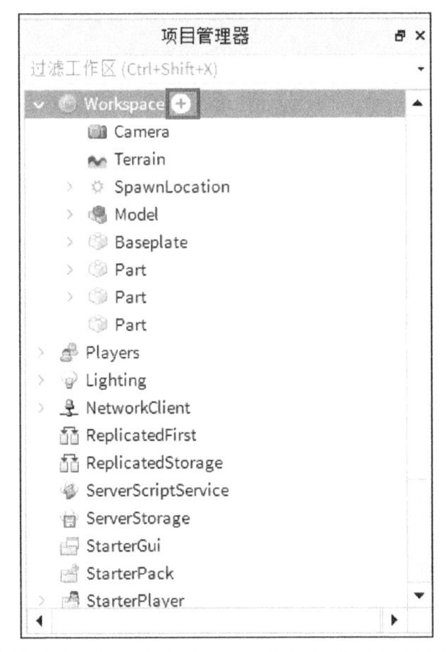

图9.11 单击Workspace旁边的加号按钮

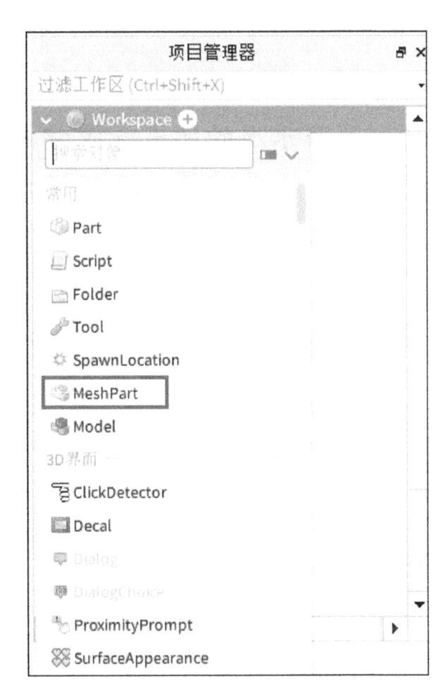

图9.12 单击MeshPart

图9.13 MeshPart在摄像机视野的中心

3. 选中MeshPart，在“属性”窗口导入网格，单击MeshId旁边的文件夹图标（见图9.14），选择要上传的网格文件。

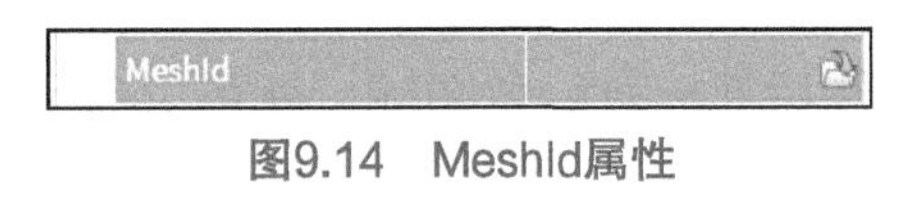

图9.14 MeshId属性

注意 网格大小

网格面数必须少于10000个三角形。

网格上传成功后，就会被加载到Studio中。

注意 资源审核

上传到罗布乐思的所有资源都需要经过审核，审核需要时间，所以有时会导致资源上传后需要稍等一段时间才能使用。如果资源上传不成功，请检查文件名中是否有数字，并检查文件名中是否包含可能违反审核条款的词语。

“素材管理器”窗口可以方便地让用户查看和管理游戏中的网格、图片、场景和包，还可以批量导入游戏资源。按照以下步骤批量导入网格。

1. 在“视图”选项卡中，单击“素材管理器”按钮（见图9.15）。

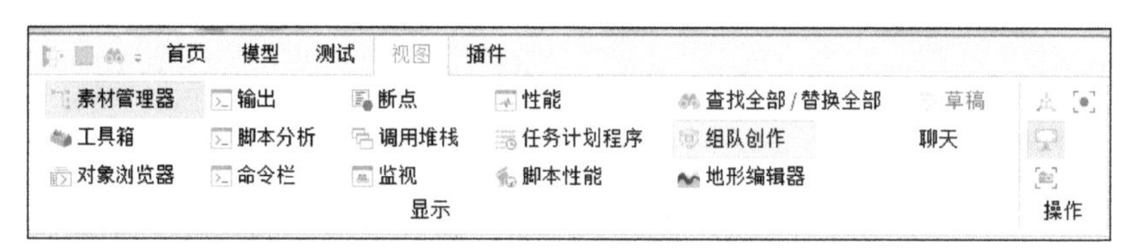

图9.15 “素材管理器”按钮

2. 单击“批量导入”按钮（见图9.16）导入网格。

3. 上传网格后，会打开“网格导入选项”对话框，单击“全部应用”按钮（见图9.17）。

图9.16 “批量导入”按钮

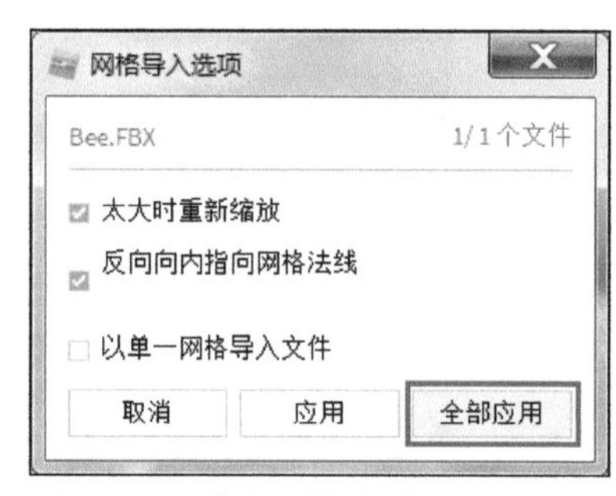

图9.17 单击“全部应用”按钮

4. 打开“批量导入”对话框（见图9.18），方便查看导入的进度，当所有网格文件后都标有绿色图标，就可以关闭该对话框了。

5. 在“素材管理器”窗口中，双击“网格”文件夹，使用鼠标右键单击网格，在弹出菜单中选择“带位置插入”选项（见图9.19），对应网格就会被添加到游戏中。

图9.18 “批量导入”对话框

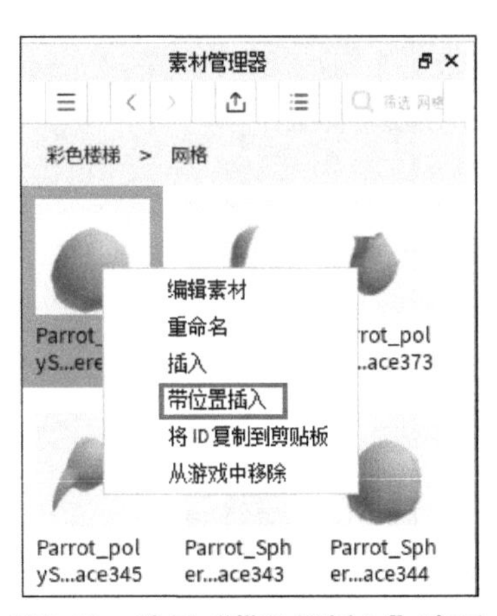

图9.19 选择“带位置插入”选项

9.3 导入纹理

有两种方法可以把图片导入 Studio，第一种方法是使用素材管理器，第二种方法是使用项目管理器中的纹理对象。图片可以以 PNG、JPG、TGA 和 BMP 等格式导入罗布乐思 Studio。使用素材管理器可以批量导入纹理。本节按照以下步骤导入纹理。

1．在“项目管理器”窗口中，单击 Treehouse 右侧的加号按钮（见图 9.20），选择 Texture 选项（见图 9.21）。

Tree house

图9.20 加号按钮

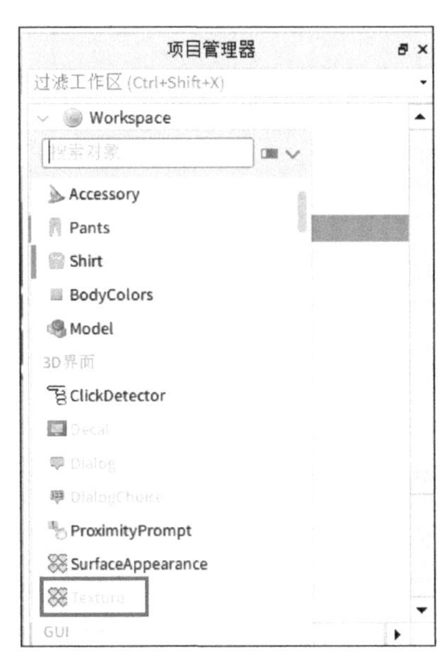

图9.21 选择Texture选项

2．将纹理放在合适的位置（见图 9.22）。

图9.22　放置纹理

3. 在“属性”窗口中，单击 Texture 属性（见图 9.23）弹出图片选择框，单击“添加图片”按钮。

4. 在弹出的对话框中单击“选择文件”按钮，选择要上传的图片，单击“打开”按钮，然后单击“创建”按钮（见图 9.24），纹理就设置成功了。

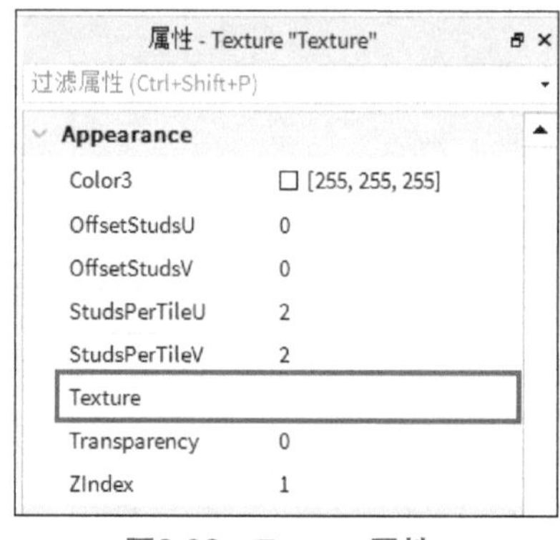

图9.23　Texture属性

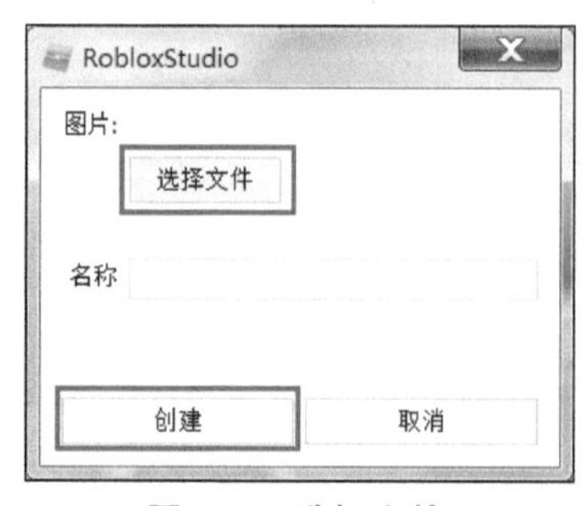

图9.24　选择文件

在素材管理器中导入贴花的步骤：打开“素材管理器”窗口，单击“批量导入”按钮，上传图片。图片上传成功后，在“图片”文件夹中双击图片，然后把它放在合适的位置。图 9.25 显示了素材管理器中的贴花。

图9.25　素材管理器中的贴花

9.4 导入音频

用户可以导入 MP3 或 OGG 格式的音频文件，并将其应用到游戏中，以增强游戏的娱乐性。按照以下步骤上传音频文件。

1. 打开“素材管理器”窗口，单击“批量导入”按钮。
2. 选择需要上传的音频文件。
3. 在弹出的“文件导入”对话框中，单击“确认”按钮（见图 9.26）。
4. 审核通过后，可以在“工具箱”窗口的“我的音频”下查看上传的音频文件（见图 9.27）。

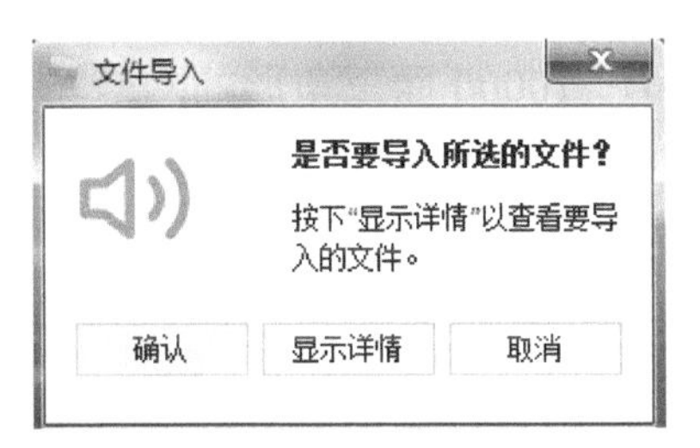

图9.26 导入音频文件

图9.27 我的音频

总结

本章讲解了如何插入免费模型，以及如何把模型上传到罗布乐思。可以把模型保存到罗布乐思并与朋友分享，也可以上传后只供自己使用。本章介绍了两种上传网格的方法：网格部件和素材管理器。如果网格未分组，可以使用素材管理器上传，以便网格在 Studio 中保持未分组状态。本章还介绍了分别通过素材管理器和通过纹理或贴花上传图片的方法，以及如何上传音频文件。上传音频文件需要时间，因为罗布乐思会检查每个音频文件，看它们是否遵循罗布乐思的条款。虽然上传音频文件的流程稍长，但音效可以给游戏增加巨大的价值。

问答

问 上传音频文件到罗布乐思是否需要支付罗宝？

答 需要，上传音频文件需要根据音频文件支付相应的罗宝。

问 我可以删除已上传到罗布乐思的模型吗？

答 不可以，模型上传到罗布乐思后，是不可以删除的，但用户可以在库存中删除公共模型。

问 模型保存到罗布乐思后，可以对它进行编辑吗？

答 可以，但只可以修改模型的资源配置信息。

实践

回顾一下学到的知识，花点时间回答以下问题。

测验

1. 判断对错：可以通过网格部件方法导入超过 10000 面三角形的网格。
2. 判断对错：不可以从库存中删除免费模型。
3. 把音频文件上传到罗布乐思需要支付相应的________。
4. 音频文件需要一些时间才能通过________。
5. 判断对错：网格不可以通过素材管理器上传到罗布乐思 Studio。
6. 判断对错：音频文件不可以通过素材管理器上传到罗布乐思。

答案

1. 错误，用户不能通过网格部件方法导入超过 10000 面三角形的网格。
2. 错误，用户可以从库存中删除免费模型。
3. 罗宝。
4. 审核。
5. 错误，网格可以通过素材管理器上传到罗布乐思 Studio。
6. 错误，音频文件可以通过素材管理器上传到罗布乐思。

练习

这个练习结合了本章的许多知识，如果有不清楚的地方，可以参考前面的内容。尝试通过素材管理器上传网格。

1. 打开罗布乐思 Studio。
2. 创建一个森林场景，只创建一棵树和一块石头，不用创建其他不同的模型。

3. 只使用一种树和一种岩石，缩放模型使它们具有不同的大小，旋转模型使它们面向不同的方向。

完成后，效果应该类似图 9.28 所示效果。

图9.28 完成后的森林场景

第二个练习，与朋友合作，每人为森林场景创建一个模型，然后相互共享模型，并在场景中使用朋友创建的模型。

第 10 章

游戏构成与协作

在这一章里你会学习：

- 如何在游戏中添加场景；
- 如何与他人协作；
- 如何创建和查看包。

本章将介绍如何构建游戏，包括添加场景、编辑场景和脚本、管理协作者、创建和使用包。了解游戏的构成后，你可以创建更大的作品，让玩家角色在多个关卡或世界之间穿梭。合理地构建游戏可以改进游戏的性能。例如，把一个大世界分成多个场景，可以改善玩家的加载时间。

随着游戏世界变得越来越精致，在开发过程中可能需要邀请更多人来帮忙。使用组队创作功能，可以邀请协作者与你实时合作开发，并且可以共享模型、脚本、动画等资源。

10.1　为游戏添加场景

游戏是由各个场景组成的，每个游戏至少有一个场景。场景可以简单地理解为游戏的一个关卡，场景包含环境、模型、用户界面、游戏逻辑和构成关卡的其他内容。图 10.1 所示为一名玩家角色站在游戏场景选择墙前面的效果。

图10.1 死亡跑酷中有多个不同主题的游戏场景

虽然一款游戏可以由许多场景组成，但每款游戏只能有一个起始场景，玩家开始游戏时，会首先加载起始场景。

按照以下步骤在游戏中添加新场景。

1. 在 Studio 中，打开要添加新场景的游戏。

2. 单击“视图”选项卡的“素材管理器”按钮（见图 10.2）。

图10.2 “素材管理器”按钮

3. 双击进入“场景”文件夹，使用鼠标右键单击“素材管理器”窗口中的任意位置，在弹出菜单中选择“添加新场景”选项（见图 10.3）。

成功创建新场景后，可以双击打开该场景并进行编辑。在“素材管理器”窗口中，游戏的起始场景会有一个重生点的符号（见图 10.4）。

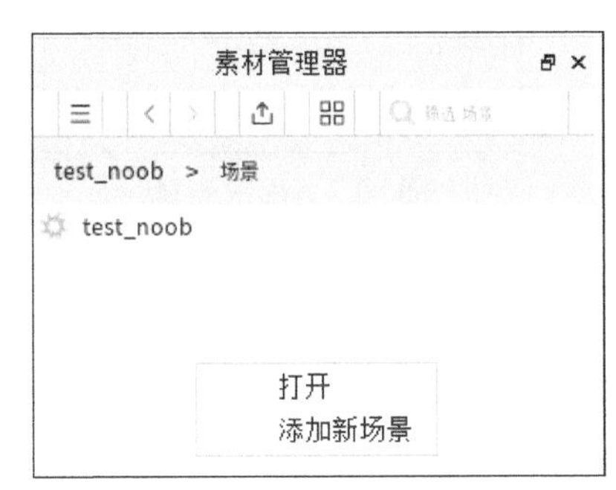

图10.3 添加新场景

图10.4 起始场景上的重生点符号

10.2 在罗布乐思Studio中协作

与拥有不同经验、技能和观点的人一起合作开发游戏是很有好处的。一个团队可以合作解决问题，并且会集合不同的想法和观点，可以增加游戏的创意。

虽然游戏是属于个人的，但是可以邀请合作者一起实时编码和制作游戏。

10.2.1 打开组队创作

如果游戏是属于个人的，则需要打开组队创作才能进行合作开发。打开组队创作后，受邀的开发者可以对游戏进行修改。按照以下步骤打开组队创作。

1. 选择“文件”下拉菜单中的“发布至 Roblox”选项发布游戏。
2. 在“视图”选项卡中单击“组队创作”按钮（见图 10.5）。

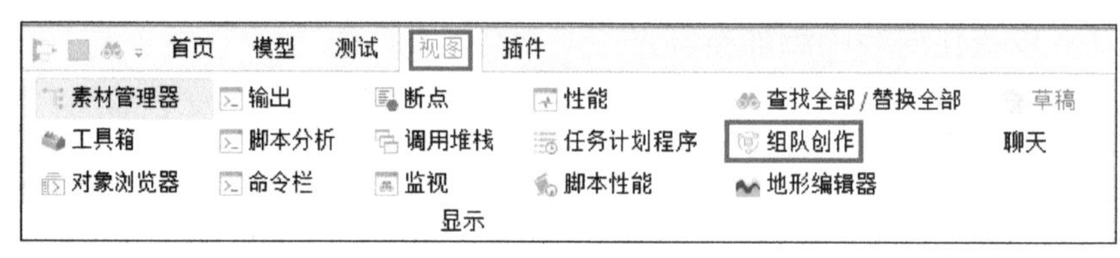

图10.5 “组队创作”按钮

3. 单击“组队创作”窗口中的“开启”按钮（见图 10.6），Studio 会重启为组队创作状态。

打开组队创作后，“组队创作”窗口中会显示处于活动状态的用户列表（见图 10.7）。

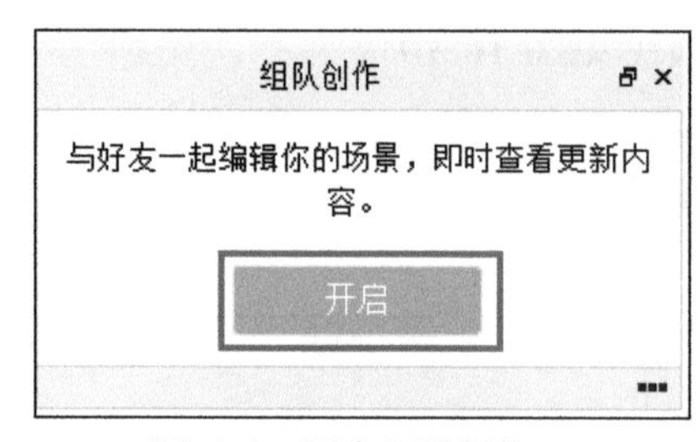

图10.6 开启组队创作

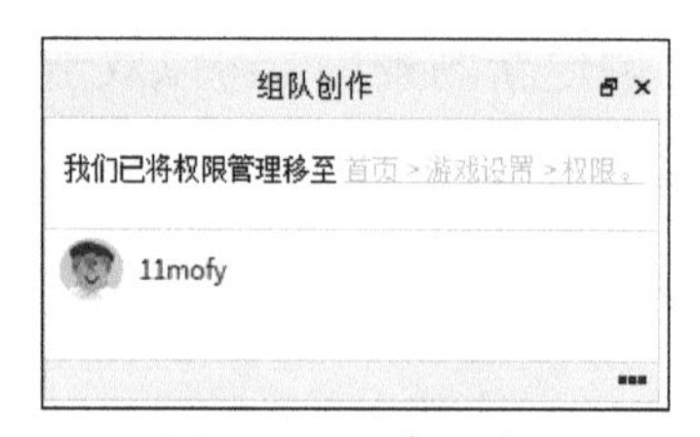

图10.7 用户列表

10.2.2 在组队创作中添加和管理用户

可以在“游戏设置”窗口中邀请开发者加入组队创作，按照以下步骤操作。

1. 单击 Studio“首页”选项卡中的“游戏设置”按钮（见图 10.8）。

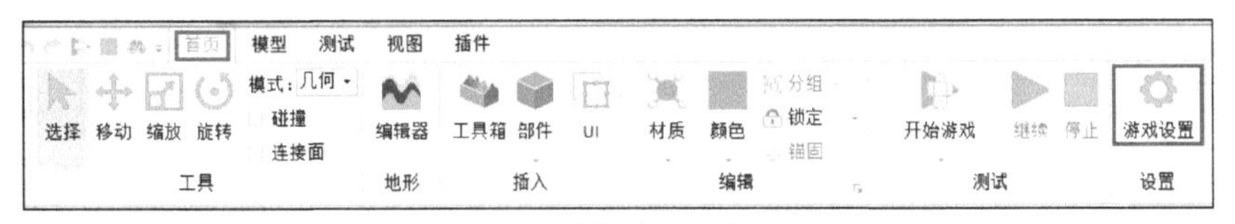

图10.8　“游戏设置”按钮

2. 在“游戏设置”对话框中单击“权限”（见图 10.9）。

图10.9　权限

3. 向下滚动可以看到“协作者”，输入罗布乐思用户名进行搜索，单击搜索到的用户，将其添加为协作者（见图 10.10）。

图10.10　搜索罗布乐思用户并将其添加为协作者

4. 向下滚动查看新添加的用户，在右侧，从权限菜单中选择“编辑”选项（见图 10.11），允许该用户对游戏进行修改。

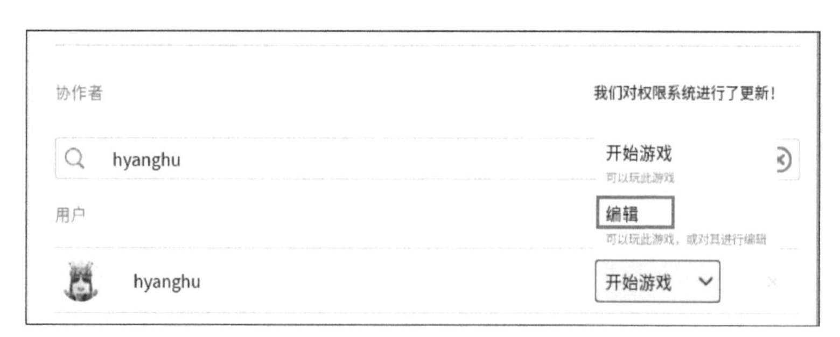

图10.11 在权限菜单中选择“编辑”选项

5. 单击“保存”按钮。

10.2.3 查看组队创作游戏

被邀请为协作者的人可以按照以下步骤参与组队创作。

1. 打开 Studio。（如果已经打开 Studio，在“文件”下拉菜单中选择“从 Roblox 打开”选项，可以重新打开 Studio。）

2. 进入“我的游戏”界面（见图 10.12）。

3. 单击“分享给我的”选项卡（见图 10.13）。

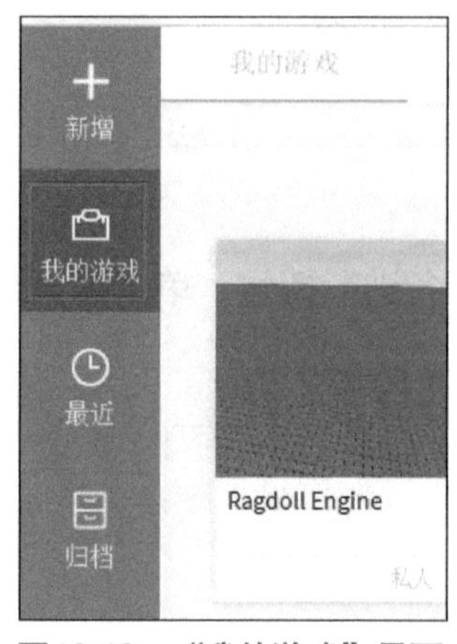

图10.12 “我的游戏”界面

图10.13 “分享给我的”选项卡

4. 找到游戏并开始编辑。

10.2.4 使用罗布乐思Studio聊天

罗布乐思 Studio 中的“聊天”是一个工具，可以让你与其他协作者在工作时一起聊天。可以在“视图”选项卡中单击“聊天”按钮（见图 10.14）来打开“聊天”窗口。

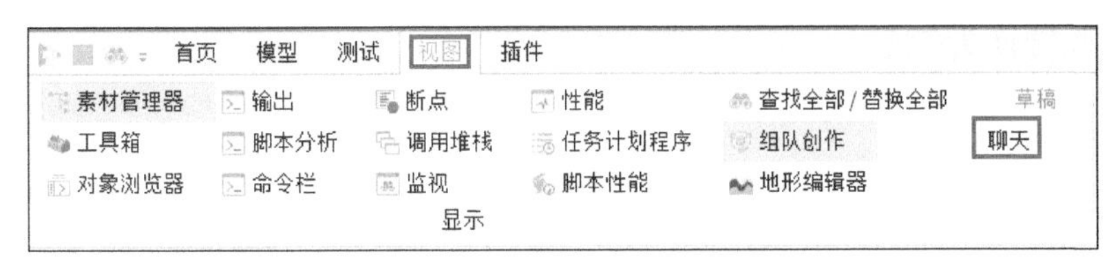

图10.14 打开“聊天”窗口

10.2.5 关闭组队创作

游戏的所有者拥有控制组队创作的权限，可以单击“组队创作”窗口右下角的省略号按钮来关闭组队创作（见图 10.15）。选择“禁用组队创作”选项，这个操作会取消协作者的组队创作权限。如果之后重新打开组队创作，不需要去重新邀请之前受邀的开发者，就可以开始一起创作。

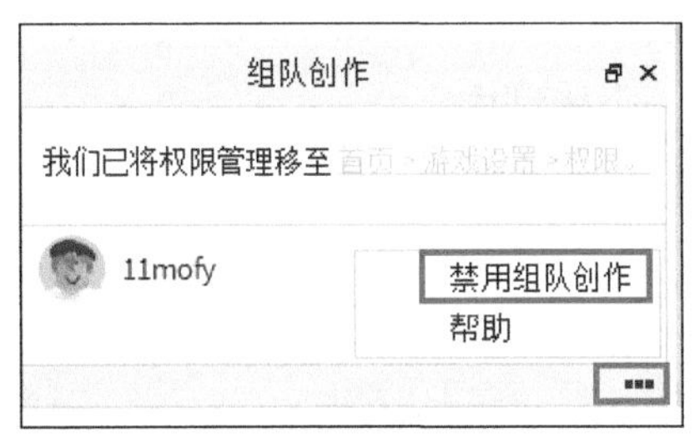

图10.15 禁用组队创作

10.3 在罗布乐思Studio中创建与查看包

包可以帮助用户轻松地复用游戏的各个部件，无论是想要在游戏的某个关卡上复制模型，还是想在多个游戏中使用同一个脚本集合。罗布乐思可以让用户创建不同的对象的包，并在其他游戏中重复使用。与复制粘贴的方式相比，这种方法的优点是：包是保存在云端的，如果修改其中一个副本，此修改会同步到其他副本中。当更新一个游戏中的包时，其他游戏中使用的同一个包也会同步更新。这就像标准建模，可以随时更新模型。

标准模型的图标如图 10.16 所示，而包的图标带有链接的符号，如图 10.17 所示。

图10.16 标准模型

图10.17 模型转换为包

10.3.1 把对象转换为包

在罗布乐思 Studio 中可以把可复用的对象转换为包。需要先把对象分组到一个模型中，并设置 PrimaryPart。如果不设置 PrimaryPart，则模型不可以转换为包。按照以下步骤把资源转换为包。

注意　不能删除包

用户不能从罗布乐思中删除包，因为它是资源，但可以在 Studio 中移除包：在“素材管理器”窗口中，使用鼠标右键单击要移除的包，然后选择“从游戏中移除”选项。

1. 选中要组合成模型的对象，单击“首页”选项卡或“模型”选项卡中的“分组”按钮（见图 10.18），或按 Ctrl+G（macOS 上是 Command+G）组合键，把它们分组到一个模型中。

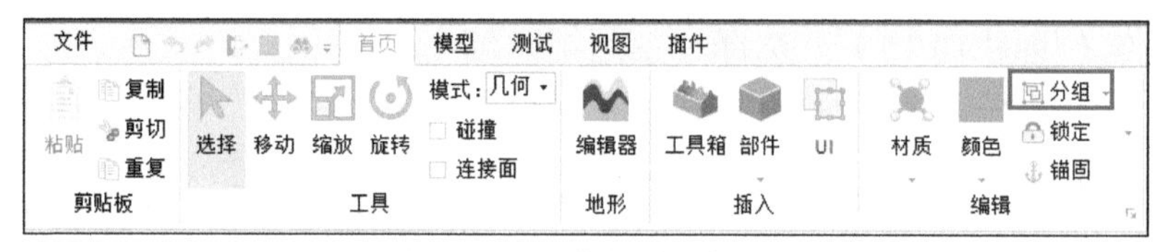

图10.18　“分组”按钮

2. 把对象分组后，在“属性”窗口中单击 PrimaryPart，然后选择模型中的一个部件（见图 10.19）。

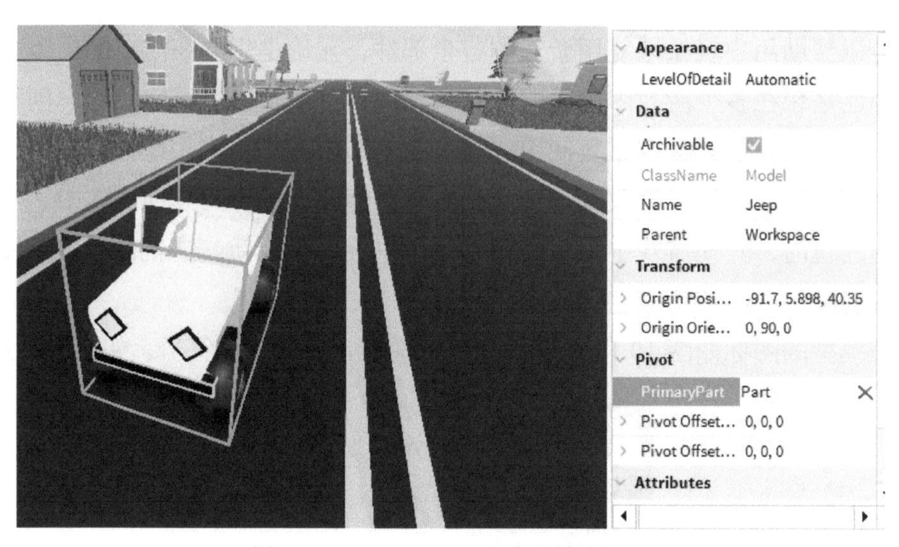

图10.19　PrimaryPart设为所需的部件

3. 使用鼠标右键单击模型，在弹出菜单中选择“转换为包”选项，在弹出的对话框中填写必要的信息（见图 10.20）。

“所有权”：选择“我”选项，所有权就属于你自己。

4. 单击“提交”按钮就可以把对象保存为包。

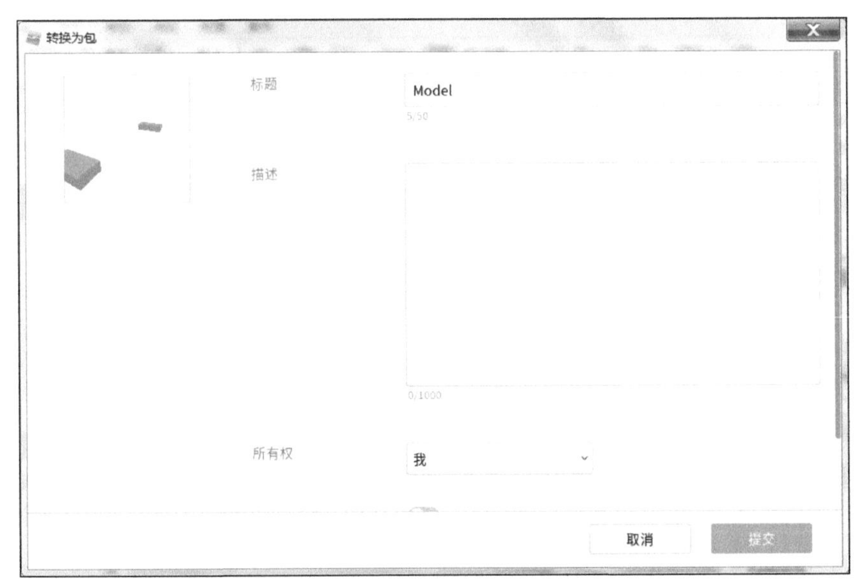

图10.20　“转换为包”对话框

10.3.2　在工具箱中查看包

在“工具箱”窗口中单击“背包”选项卡，可以找到提交的包，在下拉列表框中选择“我的包”选项，如图 10.21 所示。

图10.21　工具箱中的“我的包”

10.3.3　在素材管理器中查看包

游戏中使用的包会显示在“素材管理器”窗口中，可以在“视图”选项卡中单击“素材管理器”按钮打开该窗口（见图 10.22）。“素材管理器”是一个很有用的窗口，有多种用途，例如一次性导入多个网格、创建新场景等。

图10.22　“素材管理器”按钮

在“素材管理器”窗口中双击“包”文件夹（见图 10.23），将其打开。

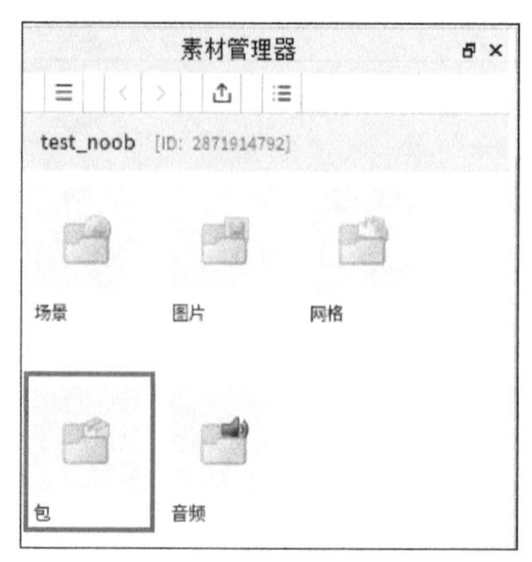

图10.23　“包”文件夹

在“包”文件夹中，可以插入包，或从游戏中移除包。

10.3.4　更新包

可以根据需要修改包中的代码和模型。

1. 对包进行修改后，使用鼠标右键单击模型，在弹出菜单中选择“发布更改至包”选项（见图 10.24）。

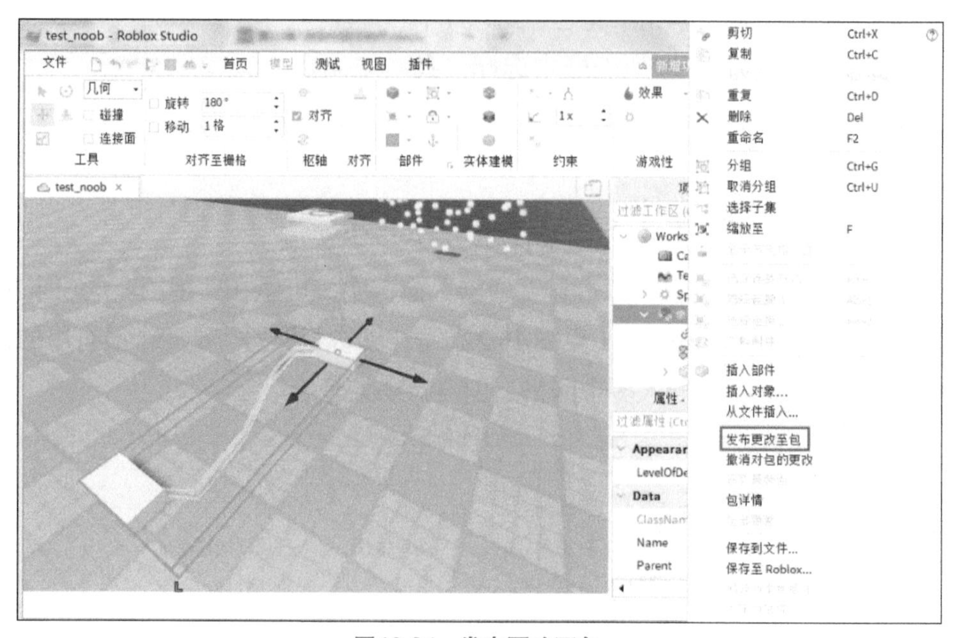

图10.24　发布更改至包

2. 在弹出的提示框中，单击“发布”按钮（见图 10.25）。

图10.25 确认发布

发布成功后，对包所做的修改都会被保存。

注意 需要手动发布修改

对这些包的修改更新不会自动发布到所选场景，如果想把修改反映在实时的游戏服务器上，需要单独发布场景。

总结

本章介绍了如何在游戏中创建新场景。每款游戏都是从一个起始场景开始的，开始游戏时，玩家会加载到这个起始场景。可以通过编写脚本和添加按钮来切换场景。本章还介绍了游戏的所有权，如果游戏的所有权是个人，则可以通过组队创作来进行协作开发。最后，介绍了如何把对象转换为包、查看包、从游戏中移除包、更新包。

问答

问 编辑者可以邀请更多的协作者加入组队创作吗?

答 不可以，编辑者没有权限邀请协作者加入组队创作。

问 我可以删除我的包吗?

答 不可以，但你可以从游戏中移除包。

实践

回顾一下学到的知识，花点时间回答以下问题。

测验

1. 判断对错：编辑者可以从组队创作中删除游戏的所有者。

2. 判断对错：可以从罗布乐思中删除包。
3. 在项目管理器中，可以通过________轻松识别包。

答案

1. 错误，编辑者不能从组队创作中删除游戏的所有者。
2. 错误，不可以从罗布乐思中删除包，但是可以更新包。
3. 链符号。

练习

到目前为止，制作的游戏都是只由一个场景组成的，计划一下如何把游戏扩展到包括多个场景。可以参考以下例子：

- 一个庞大的多人幻想世界，在不同的场景创建每个种族的家园；
- 一款竞技射击游戏，玩家可以在每一轮选择一张地图；
- 一款以外太空为背景的游戏，玩家在升级时解锁新世界。

写下你的计划，并开始思考花多少时间来创建每个场景，以及是否与朋友合作开发。第 17 章“装备、传送、数据存储”会介绍如何在不同场景之间传送玩家。

第 11 章

Lua概述

在这一章里你会学习：

- 如何使用编程工作区；
- 如何使用变量修改属性；
- 如何使用函数和事件；
- 如何使用条件语句；
- 了解什么是数组和字典；
- 如何使用循环多次执行代码；
- 如何访问作用域内的变量和函数；
- 如何创建自定义事件；
- 如何通过调试发现错误。

罗布乐思根据自身情况选择编程语言时，从多种编程语言中选择了 Lua 语言。与大多数编程语言（如 Java 和 C++）相比，Lua 语言的代码字数更少，这使得它更易于阅读，并且输入速度更快。Roblox Lua 是 Lua 的修改版本。

在深入学习更高级的游戏开发知识（例如用户界面、动画和摄像机移动）前，本章将简述编程术语和 Lua 脚本。读者将通过不同类型的脚本创建和修改部件，并学习面向对象编程。最后，本章将带领读者运行脚本，了解如何查看输出和调试错误。

11.1　使用编程工作区

编程语言由代码行组成。组合在一起的指令称为脚本，它告诉计算机需要做什么。

在罗布乐思 Studio 中，用户可以使用 Lua 脚本在游戏中创建 3D 元素，并使它们具有交互性，例如响应玩家的输入、触发事件。

在开始编程之前，需要将工作区调整为最佳布局，以便测试脚本并查看它的输出。本章需要使用“输出”窗口，在“视图”选项卡中单击“输出”按钮打开对应窗口。参照图 11.1 所示的布局调整工作区。

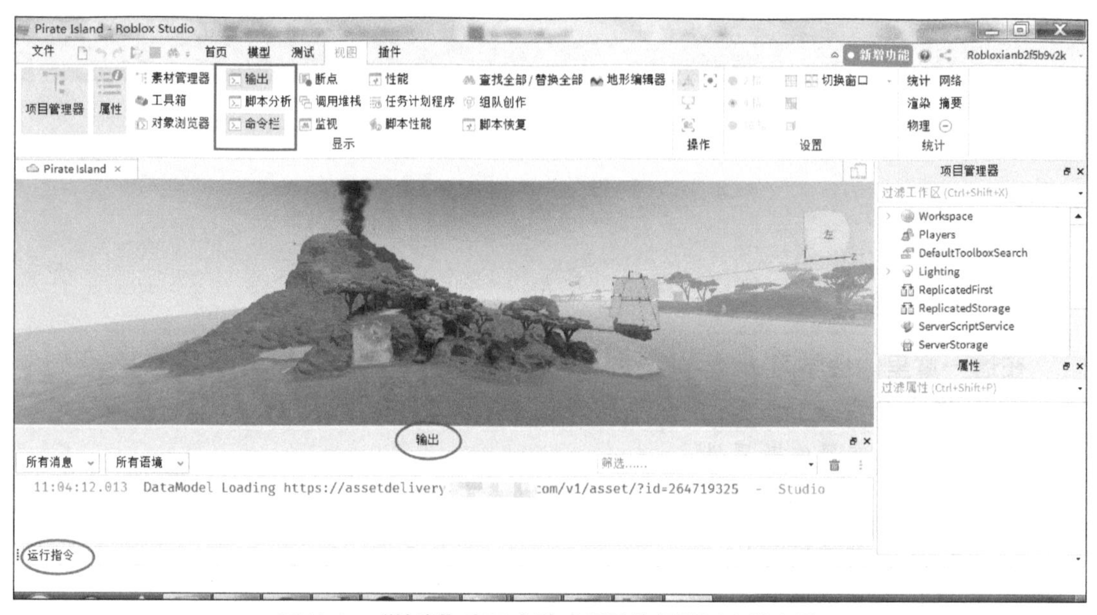

图11.1　“输出”窗口在游戏场景编辑器下方的布局

在 ServerScriptService 中添加一个新的 Script（脚本）对象，这个对象用于保存代码。在“项目管理器”窗口找到 ServerScriptService，单击加号按钮，插入 Script 对象。

脚本编辑器会自动显示在游戏场景编辑器旁边，以一个单独的选项卡的形式打开（见图 11.2）。

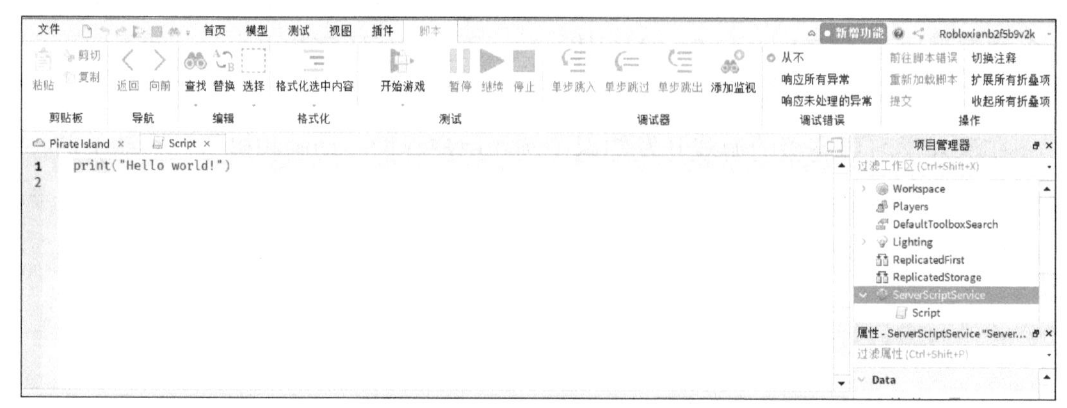

图11.2　脚本编辑器

创建新脚本时，会默认包含一行 print("Hello world!") 语句（见图 11.2）。当运行程序时，print() 函数会在“输出”窗口中显示括号内的字符串，本例中为“Hello world!”。

重命名脚本为 HelloWorld，方便识别它。可以像重命名部件那样重命名脚本：在“项目管理器”窗口中双击脚本名称，或使用鼠标右键单击脚本名称，在弹出菜单中选择“重命名”选项，然后输入新名称。

单击顶部的“开始游戏”按钮运行 HelloWorld 脚本，会看到“Hello world!”输出在“输出”窗口里（见图 11.3）。

图11.3　测试脚本

11.2　使用变量修改属性

使用脚本可以输出消息到“输出”窗口，另外脚本还有许多其他用途。例如，使用脚本来修改对象的属性。一般情况下，修改“属性”窗口中的相关字段就可以修改属性，但使用脚本修改属性的优势是，可以在游戏运行过程中修改属性。在整个游戏中动态地修改属性，可以使玩家得到更好的游戏体验。下面介绍什么是变量，以及如何使用它帮助修改属性。

11.2.1　变量概述

变量就像容器，可以存储信息和被调用，这些信息包括数值、字符串、布尔值和其他类型的数据。（数据类型是变量可以存储的数据的不同类别，有关数据类型的更多知识，请参阅附录 A“Lua 脚本编程参考”。）变量存储的值可以修改，但程序是不变的，这就是为什么同一个程序可以处理不同的数据集。

创建和命名变量时，请使用能表示变量存储的信息的名称，好的命名可以提高代码的可读性，以下是变量命名的规范：

- 变量名是区分大小写的，例如 RedBrick 和 REDBRICK 是两个独立的名称；
- 变量名不能使用保留关键字，例如 if、else、and、or 等；
- 变量名可以是任意长度的，由字母、数字和下画线组成，但不能以数字开头；
- 变量名不能包含空格；
- 除了下画线，变量名不能包含其他特殊标点符号；
- 变量不能与函数同名，因为如果同名，变量会覆盖函数；
- 避免使用以下画线开头并且后面跟的都是大写字母的名称（例如 _VERSION），因为它可能是内部全局 Lua 变量保留使用的名称；
- 在脚本中引用的部件的名称不能与变量名相同，以免混淆。

11.2.2 创建变量

使用等号“=”运算符为变量赋值，变量在等号的左边，值在等号的右边。创建变量时需在变量名前声明变量的作用域。作用域是变量可以被访问的范围，稍后会讲解有关作用域的更多知识，图 11.4 所示是创建变量的图解。

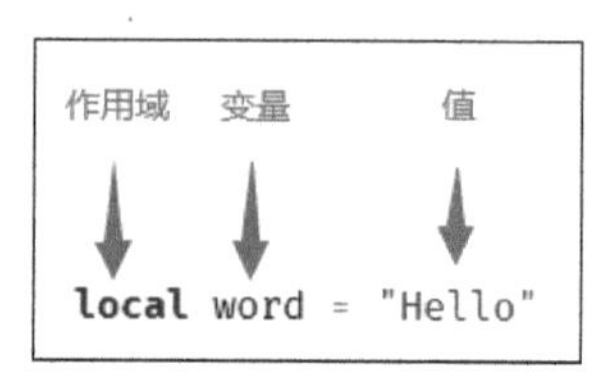

图11.4 创建变量的图解

使用脚本 print(word)，“输出”窗口中就会显示 Hello。变量创建后，可以通过赋值来更改其值。

11.2.3 制作半透明炸弹

假设游戏中有一个炸弹，你希望在游戏开始时使炸弹变成半透明状态，那么你需要将炸弹的透明度属性更改为 0.5（1 表示完全透明，0 表示完全可见）。具体操作步骤如下。

1. 在 Workspace 中插入一个部件，重命名为 Bomb。

2. 通过代码访问并修改 Bomb 的属性，对象的层级结构如图 11.5 所示，顶层对象是 Game（未

图11.5 游戏世界中元素的分层表示

在“项目管理器”窗口中显示），下一层级是Workspace，再下一层级是要修改的部件。

3. 使用点号分隔的路径来告诉计算机在哪里可以找到要修改的部件。

```
game.Workspace.Bomb
```

4. 在游戏开始时，使用如下变量修改部件的透明度为半透明（0.5）。

```
local translucentBomb = game.Workspace.Bomb
```

5. 在变量上使用点号添加要修改的属性，然后赋值。

```
translucentBomb.Transparency = 0.5
```

11.3　给代码添加注释

注释是用于解释代码意图的文本，它是对代码的解释说明，在运行程序时不会执行。

Lua有两种注释。

- **单行或短注释**：以双连字符“--”开始，并延伸到行尾，如下所示。

代码清单 11-1

```
-- 这是一条注释
local var = 32 -- 这是一行代码后面的注释
```

- **多行或块注释**：以“--[[”开始，以“]]--”结束，如下所示。

代码清单 11-2

```
--[[
这是一段很长的注释
可以包含短注释双连字符，如下所示：
--
--
]]--
```

▼ 小练习

编写注释

之前编写了修改部件透明度的代码，现在编写修改部件反射率的代码，并为代码写一条注释，说明部件为什么需要具有反射性。

在Workspace下创建另一个炸弹，可以复制、粘贴现有的炸弹，并稍微移动它。

现在在同一个层级下有两个炸弹（game.Workspace.Bomb），给每个炸弹设置一个唯一的名称，就可以在脚本中区分两个炸弹，重命名第一个炸弹为 TranslucentBomb，修改脚本如下。

代码清单 11-3

```
-- 此脚本更改 TranslucentBomb 的透明度

-- 创建一个变量来存储炸弹
local translucentBomb = game.Workspace.TranslucentBomb
translucentBomb.Transparency = 0.5
```

如果需要多个变半透明的炸弹，不必每次都先创建新炸弹再在 ServerScriptService 脚本中修改它的透明度，而是可以把脚本附加在炸弹中。

在 Workspace 中，可以利用父子关系将脚本与部件绑定，其中父项是部件，子项是脚本。本例中，父项是 TranslucentBomb，子项是 Script，如图 11.6 所示。

图11.6　Script对象作为炸弹部件的子项

为了让脚本可以复用，使用 script.Parent（在本例中为 TranslucentBomb）来查找父项，而不是使用 game.Workspace.TranslucentBomb。

代码清单 11-4

```
-- 创建一个变量来存储炸弹
local translucentBomb = script.Parent
translucentBomb.Transparency = 0.5
```

这样无论部件怎么修改名称，都不会影响脚本的父项调用。

11.4　使用函数与事件

函数是执行特定任务的指令序列。在创建的默认脚本 print("Hello world!") 中，print() 是一个允许在“输出”窗口中显示消息的函数，括号内的词称为参数。参数是传递给函数使用的信息，在本例中，参数是“Hello world!”

函数定义后，可以使用指令多次调用，也可以通过事件触发它。函数通常以驼峰式命名，第一个单词的第一个字母小写，从第二个单词开始每个单词的第一个字母大写，中间没有空格和标点符号。

11.4.1 创建函数

函数的定义过程中涉及的首先是关键字 local，然后是关键字 function，接着是驼峰式命名的函数名称，最后是括号，括号中间没有空格，如下所示。

代码清单 11-5

```
local function nameOfTheFunction()
-- 这里缩进填写代码
end
```

函数体是逻辑或代码所在的地方。函数体需要在内部缩进，并且需要使用关键字 end 来结束函数定义。以上函数已经定义，可以使用指令或通过事件触发多次调用。

使用函数名称并后跟括号来调用函数，如下所示。

```
nameOfTheFunction()
```

11.4.2 使用函数引爆炸弹

在 ServerScriptService 中编写一个函数来让之前创建的炸弹部件爆炸。Explosion（爆炸）已经作为对象存在于罗布乐思中，可以使用代码创建 Explosion 的实例。把以下代码复制到脚本编辑器中。

代码清单 11-6

```
local explodingPart = workspace.Bomb

-- 这是一个引爆炸弹的函数
local function explodeBomb(part)
    -- 代码需要缩进
    local explosion = Instance.new("Explosion") -- 创建一个爆炸
    explosion.Position = part.Position print("Exploding") -- 检查函数是否运行
    explosion.Parent = explodingPart -- 把它添加到 Workspace
end
wait(7) -- 等待函数
-- 函数调用
explodeBomb(explodingPart) -- 把部件作为参数传递
```

在罗布乐思的 API 参考网页中可以查看 Explosion 的更多可修改属性。

▼ 小练习

销毁炸弹

对代码进行测试，查看炸弹的爆炸情况，可以发现爆炸效果出现了，但炸弹部件还是完整的，没有被破坏。编写一个函数，在炸弹爆炸后销毁它。可以在同一个脚本中编写这个函数。在罗布乐思的 API 参考网页可以查看 Destroy() 函数的更多信息。

代码清单 11-7

```
local function destroyBomb(part)
      print("This part is Destroyed")
      part:Destroy()
      wait(1)
      part.Parent = game.workspace
end
destroyBomb(explodingPart)
```

11.4.3 使用事件

除了属性和函数，对象还有事件。事件是在发生重要事件时触发的信号。例如，当玩家角色触摸某个部件时，会触发 Touched 事件。监听函数会在事件被触发后，才运行它的代码。

利用事件可以建立因果系统，例如，当玩家进球时，触发名为 Score 的事件，监听 Score 事件的函数将运行更新记分板的代码。

11.4.4 使用事件控制触碰时引爆部件

上面编写了爆炸和摧毁炸弹的两个函数，现在添加以下新函数，每当炸弹部件触发 Touched 事件时，就调用这个函数。在这个函数里再调用爆炸和摧毁炸弹两个函数。

代码清单 11-8

```
local function onTouch(obj) -- 这里传递给函数的 obj 就是玩家
      if obj.Parent and game.Players:GetPlayerFromCharacter(obj.Parent) then
            explodeBomb(explodingPart) -- 把部件作为参数传递
            destroyBomb(explodingPart)
      end
end
--Touched 事件连接到 onTouch() 函数
explodingPart.Touched:connect(onTouch)
```

底部的一行代码把 onTouch() 函数连接到炸弹的 Touched 事件。这样，只要触发了 Touched 事件，onTouch() 函数就会运行。当部件的 Touched 事件被触发时，事件中会包括触碰此部件的对象。

接下来使用 Players:GetPlayerFromCharacter() 方法检查触碰部件的是否为一个玩家，然后调用 explodeBomb() 和 destroyBomb() 函数。（关于 if 条件语句的更多信息，请参阅下一节。）

提示　罗布乐思 API 参考

查看罗布乐思 API 参考网页，可以了解更多函数和事件。

11.5　使用条件语句

条件语句允许脚本在满足特定条件时执行相应操作。例如，如果玩家角色健康状况不佳，则结束游戏。如果满足条件，Lua 就把判断条件设为 true（真）；如果不满足条件，判断条件就为 false（假）或 nil（空）。使用关系运算符可以检查这些条件。在附录 A 中可以查看关系运算符的更多信息。

if 代码块用于指定判断条件为真时执行的代码块。

例如，可以创建另一个炸弹，把它命名为 ColorBomb，把它的颜色设置为蓝色，然后执行以下代码。

代码清单 11-9

```
local colorBomb = script.Parent
if (colorBomb.BrickColor.Name == "Really blue") then
      print(" ColorBomb is blue")
end
```

else 代码块是在 if 条件为假时执行的代码块。

为了观察 else 代码块是如何工作的，可以在“属性”窗口中手动把 ColorBomb 的颜色改为灰色，然后执行以下代码。

代码清单 11-10

```
if (colorBomb.BrickColor.Name == "Really blue") then
      print("ColorBomb is blue")
else
      print("ColorBomb is " .. colorBomb.BrickColor.Name)
end
```

elseif 代码块用于指定第一个条件为假时判断的新条件，一个 if 条件语句中可以有很多的 elseif 条件，并按顺序执行判断。

代码清单 11-11

```
if (colorBomb.BrickColor.Name == "Really blue") then
      print("ColorBomb is blue")
elseif (colorBomb.BrickColor.Name == "Dark stone grey") then
      print("ColorBomb is grey ")
else
      print("ColorBomb is " .. colorBomb.BrickColor.Name)
end
```

11.6　理解数组和字典

游戏中有很多信息需要跟踪——例如分数、库存物品，以及谁在哪个团队。这些信息通常在称为表的数据结构中进行跟踪。表是一种存储不同值的数据类型，例如存储数字、布尔值、字符串，甚至函数。表可以表现为数组或字典，可以使用花括号创建空表，如下所示。

```
local playersBeingWatched = {}
```

数组是一个包含有序值的表，可以按照顺序（从 1 开始）访问它的值，也就是说，数组具有编号索引。用数组实现输出一组玩家中第一位玩家的信息的代码如下。

代码清单 11-12

```
local playersBeingWatched = {'Player1', 'Player2', 'Player3'}
print(playersBeingWatched[1]) -- 这将输出 Player1
```

字典是键值对表，其中键用于标识数据。当你要标记相应数据时，可以使用字典。例如用字典存储玩家的年龄。

代码清单 11-13

```
local playersAge = {
      Player1 = 16,
      Player2 = 15,
      Player3 = 10
}
```

```
print(playersAge[Player2]) -- 这将输出 15
playersAge[Player5] = 20 -- 向字典中添加数据
```

11.7 使用循环

循环可以使相同的代码执行多次，这是很有用的，因为可以让一组指令来操作多个单独的数据集。如果需要把数组中的每个玩家都放在一个团队中，或者需要一遍又一遍地播放动画，就可以使用循环。Lua 包括几种类型的循环，它们以不同的方式重复执行代码块。

11.7.1 while循环

使用 while 循环时，只要条件为真，就会不断地重复执行 while 循环体（单行代码或代码块）；如果条件为假，则不会执行 while 循环体。当条件判断结果为假时，跳过 while 循环体，执行 while 循环体下面的一行代码。while 循环的语法格式如下。

```
while(condition)
do
      statement(s)
end
```

创建另一个炸弹，命名为 colorSwitchingBomb。在整个游戏中，若要使这个炸弹在两种不同的颜色和材质之间切换，则将循环条件设为真。

代码清单 11-14

```
local colorSwitchingBomb = script.Parent
while true do
      colorSwitchingBomb.BrickColor = BrickColor.new("Bright blue")
      colorSwitchingBomb.Material = ("Neon")
      wait(1)
      colorSwitchingBomb.BrickColor = BrickColor.new("Bright red")
      colorSwitchingBomb.Material = ("SmoothPlastic")
    wait(1)
end
```

11.7.2 wait()

wait() 是一个常用的函数，使用它可以让脚本暂停一段时间。以下是一些可能需要使用 wait() 函数的情况。

- 有时变化发生在几分之一秒内，因为时间太短，肉眼感觉不出来。在这种情况下，需要使用 wait() 函数来添加适当的等待时间。
- 当需要延迟时，如果不使用 wait() 函数，就会消耗计算时间，合适的解决方案是使用一个低优先级的事件等待。（有关事件的更多信息，请参阅 11.9 节。）换句话说就是在事件发生前暂停运行脚本。

建议在使用 wait() 函数时包含时间值参数。如果没有包含时间值参数，它会在 0.03 秒后返回。关于 wait() 函数的更多信息后面会详细介绍。

11.7.3 repeat-until循环

repeat-until 语句会重复它的循环代码块，直到它的判断条件为真。条件判断表达式在循环的末尾，所以循环代码块会在条件判断前先执行一次。如果判断条件为假，就会跳回到循环代码块的顶部，再次执行循环代码块，直到判断条件变为真才退出循环。repeat-until 循环的语法格式如下。

```
repeat
	-- 代码
until( condition )
```

要使部件在两种不同的颜色和材质之间切换 6 次，可使用如下代码。

代码清单 11-15

```
local colorSwitchingBomb = script.Parent
count=0
repeat
	colorSwitchingBomb.BrickColor = BrickColor.new("Bright blue")
	colorSwitchingBomb.Material = ("Neon")
	wait(1)
	colorSwitchingBomb.BrickColor = BrickColor.new("Bright red")
	colorSwitchingBomb.Material = ("SmoothPlastic")
	wait(1)
count = count +1
until(count == 6)
```

11.7.4 for循环

for 语句有两种变体：数字 for 和泛型 for[1]。数字 for 使用 3 个值来控制循环的次数，它们分别是控制变量、结束值和增量值（见图 11.7）。从控制变量的起始值开始，for

1 下文使用的 ipairs() 与 pairs() 即泛型 for。——译者注

循环每次在循环内运行代码时都会向上或向下计数，直到计数到结束值。正增量值表示加法计数，负增量值表示减法计数。

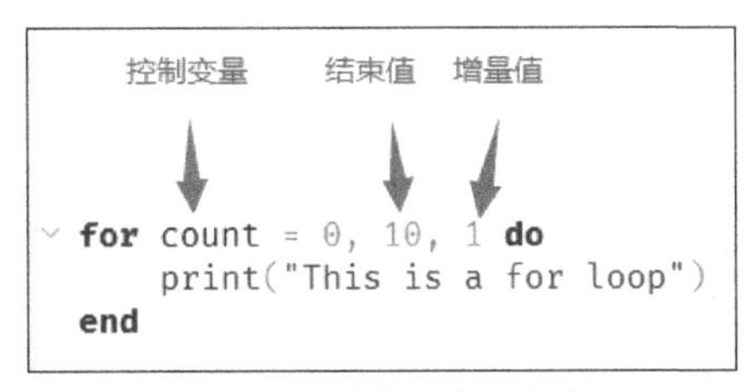

图11.7 数字for的3个值

数字 for 的应用示例如下。

代码清单 11-16

```
for count = 10, 0, -1 do
      -- 输出 for 循环所在的当前数字
      print(count)
      -- 等待 1 秒
      wait(1)
end
```

11.7.5 ipairs()与pairs()

如果希望对数组或表中的每个对象都做相同的处理，可以使用 ipairs() 让数组中的每个对象执行重复的代码，使用 pairs() 让字典中的每个对象执行重复的代码。

ipairs() 用于处理数组中的索引和值。

代码清单 11-17

```
-- 输出数组中的所有值
local playersBeingWatched = {'Player1', 'Player2', 'Player3'}
for index, value in ipairs(playersBeingWatched) do
      print(index,value)
end
```

pairs() 用于处理字典中的键和值。

代码清单 11-18

```
-- 输出字典 playersAge 中的所有值
local playersAge = {
      Player1 = 16,
      Player2 = 15,
      Player3 = 10
      }
```

```
for key, value in pairs(playersAge) do
      print(key,value)
end
```

11.8 作用域

不是所有变量或函数都可以在程序的任何地方被访问。程序中可访问变量或函数的范围区域称为变量或函数的作用域。

- **局部作用域**：当变量或函数以 local 关键字为前缀时，其作用域就是局部作用域，意味着它只能在该函数内使用。在函数中定义变量后，从变量定义点到函数结束都可以访问该变量，并且只要函数正在运行，它就一直存在，但不能在该函数的外部访问和修改。在之前定义的函数 explodeBomb() 中，变量 explosion 只能在函数 explodeBomb() 内部访问，不能在函数外部访问。并且只能在脚本内部访问函数 explodeBomb()，不能在该脚本外部访问。
- **全局作用域**：全局变量和函数声明后，可以被同一脚本中的后续代码块调用。没有使用 local 关键字标记的变量和函数的作用域默认为全局作用域。
- **封闭作用域**：循环、函数和条件语句在使用时都会创建一个新的作用域代码块，这里的作用域为封闭作用域。每个块都可以访问它的父块中的局部变量和函数，但父块不能访问子块中的局部变量和函数。

▼ 小练习

创建局部变量和全局变量

看了很多使用局部变量的范例后，试着分别创建一个局部变量和一个全局变量，并赋值字符串。尝试在它们的作用域之外访问它们，看看能否访问成功。

11.9 创建自定义事件

罗布乐思提供了许多创建好的事件，例如前面演示的 Touched 事件。用户可以使用 BindableEvent 创建自己的事件。

在开发游戏时，有时需要创建自定义事件，例如比赛开始、计时器开始、比赛结束和计时器停止等事件。

脚本中定义的 BindableEvent 可以被同一客户端或服务器端的另一个脚本监听。在事件监听脚本中，使用 BindableEvent.Event:Connect() 监听事件；在事件触发脚本中，使用 BindableEvent:Fire() 触发事件。多个脚本可以监听同一个事件，这有利于提升代码的组织性，并使代码更易于修改。

在前面的事件示例中，当玩家角色触碰炸弹时，炸弹会爆炸并被摧毁。炸弹爆炸和摧毁炸弹是两个系列事件，每次玩家触碰炸弹时都会发生这两个系列事件。在以下情况下，可以使用 BindableEvent：

- 在 Workspace 中创建一个自定义事件 BindableEvent；
- 在 ServerScriptStorage 下创建脚本 EventSubscriber（事件监听脚本），在这个脚本里监听自定义事件；
- 在炸弹下创建脚本 EventPublisher（事件触发脚本），在这个脚本的 onTouch() 函数里触发自定义事件，并把炸弹作为参数传递。

代码清单 11-19

```
local be = game.Workspace.BindableEvent
local function explodeBomb(part)
local explosion = Instance.new("Explosion") -- 使用 Instance.new 创建一个爆炸
      explosion.BlastRadius = 15 -- 伤害区域范围
      explosion.Position = part.Position -- 在部件的位置发生爆炸
      print("Exploding") -- 此输出用于辅助调试，看到它之后爆炸就会发生
      explosion.Parent = game.Workspace-- 设置部件的父属性
end

local function destroyBomb(part)
      print("This part is Destroyed")
      part:Destroy()
      wait(1)
      part = nil -- 销毁对象后，把它设置为 nil
      part.Parent = game.Workspace
end

function customevent(child)
      -- 当 BindableEvent 被触发时运行的代码
      explodeBomb(child)
      destroyBomb(child)
      print("inside our custom event")
end

-- 一直在监听的事件
-- 使用 Fire() 方法时触发此事件
be.Event:Connect(customevent) -- 上面的函数会在事件被触发时执行
```

代码清单 11-20

```
local explodingPart = script.Parent -- 在函数之前声明的变量
local be = game.Workspace.BindableEvent
local function onTouch(obj) -- 传递给函数的 obj 是玩家
if obj.Parent and game.Players:GetPlayerFromCharacter(obj.Parent) then
	--Fire() 方法用于触发事件
	be:Fire(explodingPart) -- 可以传递一个参数
	print("Event firing")
	end
end
explodingPart.Touched:connect(onTouch)
```

11.10 调试代码

在开发游戏时，你需要通过调试来查找错误，因为几乎不可能一次就编写出完美的脚本，也很难只通过阅读代码就找出程序中的错误。例如，虽然代码在语法上是正确的，但它并没有按预期运行。调试是优秀开发者必须具备的一项重要技能。调试和测试是互补的，当进行测试时，会发现错误；而调试的重点是定位并修复错误。罗布乐思提供了一些有用的调试工具来协助用户捕获错误。

11.10.1 使用字符串调试

当在进行游戏测试时，"输出"窗口会显示用户自定义的输出消息和脚本运行的错误信息。在脚本的关键位置输出自定义消息，并在"输出"窗口查看输出的信息，可以帮助用户调试代码。例如，"使用函数与事件"一节就使用了输出语句来确保函数被正常调用。

11.10.2 Lua调试器

Lua 调试器可以让用户使用断点调试代码。断点是游戏暂停和逐步运行的代码位置。在设置中，Lua 调试器是默认打开的（见图 11.8）。

假如游戏中有许多脚本，并且在测试期间游戏流程中断了，但又不确定是什么破坏了游戏流程时，就可以使用 Lua 调试器，步骤如下。

1. 在脚本中创建断点。
2. 使用鼠标右键单击代码行号的右边，在弹出菜单中选择"插入断点"选项。

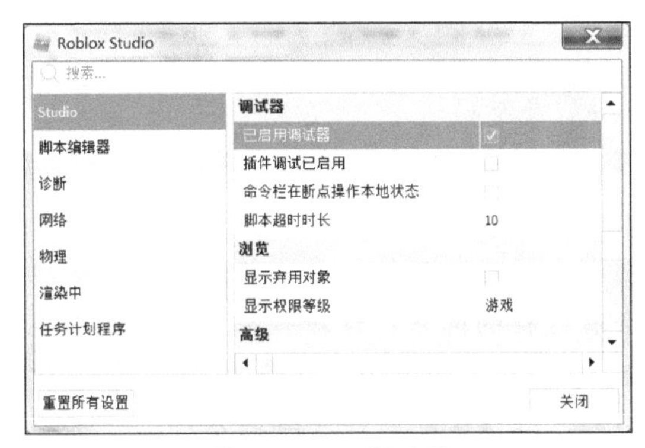

图11.8 Lua调试器

3. 行号后面会出现一个红点，表示断点。

现在，再进行游戏测试时，游戏会在每个断点处暂停。可以在“断点”窗口中控制和检查断点，在“视图”选项卡中单击“断点”按钮可以打开“断点”窗口。错误调试完成后，可以单击红点来删除断点，或使用鼠标右键单击断点，在弹出菜单中选择“删除断点”选项。如果想重复使用断点，可以使用鼠标右键单击断点，在弹出菜单中选择“禁用断点”选项来暂时不使用断点。

11.10.3 日志文件

日志文件会记录程序从开始运行到停止运行期间发生的所有事情。日志文件是自动创建的，用于存储错误和警告消息。日志文件保存在计算机的本地文件夹中，所以不需要运行应用程序就可以查看日志。Windows 系统中，日志文件在 %LOCALAPPDATA%\Roblox\logs 目录下；macOS 中，日志文件在 ~/Library/Logs/Roblox 目录下。

可以在日志文件中查看以前发生的错误，并检查相同的错误是否重复发生。有时可能会由于一个重复出现的错误而引起性能问题。所有日志文件都以 log_××××× 格式存储，后跟附加命名。具有相同 ××××× 值的日志文件都来自同一次打开的 Studio。

在某些情况下，罗布乐思客户服务人员可能会要求提供这些日志文件来调查问题，用户也可能需要发布日志文件到开发者论坛上。

▼ 小练习

练习调试技巧

故意编写包含错误的代码，用于查看 Lua 创建的错误和警告类型。可以使用输出信息语句和Lua调试器协助查看错误。这样做可以加强用户自身的调试技能，帮助用户在未来更轻松地识别错误，从而成为更好的开发者。

提示　成为一个更好的游戏开发者

Lua 脚本可以使游戏具有交互性。要想成为一个更好的游戏开发者，需要牢记以下几件事情。

- **计划**：计划游戏策略和功能，画一些流程图来梳理游戏流程。在这个过程中你可能会有这样的问题：这段代码是需要编写在服务器端的 Script 中，还是客户端的 LocalScript 中，或者需要创建一个 ModuleScript？你需要回答这些问题，并决定哪种方式最适合你。
- **尝试**：把你的想法付诸实践。当你在实施你的想法时，可能会遇到挫折或产生更好的想法，但都要继续开展实践不断完善想法。
- **代码总可以更好**：不同的代码可以实现相同的功能，从基础开始可以帮助你了解罗布乐思中的许多类。
- **模块化**：把游戏分成不同模块。把所有部件和脚本都保存在一个模块中，当游戏没有按预期运行时，可能会让人感到困惑，所以可以通过创建模块来测试不同部分。

总结

本章讲解了如何在罗布乐思中使用 Lua 脚本，如何组织编程工作区，如何编写脚本并通过父子关系复用它们，如何修改对象的属性，如何应用不同类型的循环和条件结构，如何定义局部作用域和全局作用域，如何创建自定义事件，以及如何调试代码。

问答

问　什么是脚本，为什么它很重要，以及罗布乐思使用什么语言编写脚本？

答　脚本是一组指令，它告诉计算机需要做什么；游戏开发者必须会编写脚本，脚本可以使游戏具有互动性；罗布乐思使用一种称为 Roblox Lua 的语言编写脚本。

问　函数和事件有什么作用？

答　函数是可以在脚本中多次使用的指令集，函数定义后，可以通过指令调用或通过事件触发。

问　ipairs() 和 pairs() 有什么作用？

答　ipairs() 用于遍历数组，pairs() 用于遍历字典。

问 什么时候使用 Lua 调试器，什么时候使用日志文件?

答 当你无法定位一段代码的错误时，使用 Lua 调试器；当你要在 Studio 还没有启动时分析错误，或者你想查看所有旧的日志文件时，使用日志文件。

实践

回顾一下学到的知识，花点时间回答以下问题。

测验

1. 脚本工作区的最佳布局是怎样的?
2. 判断对错：每一行代码都需要注释。
3. 判断对错：BindableEvent 用于连接服务器端和客户端。

答案

1. 关闭额外的窗口，可以腾出更多的空间查看当前的工作。让“项目管理器”窗口和“属性”窗口对齐在右侧（对齐方法请查看第 2 章），并在脚本编辑器的下方打开“输出”窗口。

2. 错误，注释就像是写给自己或其他代码阅读者以便更好理解代码和逻辑的小便条，但不需要对每一行代码都添加注释。

3. 错误，BindableEvent 用于连接同在客户端的脚本，或者同在服务器端的脚本。

练习

这个练习结合了本章介绍的许多知识，如果有不清楚的地方，可以翻看前面的内容。

制作一个具有 3 次爆炸效果的炸弹。如果要在游戏的多个位置产生爆炸效果，则需要制作 3 个炸弹，依次排列，并隐藏前两个。这样就可以在垂直方向上发生 3 次爆炸。可以使用之前的 EventSubscriber，但需要修改 EventPublisher，以实现增加子炸弹并先引爆它们。

代码清单 11-21

```
local explodingPart = script.Parent -- 在函数之前声明的变量
local be = game.Workspace.BindableEvent
local function onTouch(obj) -- 传递给函数的 obj 是玩家
    if obj.Parent and game.Players:GetPlayerFromCharacter(obj.Parent) then
        --Fire() 用于触发事件
        local children = workspace.Bomb:GetChildren()
        for i, child in ipairs(children) do
            local child = children[i]
            if(child.Name == 'Bomb') then
                print(child.Name .. " is child number " .. i)
                be:Fire(child)
                print("Event Firing")
            end
    end
    be:Fire(explodingPart) -- 可以传递一个参数
    print("Event firing")
    end
end
explodingPart.Touched:connect(onTouch)
```

第 12 章

碰撞、人形

在这一章里你会学习：

- 什么是碰撞；
- 如何检测碰撞；
- 如何使用Humanoid（人形）。

第4章介绍了罗布乐思的物理引擎，解释了它处理物理对象的移动和反应的原理，还简单讨论了碰撞。这一章将更深入地探讨如何处理更复杂的对象（例如网格、联合体和组）的碰撞，还会介绍Humanoid和如何创建逼真、可行走的Humanoid。Humanoid是赋予模型角色功能的特殊对象。

12.1　碰撞介绍

第2章“使用罗布乐思Studio”介绍了碰撞，当两个对象（或刚体）相交或彼此在一定范围内时会发生碰撞。在罗布乐思Studio中，可以通过打开和关闭碰撞开关来编辑场景。当碰撞开关打开时，不能把一个部件移动到与另一个部件重叠的地方，但此开关的开启并不会影响游戏中的物品发生碰撞。在Studio中移动部件和对象，当一个部件接触另一个部件时会出现一个白色轮廓，表明正在发生碰撞。这个碰撞框是简单对象的碰撞指示器，但对于更复杂的对象，例如导入的网格和联合体，则需要使用CollisionFidelity（碰撞保真度）属性。

12.1.1 碰撞保真度

CollisionFidelity 属性用于在编辑场景和游戏中找到性能消耗和碰撞准确度之间的平衡点。碰撞盒越精准，性能消耗越大，因此，有些开发者经常会关闭一些对象的碰撞，并使用隐藏的部件代替碰撞和碰撞检测。

开发者关闭复杂网格碰撞的一个很好的例子是，在快节奏的动作游戏中，在玩家角色区域创建隐藏的对象来检测子弹等碰撞。

图 12.1 所示为 CollisionFidelity 属性的选项。

CollisionFidelity | Box
Box
Default
Hull
PreciseConvexDecomposition

图12.1 CollisionFidelity属性的选项

12.1.2 显示和改进碰撞几何体

如果你尝试更改网格或联合体上的 CollisionFidelity 属性，可能会发现很难判断每个 CollisionFidelity 选项对对象产生的影响。但只要按照以下步骤操作，就可以看出 CollisionFidelity 选项之间的明显差异。

1. 在“文件”下拉菜单中，选择“Studio 设置”选项，然后在打开的对话框中选择“Studio”选项。
2. 勾选“显示分解几何”复选框。
3. 重启 Studio。

勾选“显示分解几何”复选框后，如果对象是网格或联合体，其颜色就会有变化（见图 12.2）。

图12.2 打开“显示分解几何”后的联合体

图 12.2 所示的效果中，使用默认的 CollisionFidelity 设定，碰撞检测不准确，导致玩家角色看起来像在空中行走，因为罗布乐思为了保持良好性能，使用了简单的计算碰撞的方法。碰撞越复杂，它需要的计算量就越多。

要解决玩家角色看起来像在空中行走的问题，查看并确定 CollisionFidelity 属性的哪个选项可以提供准确的几何形状碰撞，同时不影响性能。本例需要使用 PreciseConvexDecomposition 选项，但这个选项是非常消耗性能的。

提示　优化性能

尽量减少网格的顶点的数量来优化性能，特别是对于可碰撞对象的性能消耗，多边形越多的对象需要的计算量越多。

PreciseConvexDecomposition 是一种性能消耗严重的算法，如果联合体没有经过优化，它的计算可能会更复杂。

12.1.3　使用碰撞组编辑器

一般部件有两个与碰撞相关的属性：碰撞（已经在第 4 章“物理构建系统”中介绍）和碰撞组。碰撞组是把对象进行分组，控制它是否可以与其他组中的对象发生碰撞。使用碰撞组编辑器可以直接修改碰撞组，还可以添加或删除碰撞组、修改碰撞组之间的交互。

可以在碰撞组编辑器中通过表格编辑（见图 12.3）来控制不同碰撞组之间的交互。在行和列相交的区域，可以设定两个碰撞组是否可以发生碰撞。使用碰撞组编辑器就可以方便地构建复杂的碰撞行为。可以直接在碰撞组编辑器中创建和编辑碰撞组，也可以使用代码调用相关 API 来创建和编辑碰撞组。

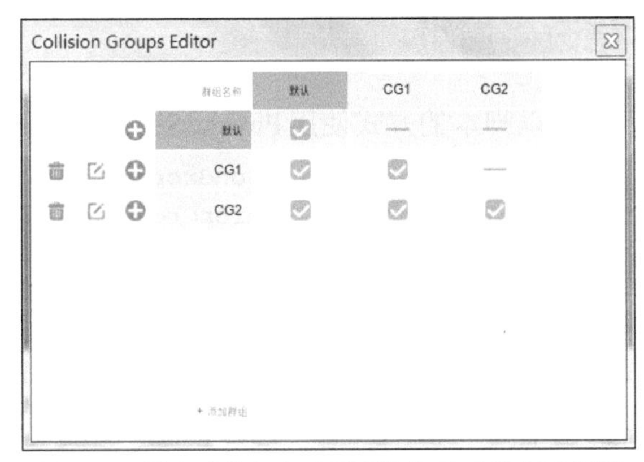

图12.3　带有碰撞组名称的可视化的碰撞组编辑器

在“模型”选项卡的“高级”选项组中单击“碰撞组”按钮，打开碰撞组编辑器（见图 12.4）。

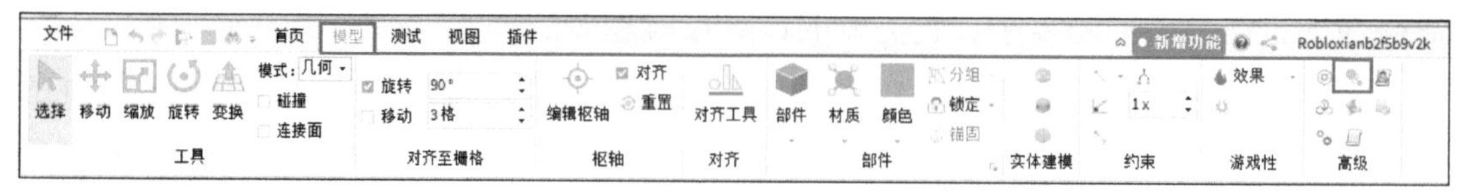

图12.4　“碰撞组”按钮

12.1.4　手动使用碰撞组编辑器

碰撞组编辑器支持以下 4 个功能：

- 编辑两个碰撞组的交互；
- 添加碰撞组；
- 重命名碰撞组；
- 删除碰撞组。

选择部件并单击“碰撞组”按钮，就可以分配碰撞组。

- 添加新的碰撞组：在碰撞组编辑器底部的“添加群组”文本框中输入名称，然后按回车键。
- 删除碰撞组：单击碰撞组旁边的“删除”按钮。
- 将对象添加到碰撞组：选择对象，然后单击碰撞组名称旁边的“添加”按钮。
- 编辑碰撞组名称：单击碰撞组名称旁边的“编辑”按钮。
- 编辑碰撞组的交互：找出要编辑的两个组的列和行的相交处，勾选或取消勾选对应复选框。

12.1.5　通过脚本修改碰撞组

还可以使用以下代码，以脚本的方式使用 PhysicsService（物理服务）修改碰撞组。

```
PhysicsService:GetCollisionGroupId("CollisionGroupName")
PhysicsService:GetCollisionGroupName(CollisionGroupId)
PhysicsService:CreateCollisionGroup("string")
PhysicsService:SetPartCollisionGroup(workspace.Part, "CollisionGroupName")
```

以上方法可以实现在游戏过程中修改碰撞（即通过代码实时修改），从而开辟了更多可能性和用途，例如陷阱、VIP 入口、不同团队之间的玩家角色不可碰撞。在以下练习中，你可以通过几个示例更好地理解它们的工作原理。

▼ 小练习

创建碰撞组

在测试 PhysicsService 的 API 之前，快速测试一下碰撞组编辑器。

1. 创建一个部件。
2. 把部件锚固。
3. 把 CanCollide 属性设为 true。
4. 打开碰撞组编辑器。
5. 创建一个新的碰撞组，并把部件添加到该碰撞组中。
6. 在默认碰撞组和新创建碰撞组的相交处，取消勾选复选框，如图 12.5 所示。

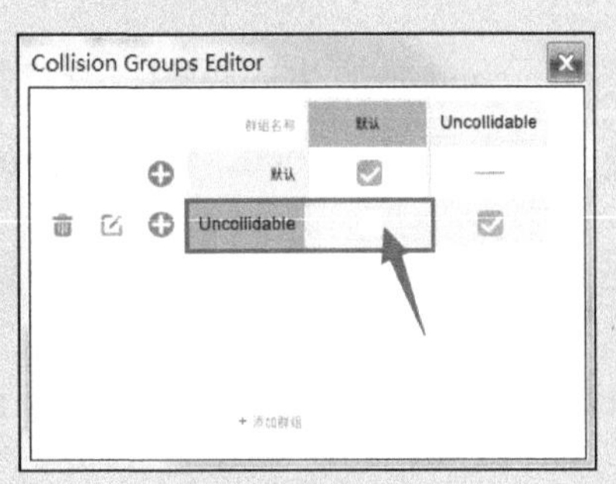

图12.5 测试1示例

▼ 小练习

使用 PhysicsService 切换碰撞组

在继续检测碰撞之前，快速测出 PhysicsService 的 API。使用 API 把部件恢复为默认碰撞组。按照以下步骤操作。

1. 在部件内创建一个新脚本。
2. 把 PhysicsService 赋给变量。

```
local PhysicsService = game:GetService("PhysicsService")
```

3. 调用 PhysicsService 的相关函数 :SetPartCollisionGroup()，把部件和需要设定的碰撞组名称作为参数。

```
local PhysicsService = game:GetService("PhysicsService")
PhysicsService:SetPartCollisionGroup(script.Parent,"Default")
```

注意 把 CollisionGroupID 设为 0

要把部件恢复为默认碰撞组，也可以把部件的 CollisionGroupId 属性设置回 0（默认值），而不引用 PhysicsService，但不建议这样做。

12.2 检测碰撞

.Touched 是原生的碰撞检测器，当两个物体碰撞时会触发 .Touched 事件。

.Touched 很常用，尤其是在创建陷阱、收集硬币和创建按钮时。这使开发者可以检测到玩家角色在游戏世界中发生碰撞的时间、方式和位置。

12.2.1　使用.Touched

.Touched 是原生内置的，其使用方法很简单，在检测方面几乎不需要做额外的工作。只需引用 .Touched，使用 :Connect 把事件连接到一个函数，示例如下。

代码清单 12-1

```
local detector = script.Parent
local function partTouched(part)
        print("Touched: "..part.Name)
        wait(1)
        print("Complete")
end
Detector.Touched:Connect(partTouched)
```

.Touched 在某些情况下使用是没有问题的，一般使用它时遇到的最大问题是其过于敏感，如果在触碰物体时发生移动，会触发多次事件，通常使用其他方法来解决这个问题，包括：

- 防抖；
- Magnitude（矢量长度），使用距离检测；
- Region3（3D 空间体积）；
- Raycasting（射线投射）；
- GetTouchingPart()。

下面将具体介绍 .Touched 可靠使用的常见做法和示例。

12.2.2　防抖

防抖是一种限制函数运行次数的方法。它经常与 .Touched 结合使用，因为 .Touched 经常在短时间内为同一对象连续触发多次。可以使用防抖来检查 .Touched 是否已经被触发。使用脚本输出信息时，可以对比使用防抖和不使用防抖的效果。

不使用防抖的输出信息如下。

```
Touched: Part
Touched: Part
Touched: Part
(wait)
```

```
Complete
Complete
Complete
```

按照以下步骤使用防抖。

1. 在函数外部声明一个布尔值局部变量。

2. 使用该变量的判断功能判断变量是否被激活。

3. 如果未被激活，则把该变量设为激活状态值，并在函数执行结束时，把该变量重置为未激活状态值。

在函数中，布尔值变量的设置状态值和恢复状态值之间需要暂停，否则它的值会立即恢复。下面的脚本中使用 wait() 函数暂停脚本一秒。

代码清单 12-2

```
local detector = script.Parent
local touchedDebounce = false
local function partTouched(part)
    if not touchedDebounce then
       touchedDebounce = true
       print("Touched: " .. part.Name)
       wait(1)
       print("Complete")
       touchedDebounce = false
    end
end
detector.Touched:Connect(partTouched)
```

使用防抖的输出信息如下。

```
Touched: Part
Complete
```

▼ 小练习

使用 .Touched 制作陷阱

结合 .Touched、CanCollide 和防抖的知识来制作一个陷阱，让玩家角色掉进未知世界。虽然此练习不一定必须使用防抖，但它是培养技能的好范例。请记住，任何东西（包括底板）接触到检测触碰部件，脚本都会触发事件调用。关闭 CanCollide 属性后，部件就会掉下来。

1. 在脚本中声明变量。在陷阱中创建一个脚本，在脚本中声明陷阱、防抖布尔值和陷阱持续时间等变量。

代码清单 12-3

```
local ACTIVATED_TIME = 1.5
local touchedDebounce = false
local trapDoor = script.Parent
```

2. 把 .Touched 连接到 trapActivated() 函数，检测玩家角色触碰陷阱。

代码清单 12-4

```
local function trapActivated()
end
trapDoor.Touched:Connect(trapActivated)
```

3. 把陷阱的 CanCollide 属性设为 false，Transparency 属性设为 1（它的范围是 0 ～ 1），即全透明，等待指定时间后恢复这些属性为原来的值。

代码清单 12-5

```
local function trapActivated()
        trapDoor.Transparency = 1
        trapDoor.CanCollide = false
        wait(ACTIVATED_TIME)
        trapDoor.CanCollide = true
        trapDoor.Transparency = 0
        touchedDebounce = false
end
trapDoor.Touched:Connect(trapActivated)
```

4. 为了在其他玩家掉下去前完成陷阱的整个流程，需要加入防抖。检查变量 touchedDebounce 是否为 true，如果不是，则把它设为 true，然后执行陷阱的操作，最后把它设回 false。

代码清单 12-6

```
local ACTIVATED_TIME = 1.5

local touchedDebounce = false
local trapDoor = script.Parent

local function trapActivated()
        if not touchedDebounce then
                touchedDebounce = true
                trapDoor.Transparency = 1
                trapDoor.CanCollide = false
```

```
            wait(ACTIVATED_TIME)
            trapDoor.CanCollide = true
            trapDoor.Transparency = 0
            touchedDebounce = false
        end
end
trapDoor.Touched:Connect(trapActivated)
```

确认陷阱的部件已经锚固，测试以上脚本，会看到玩家角色掉入陷阱，如图 12.6 所示。

图12.6 陷阱

接下来继续讨论 Humanoid，并尝试修改 Humanoid 的属性，让游戏体验更逼真。例如，在前面示例的基础上，在玩家角色掉入陷阱或翻滚时降低他的生命值。

12.3 Humanoid介绍

Humanoid 是在玩家角色和 NPC（非玩家角色）中的特殊对象，它本质上是角色控制器。它为角色模型提供了两种标准类型的角色功能：R6 和 R15。通常不需要处理 Humanoid 和角色，因为它们会自动生成。但如果想修改 Humanoid 的默认装备，或使用 Humanoid 来创建更独特的沉浸式体验，需要怎么做呢？

12.3.1 Humanoid所处的层级结构

Humanoid 有几个基本特征，如果要使用自定义角色，则需要特别注意以下几点。

- Humanoid 一般在 PrimaryPar 属性设为 HumanoidRootPart 的模型里。

HumanoidRootPart 是角色的根本驱动部件，控制 Humanoid 在游戏中的移动。它通常是不可见的，并被放在角色躯干附近。

- 在 Humanoid 模型中，一般会把名为 Head 的基础部件连接到角色躯干或者上躯干上。如果在游戏中删除角色的 Humanoid，玩家就会失去对角色的控制，直到罗布乐思检测到，并让玩家角色“重生”。

在每个角色中都可以找到 Humanoid 对象。当你进行游戏测试时，查看 Workspace 下的角色名称模型，就可以看到 Humanoid（见图 12.7）。

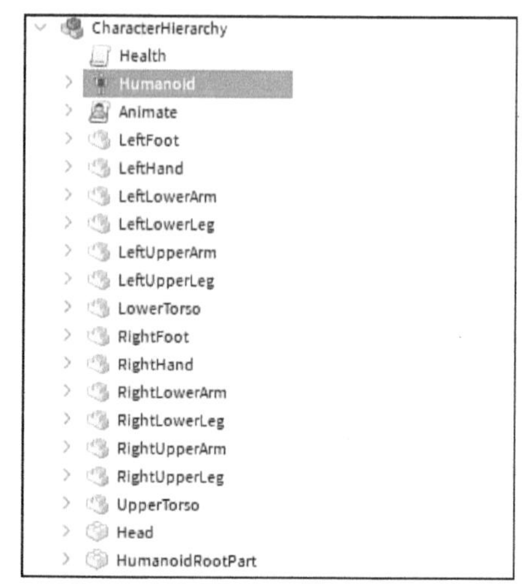

图12.7　角色的结构

12.3.2　Humanoid的属性、函数和事件

本小节介绍 Humanoid 的属性、函数和事件。在 Humanoid 中有许多自定义选项，可以直接使用它的属性，使用连接到它的函数和事件。本小节将介绍 Humanoid 中一些最常用和最重要的部分，以便读者更好地了解并应用在游戏中，其中涵盖了大量有用的工具，例如施加伤害、修改显示名称、操纵摄像机偏移、读取Humanoid的状态（例如攀爬、死亡）。有关 Humanoid 的属性、函数和事件，请参阅附录 B。

▼ 小练习

使用 Humanoid 和自定义角色在各种地面上制作逼真的行走效果

结合 Humanoid 和自定义角色，制作灵敏逼真的行走效果，实现在沙地上，减慢玩家角色的行走速度，并使玩家角色的脚下沉，同时使玩家在其他地面上恢复正常的行走。这是可扩展的，以便将来可以轻松添加。

1. 使用第 5 章“创建地形”的知识，用草和沙制作一小块土地，可以随意设计，不需要很复杂，效果类似图 12.8 所示，只需确保有一块沙地，以便测试脚本。

2. 在 StarterCharacterScripts 中创建一个脚本，当角色生成时，此脚本会出现在玩家的角色模型中。重命名脚本，在这个例子中，将脚本重命名为 SandWalking（见图 12.9）。

图12.8 地形

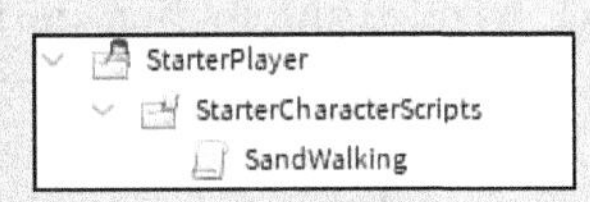

图12.9 StarterPlayer的结构

3. 声明变量。

代码清单 12-7

```
local humanoid = script.Parent:WaitForChild("Humanoid")
local hipHeight = humanoid.HipHeight
local walkSpeed = humanoid.WalkSpeed
```

4. 检测 Humanoid.FloorMaterial 的变化。使用循环不断地轮询检查是很低效的，所以使用 GetPropertyChangedSignal()，把它连接到一个函数，当 Humanoid 的属性值被更改时就会调用此函数。

代码清单 12-8

```
function floorMaterialChanged()

end
humanoid:GetPropertyChangedSignal("FloorMaterial"):Connect(floorMate-
rialChanged)
```

5. 判断地面类型，修改角色的属性。

注意 数据类型和枚举

数据类型是变量可以存储的不同的数据的类别。可以在附录 A 中查看 Lua 原始的数据类型和 Roblox Lua 的数据类型列表。枚举是存储用户数据的特殊数据类型，是一组特定的值，并且是只读的。要访问脚本中的枚举，需要使用一个名为 Enum 的全局对象。

判断地面的类型，并做出玩家相应的行走行为。if 语句非常适合被应用在这里。因为 Humanoid.FloorMaterial 不是字符串，需要根据 Enum.Material 进行类型判断。

代码清单 12-9

```
local humanoid = script.Parent:WaitForChild("Humanoid")
local hipHeight = humanoid.HipHeight
local walkSpeed = humanoid.WalkSpeed

function floorMaterialChanged()
        local newMaterial = humanoid.FloorMaterial
        if newMaterial == Enum.Material.Sand then
                humanoid.HipHeight = hipHeight - 0.5
                humanoid.WalkSpeed = walkSpeed - 5
        else
                humanoid.HipHeight = hipHeight
                humanoid.WalkSpeed = walkSpeed
        end
end
humanoid:GetPropertyChangedSignal("FloorMaterial"):Connect(floorMate
rialChanged)
```

把玩家角色当前的 HipHeight（臀高度）和 WalkSpeed（行走速度）值保存在变量中，当玩家在沙地上行走时，把 HipHeight 的值减少 0.5、WalkSpeed 的值减少 5；当玩家在其他地面上行走时，恢复保存的 HipHeight 和 WalkSpeed 值。把相关内容添加到游戏中并进行测试。如果要添加材料类型，使用 Enum.Material. 材料名称进行添加。

这是一种很好的提升游戏体验和沉浸感的方法，可以让玩家觉得游戏世界在更深层次上与之进行互动。玩家角色不只是简单地行走在沙地和草地上，而是在沙地上会下沉并减速，在草地上会恢复速度。虽然玩家可能不会有意识地注意到这一点，但这些细微的改进可以对游戏体验产生很大的影响。

没有目标的游戏是不完整的，游戏目标可以是成为游戏中最富有的玩家、达到最高级别、完成故事情节。下面的练习将介绍如何设置排行榜，并在玩家角色触摸按钮时，把分数应用到排行榜。

▼ 小练习

获取分数

把已经学到的所有知识结合起来，制作一个得分系统，每当玩家角色站在按钮上时，奖励玩家分数。罗布乐思内置了一个排行榜系统，可以在玩家姓名旁边显示得分。在 ServerScriptService 脚本中设置排行榜是一种很好的做法，并且在这里执行操作存储脚本是最安全的。

1. 创建以下部件和脚本。

- 使用部件作为按钮（见图 12.10），此按钮就是输入源。其位置在 Workspace 内，名称为 PointGiver。
- 用于检测输入源并为玩家分配分数的脚本。其位置在按钮内，名称为 GivePoint。
- 用于设置排行榜并保存玩家分数的脚本。其位置在 ServerScriptService 内，名称为 SetupLeaderstats。

图12.10 按钮

2. 罗布乐思通过 leaderstats 文件夹（见图 12.11）添加数据到排行榜。排行榜系统在这个文件夹里收集所有 ObjectValue（例如 StringValue 和 IntValue），把 ObjectValue 的名称作为标题，把 ObjectValue 的值作为显示的值。

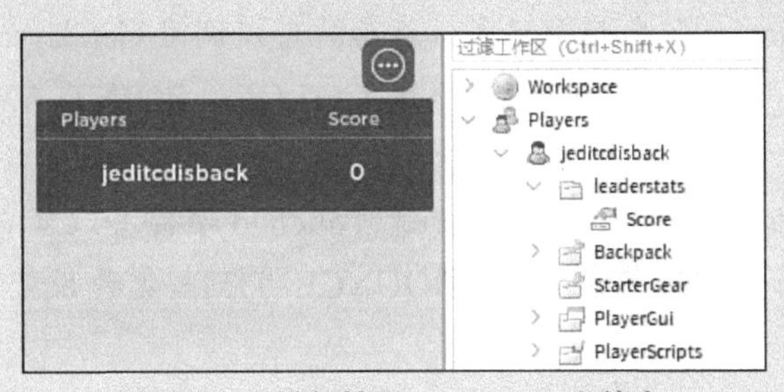

图12.11 排行榜和leaderstats文件夹

要设置排行榜系统，需要在 ServerScriptService 脚本里创建 leaderstats 文件夹。检测加入游戏的新玩家，然后创建 leaderstats 文件夹，需要使用 Players 服务的 .PlayerAdded 事件。

代码清单 12-10

```
local Players = game:GetService("Players")

local function setupLeaderstats(player)
end
Players.PlayerAdded:Connect(setupLeaderstats)
```

使用 Instance.new() 创建对象，在本例中，创建一个文件夹和一个包含分数的 IntValue。当使用 Instance.new() 时，需要把它分配给一个局部变量，以便可以在后面的代码中引用它、修改它的属性、把它放在对应的目录结构中，如下所示。

代码清单 12-11

```
local Players = game:GetService("Players")

local function setupLeaderstats(player)
        local leaderstats = Instance.new("Folder")
        leaderstats.Name = "leaderstats"

        local score = Instance.new("IntValue")
        score.Name = "Score"
        score.Parent = leaderstats

        leaderstats.Parent = player
end
Players.PlayerAdded:Connect(setupLeaderstats)
```

3. 在按钮的脚本中声明以下变量。

- **Players**：从 Players 服务获取玩家，然后就可以调用 GetPlayerFromCharacter()。
- **DEBOUNCE_TIME**、**COOLDOWN_COLOR**、**POINT_AMOUNT**：用于配置的常量变量。
- **pointGiver**、**activeColor**：用于检测 .Touched 事件并改变部件的颜色。
- **debounce**：用于判断部件在 DEBOUNCE_TIME 变量设定的时间内是否被触碰过。

4. 设计函数并确定函数的调用方式。需要一个函数来检测按钮何时被触碰，需要一个函数把分数分配给玩家，还需要一个函数从 Players 服务中获取玩家。

代码清单 12-12

```
local Players = game:GetService("Players")

local DEBOUNCE_TIME = 3
local COOLDOWN_COLOR = Color3.fromRGB(255,78,78)
local POINT_AMOUNT = 1

local pointGiver = script.Parent
local activeColor = pointGiver.Color
local debounce = false

local function giveScore(player, POINT_AMOUNT)

end

local function getPlayerFromPart(part)

end

local function giverTouched(otherPart)

end
pointGiver.Touched:Connect(giverTouched)
```

注意 命名规范

罗布乐思为开发者提供了一个命名规范指南，以便整个平台上的代码风格保持一致。统一代码风格还可以提高编程效率。

- **大驼峰命名**：所有单词的首字母都大写，用于对象和类，例如罗布乐思的所有服务。
- **小驼峰命名**：除第一个单词之外，其他单词首字母大写，用于非常量的局部变量、函数和对象的成员变量。
- **全大写命名**：单词的所有字母都大写，单词之间以下画线分隔，仅用于局部常量变量，例如在运行时永远不会改变值的变量。

5. 编写 giverTouched(otherPart)。

代码清单 12-13

```
local function giverTouched(otherPart)
    if debounce then
```

```
            return
        end

        local player = getPlayerFromPart(otherPart)

        if player then
            debounce = true
            giveScore(player, POINT_AMOUNT)

            pointGiver.Color = COOLDOWN_COLOR
            wait(DEBOUNCE_TIME)
            pointGiver.Color = activeColor

            debounce = false
        end
end

pointGiver.Touched:Connect(giverTouched)
```

此函数用于检测输入，调用其他的函数处理防抖和按钮的显示变化。

（1）判断 debounce 是否被激活，如果已经激活，则不需要继续运行脚本，可以使用 return 语句来退出。return 语句会终止函数调用。

（2）调用获取玩家对象的函数，但如果此函数的参数部件没有连接到角色，则函数会返回 nil（空）。

（3）当函数返回的是玩家，并且 debounce 为 false（假）时，可以开始防抖流程。把 debounce 设为 true（真），使用 giveScore() 函数为玩家添加分数，修改部件颜色，作为向玩家提示输入已被接受的视觉反馈，然后等待一段防抖时间。在防抖时间内，部件暂时停用，最后恢复所有状态。

6. 编写 getPlayerFromPart(part)。

代码清单 12-14

```
local function getPlayerFromPart(part)
        local character = part.Parent
        if character then
            return Players:GetPlayerFromCharacter(character)
        end
end
```

该函数通过 Workspace 中的角色模型获取玩家，使用 Players 服务中的 GetPlayerFromCharacter() 函数来实现。角色是由能被 .Touched 检测的部件组成的，

所以如果角色中的某个部件触摸到按钮，则角色就是此部件的父项，即 character = part.Parent。如果触碰按钮的部件不是角色的一部分，则 Players 服务的函数会返回 nil。

7. 编写 giveScore(player, POINT_AMOUNT)。

代码清单 12-15

```
local function giveScore(player, POINT_AMOUNT)
        local leaderstats = player:FindFirstChild("leaderstats")
        if leaderstats then
                local score = leaderstats.Score
                score.Value = score.Value + POINT_AMOUNT
        end
end
```

8. 了解玩家后设置 leaderstats 的分数就很简单了。首先检查 leaderstats 是否存在，然后创建一个局部变量 score，最后增加指定的分数。

总结

本章再次深入地介绍了碰撞，并详细介绍了如何处理复杂对象的碰撞，例如网格、联合体和组。这一章使用 .Touched、CanCollide 和防抖等知识创建了一个陷阱。还介绍了 Humanoid，并创建了一个逼真的行走效果。最后结合所学的知识，制作了一个得分系统，每次玩家角色触碰按钮时，都会奖励玩家分数。

问答

问 哪种碰撞保真度设置项对性能的影响最大？

答 PreciseConvexDecomposition。

问 如何关闭对象的碰撞？

答 取消勾选 CanCollide 属性的复选框

问 使用 .Touched 有什么缺点？

答 触碰到部件并移动时，会触发多次碰撞事件。

问 Humanoid 支持哪些类型？

答 R6 和 R15

问 防抖是什么？

答 防抖是用于减低函数执行频次的方法。

实践

回顾一下学到的知识，花点时间回答以下问题。

测验

1. 如何显示碰撞保真度？
   A. 在设置中选择“显示碰撞”。
   B. 在设置中勾选“显示分解几何”复选框。
   C. 在对象的“属性”窗口中选择 CanCollide。
2. 如何添加碰撞组？
   A. 手动设置 CollisionGroupId 属性。
   B. 使用碰撞组编辑器。
3. 为 .Touched 提供两种替代方案。
4. 解释循环是如何工作的。
5. 解释什么是 Humanoid？
6. MoveTo() 的作用是什么？它设置了哪两个属性？

答案

1. B，在 Studio 设置中勾选“显示分解几何”复选框。

2. B，使用碰撞组编辑器。

3. .Touched 的两个替代方案是 Magnitude（矢量长度）方案和 Region3（3D 空间体积）方案。

4. 循环是重复执行多次指定指令。

5. Humanoid 是角色的控制器。

6. MoveTo() 可以让玩家角色移动到某个位置，它设置了 Humanoid.WalkToPoint 和 HumanoidWalkToPart 两个属性。

练习

第一个练习：创建一个按钮，玩家角色触碰后加速两秒。

1. 创建两个或多个部件作为按钮，并且将这些部件放在同一个文件夹中。
2. 在文件夹内添加脚本，声明防抖变量。
3. 使用 for 循环遍历文件夹，判断对象是否为 BasePart。
4. 在这些部件中设置 .Touched 事件。
5. 确保触发 .Touched 事件的部件是角色的部件，并且防抖变量是未激活状态。
6. 把防抖变量设为激活状态，更改 Humanoid 的速度属性，使用 wait() 函数等待两秒。
7. 把防抖变量设为未激活状态。

第二个练习：创建一扇门，仅在特定玩家角色触碰这个门时门才会解锁，其他玩家角色触碰门会被扣减生命值。

1. 创建两个或多个部件作为门，并且将这些部件放在同一个文件夹中。
2. 在文件夹中添加一个脚本，对脚本进行适当命名。
3. 声明防抖变量，使用 for 循环遍历文件夹，判断对象是否为 BasePart。
4. 在这些部件中设置 .Touched 事件。
5. 确保触发 .Touched 事件的部件是角色的部件，并且防抖变量是未激活状态。
6. 把防抖变量设为激活状态，判断角色是否为特定的玩家。
7. 如果是特定的玩家角色，则暂时把门的 CanCollide 属性设为 false。
8. 如果不是特定玩家角色，则使用 TakeDamage() 从角色身上减去 20 点生命值。
9. 把防抖变量设为未激活状态。

第 13 章

GUI交互

在这一章里你会学习：

- 如何创建GUI（图形用户界面）；
- 什么是GUI基本元素；
- 如何编写可交互的GUI；
- 如何使用渐变；
- 什么是布局和约束；
- 如何制作一个倒计时GUI。

到目前为止，你已经学习了如何构建事物、创建地形场景、编写代码添加功能和交互，但还缺少一个主要的知识——图形用户界面（Graphics User Interface，GUI），它用于在玩家屏幕上显示图片和文本。本章中将介绍如何创建 UI（用户界面）、如何编写交互式 GUI，以及如何添加布局或约束。游戏的 GUI 是很重要的，例如，新手引导、显示信息和在商店中销售物品，都需要使用它。图 13.1 和图 13.2 所示为 GUI 示例。

图13.1　欢乐岛的GUI示例，右侧显示功能按钮

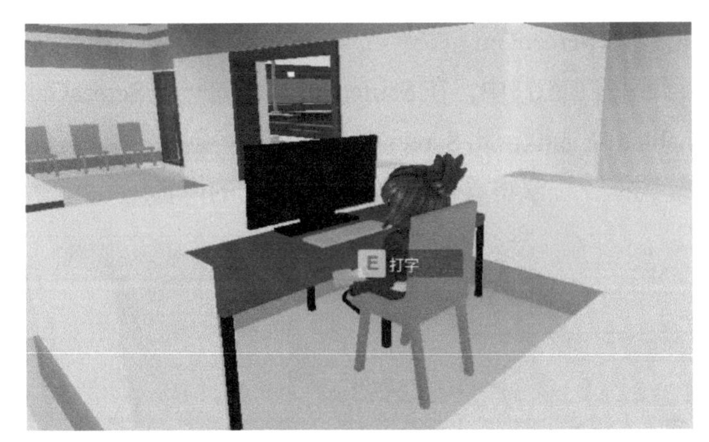

图13.2 悬浮在玩家角色身上的“E打字”按钮

13.1 创建GUI

罗布乐思中有 3 种类型的 GUI，它们的使用方法非常相似。

- **SurfaceGui**：在 3D 环境中的表面上显示的 GUI。
- **ScreenGui**：显示在屏幕上的 2D 的 UI。
- **BillboardGui**：一个 3D 的 GUI，它悬停在部件的上方。

13.1.1 玩家GUI

本章将从创建一个 2D 的玩家 GUI 开始介绍 GUI 的相关知识。玩家 GUI 通常用于向玩家显示角色的信息，例如分数、生命值和金币，如图 13.3 所示。若要使它在屏幕上显示为 2D 元素，可以使用 ScreenGui 对象创建。

图13.3 顶部显示的玩家角色信息的紫色图标是用ScreenGui对象制作的

按照以下步骤创建 ScreenGui。

1. 在“项目管理器”窗口中，在 StarterGui 里创建一个 ScreenGui（见图 13.4）。

只要勾选 Enabled 复选框，此 ScreenGui 的内容就会显示给玩家，如图 13.5 所示。如果取消勾选该复选框，玩家将看不到此 ScreenGui 的内容。

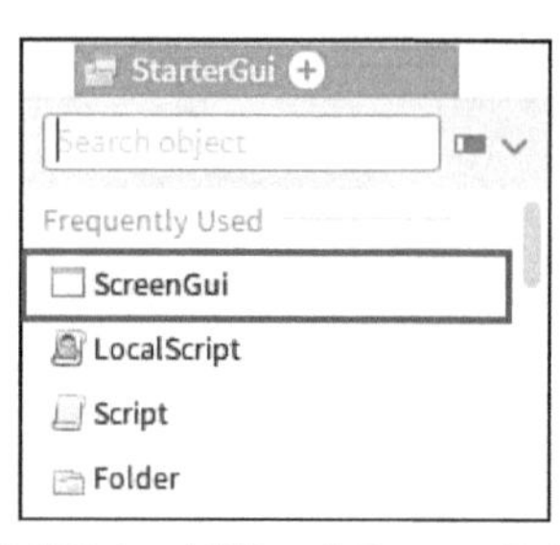

图13.4 创建一个ScreenGui

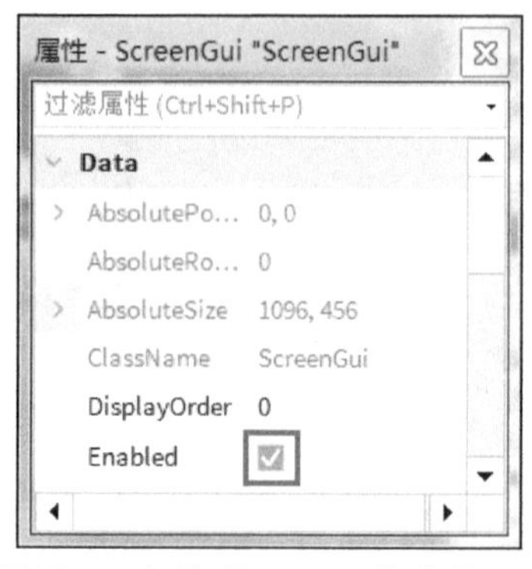

图13.5 勾选“Enabled”复选框

2. 在 ScreenGui 里创建 TextLabel（文本标签）（见图 13.6），用于向玩家显示文本。尝试在“属性”窗口中调整 TextLabel 的 Font、TextColor3 和 TextTransparency 属性；还可以调整 BorderSizePixel 和 BorderColor3 属性来添加边框；如果有很多文本内容需要显示，可以打开 TextWrapped 属性。

3. 调整 TextLabel 的大小和位置，在“属性”窗口中修改 Size 和 Position 属性值（见图 13.7），Position 和 Size 都使用 UDim2 类型，这是一种类似于“{0,0},{0,0}”格式的数据类型。花括号中的第一个数字是缩放比例，第二个数字是偏移量。缩放可以适配所有设备的屏幕尺寸，根据屏幕的尺寸按比例计算缩放大小。例如，如果把 Frame（框架）的 Size 属性值设置为 {0.5,0},{0.5}，则它将是当前屏幕大小的 50% 的高度和 50% 的宽度。缩放对于设计跨平台运行的游戏非常有用。

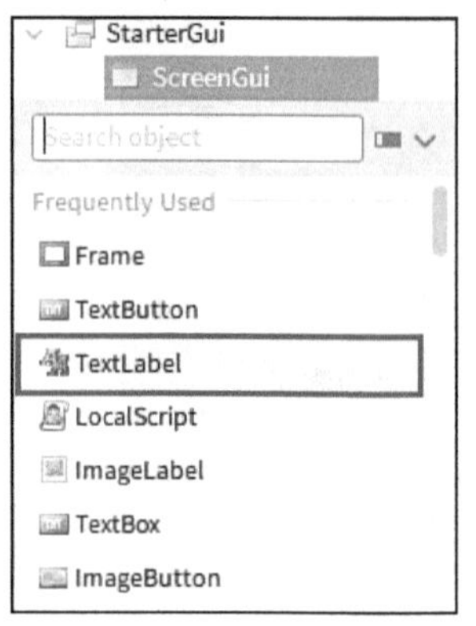

图13.6 在ScreenGui里创建TextLabel

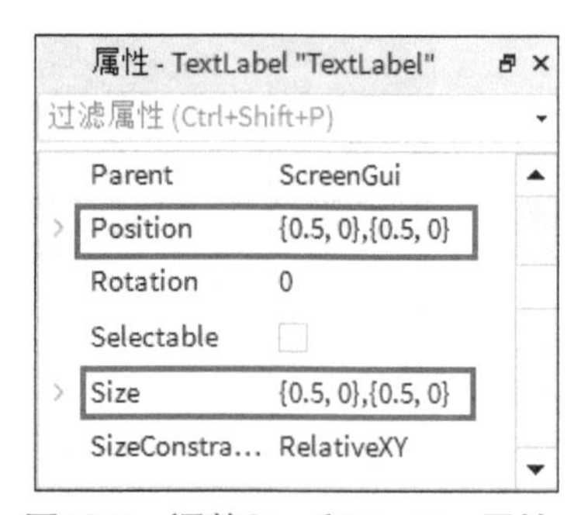

图13.7 调整Size和Position属性

4. 也可以把 Offset 设为特定像素值来调整 Size 和 Position 属性（见图 13.8）。虽然这样做会导致在其他尺寸的屏幕上的显示效果不佳，但是它在某些情况下很有用，例如，在不考虑屏幕尺寸差异的情况下，在 Frame 周围创建 50 像素的边距。

5. 调整 AnchorPoint 属性来设置 GUI 的对齐点（见图 13.9），它可以应用于挂在墙上的时钟或相框。例如，可以通过将 AnchorPoint 的属性值设为“0.5，0.5”来把元素的对齐点设在元素的中心，然后把 Position 属性值设为 {0.5, 0}{0.5, 0}，元素就会位于屏幕中间。

▼ Position	{0.5, 0},{0, 0}
▼ X	0.5, 0
Scale	0.5
Offset	0
▼ Y	0, 0
Scale	0
Offset	50

图13.8 调整Offset属性

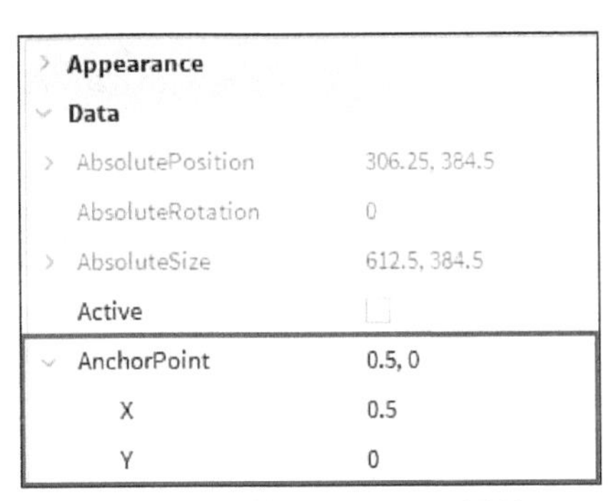

图13.9 调整AnchorPoint属性

6. 如果多个 GUI 堆叠在一起，则它们显示的层级看起来是随机的。可以更改 ZIndex 属性值来对它们进行调整，较小 ZIndex 值的 GUI 元素显示在下面，较大 ZIndex 值的 GUI 元素显示在上面（见图 13.10）。

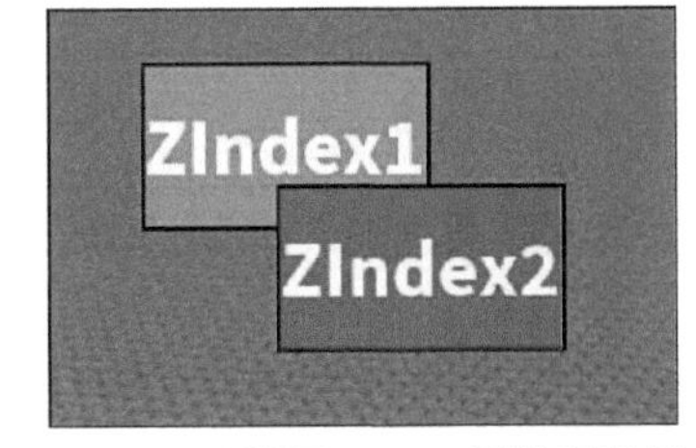

图13.10 使用Zindex属性调整的两个TextLabel的效果示例

13.1.2 SurfaceGui

还可以使用 SurfaceGui 向玩家展示文本和图片。但它不是以 2D 形式显示在屏幕上的，而是显示在 3D 环境的表面，如图 13.11 所示。

有两种 SurfaceGui，分别是静态显示的 SurfaceGui 和能与玩家交互的 SurfaceGui。对于不需要与玩家交互的静态广告牌或标志，可以使用静态显示的 SurfaceGui，把 SurfaceGui 作为部件的子项。

把 SurfaceGui 作为部件的子项，创建 SurfaceGui 的步骤如下。

1. 在部件中创建一个 SurfaceGui。
2. 在 SurfaceGui 中创建一个 TextLabel（见图 13.12）。

图13.11 作为标志显示在部件上的2D GUI

3. 修改 SurfaceGui 的 Face 属性来设定文本标签显示在部件的哪一侧（见图 13.13）。

图13.12 在SurfaceGui中创建TextLabel

图13.13 改变SurfaceGui的Face属性

当 SurfaceGui 作为部件的子项后，需要调整 TextLabel 的大小来铺满部件的整个侧面。所以需要知道两个数据：部件的尺寸和标签每格占的像素。部件的尺寸可以从其属性中找出来，标签默认每格占 50 像素。按照如下步骤修改。

1. 在部件的“属性”窗口中，注意部件不同轴向的尺寸，图 13.14 所示的部件，x 轴尺寸是 9 格，y 轴尺寸是 4 格。

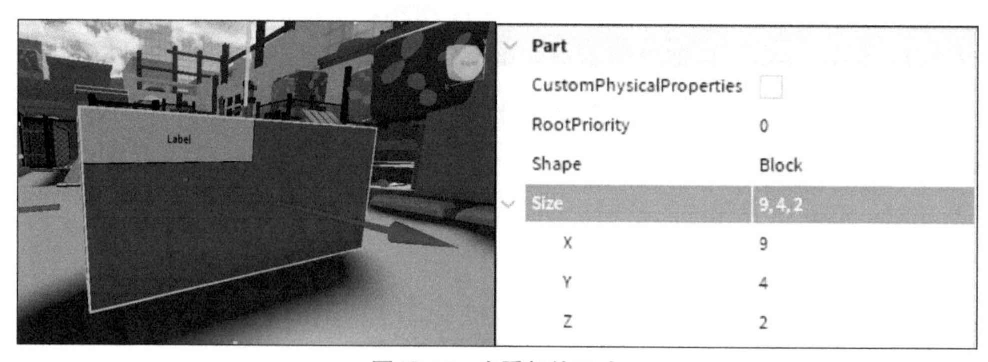

图13.14 查看部件尺寸

2. 选择 TextLabel，在“属性”窗口中找到 Size 属性。

3. 将 Size 属性中的 X 偏移值和 Y 偏移值设为格数 ×50，在图 13.15 所示的示例中，X 偏移值等于 450（9 格 ×50），Y 偏移值等于 200（4 格 ×50）。

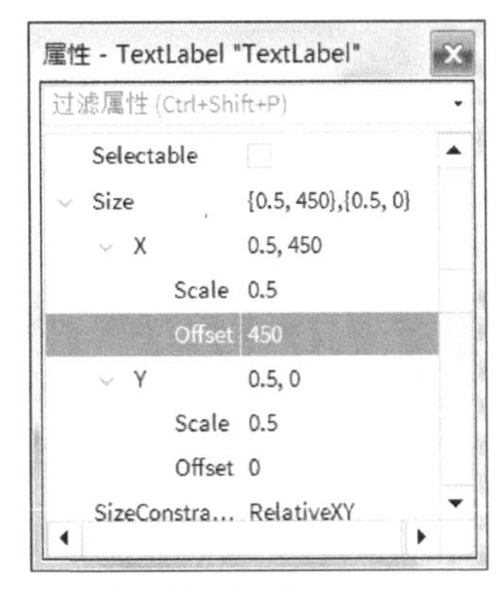

图13.15 使用Offset来调整TextLabel的大小

如果 GUI 需要与玩家进行交互，例如按下按钮或在游戏过程中更新文本，则需要使用另一种 SurfaceGui。对于交互式 GUI，需要先把 SurfaceGui 创建在 StarterGui 中，然后把它的 Adornee 属性设为需要显示的部件（见图 13.16）。

SurfaceGui 的另一个有趣的属性是 LightInfluence（见图 13.17），使用它可以调整光对 SurfaceGui 的影响程度，用于制作明亮的广告牌效果。

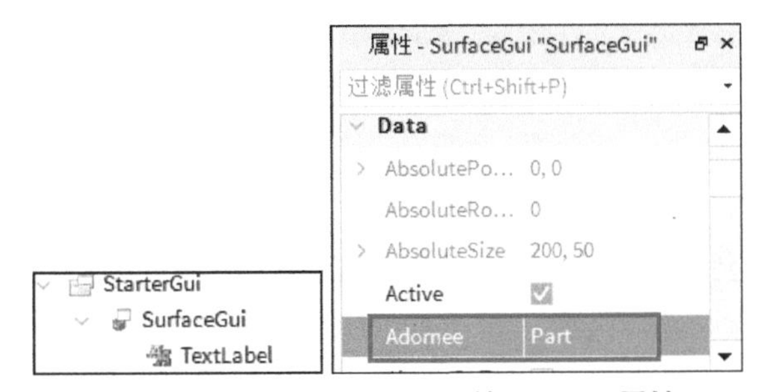

图13.16 设置SurfaceGui的Adornee属性

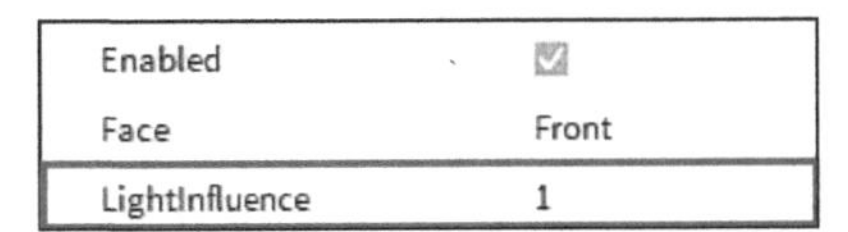

图13.17 调整LightInfluence属性

例如，如果把 PointLight（点光源）放在带 SurfaceGui 的部件内，并把 LightInfluence 设为 0.1，则无论环境多暗，SurfaceGui 都可以保持可见状态。图 13.18 展示了不同 LightInfluence 值对亮度影响的对比效果。

图13.18 不同LightInfluence值对亮度影响的对比效果

13.2 GUI基本元素

每个 GUI 都是由基本元素组成的，例如 Frame 和 TextLabel。以下是一些基本元素，使用它们可以在游戏中创建复杂而美观的用户界面。

- TextLabel（文本标签）：用于向玩家显示文本。
- TextButton（文本按钮）：也可以向玩家显示文本，并且玩家可以把鼠标指针悬停在上面并单击它。在这一章的后面部分将讲解如何在玩家单击按钮时触发事件。
- ImageLabel（图片标签）：用于显示图片。
- ImageButton（图片按钮）：也可以显示图片，并且玩家可以把鼠标指针悬停在上面并单击它。
- Frame（框架）：可以包含多个标签和按钮，还可以在 Frame 中使用 Layout（布局）这一章后面会介绍 Layout。

13.3 编写可交互的GUI

GUI 不会总是静态不变的，它们经常会发生变化。本例将创建一个类似于图 13.19 所示的按钮，用于打开和关闭商店菜单。

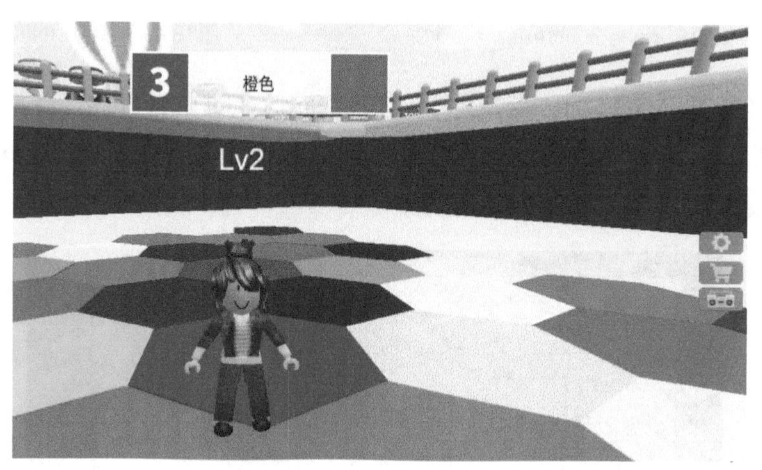

图13.19 色块派对：可单击GUI按钮打开商店和其他菜单

使用 Frame 对象制作商店菜单，它非常适合于组织多个 GUI 元素，例如要出售的不同物品。然后制作一个按钮，当玩家单击它时打开商店菜单，当玩家再次单击它时关闭商店菜单。

按照以下步骤制作商店 GUI。

1. 在 StarterGui 中创建 ScreenGui，并将其重命名为 ShopGUI。

2. 在 ShopGUI 中添加一个 ImageButton，并将其重命名为 ShopButton（见图 13.20）。

3. 添加一个 Frame 作为商店菜单（见图 13.21），将其重命名为 ShopFrame，确保 Frame 与 ImageButton 没有重叠，以便玩家可以同时看到它们。

图13.20 添加一个ImageButton并重命名它

图13.21 在ShopGUI中添加一个Frame并将其重命名

4. 选中 ShopFrame，在“属性”窗口中找到并取消勾选 Visible 复选框（见图 13.22），这样玩家在单击按钮前就不会看到商店菜单。

5. 添加代码，让玩家单击按钮后可以看到商店菜单。在 ShopButton 中创建 LocalScript 并将其重命名为 ShopScript，如图 13.23 所示。

图13.22 使商店菜单在被单击前隐藏

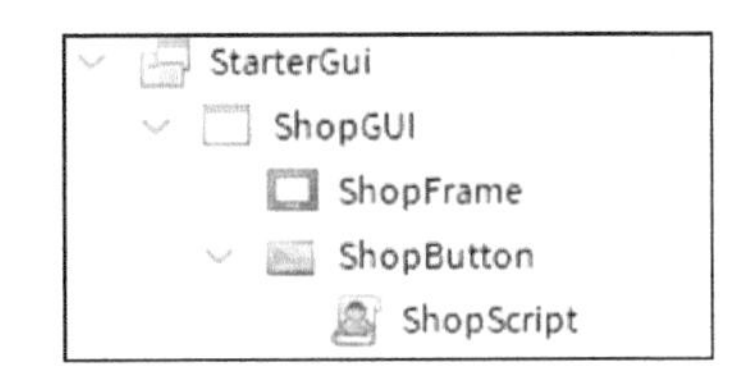

图13.23 在ShopButton中创建LocalScript并将其重命名为ShopScript

6. 使用 Activated 事件监听玩家单击按钮，在 Activated 事件函数中，修改 ShopFrame 的 Visible 属性。在本例中，把 Visible 属性设为相反值。

代码清单 13-1

```
local ImageButton = script.Parent
local ScreenGui = ImageButton.Parent
local Frame = ScreenGui.ShopFrame

local function buttonActivated()
	Frame.Visible = not Frame.Visible
end

ImageButton.Activated:Connect(buttonActivated)
```

7. 当玩家把鼠标指针悬停在按钮上时，让按钮稍微改变颜色，使用 MouseEnter 和 MouseLeave 事件来检测玩家何时将鼠标指针悬停在按钮上和将鼠标指针移开按钮。

代码清单 13-2

```
local ImageButton = script.Parent
local ScreenGui = ImageButton.Parent
local Frame = ScreenGui.ShopFrame

local function buttonActivated()
      Frame.Visible = not Frame.Visible
end

local function mouseEnter()
      ImageButton.ImageColor3 = Color3.fromRGB(25, 175, 25)
end

local function mouseLeave()
      ImageButton.ImageColor3 = Color3.fromRGB(255, 255, 255)
end

ImageButton.Activated:Connect(buttonActivated)
ImageButton.MouseEnter:Connect(mouseEnter)
ImageButton.MouseLeave:Connect(mouseLeave)
```

8. 开始游戏测试，单击图片按钮使商店菜单出现，然后再次单击它，使商店菜单消失。

13.4　渐变

配合 GUI 使用的另一个非常有用的功能是渐变，它可以让 GUI 产生动画和移动效果。例如，GUI 滑动到屏幕中，然后弹跳，可以使用 TweenPosition() 和 TweenSize() 实现，或者使用 TweenSizeAndPosition() 同时执行这两项操作。

把以下代码添加到脚本中，玩家把鼠标指针悬停在按钮上时，按钮会变大。

代码清单 13-3

```
local function mouseEnter()
      ImageButton.ImageColor3 = Color3.fromRGB(25, 175, 25)
      ImageButton:TweenSize(UDim2.new(0,110, 0, 110), nil, nil,.25) -- 变化的尺寸
end

local function mouseLeave()
```

```
    ImageButton.ImageColor3 = Color3.fromRGB(255, 255, 255)
    ImageButton:TweenSize(UDim2.new(0, 100, 0, 100),nil, nil, .25) -- 原始尺寸
end
```

上面的代码中，UDim2 用于保存 Scale 和 Offset 的 X 和 Y 值。可以使用 ShopButton 的“属性”窗口（见图 13.24）找到要使用的数值，把按钮缩小到所需大小，然后复制“属性”窗口中的对应 4 个数值。

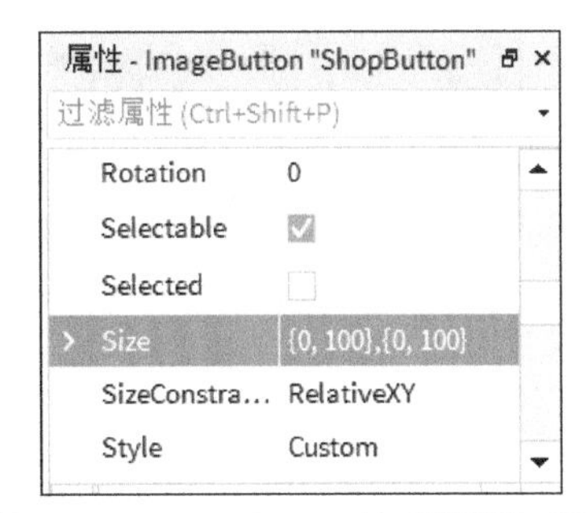

图13.24　ShopButton的“属性”窗口

测试游戏，看看效果是否令人满意。可以修改 UDim2 的最后一个数字（0.25），使动画变慢或变快，这是完成渐变需要的时间（以秒为单位）。

▼ 小练习

尝试不同的渐变方法，包括 TweenSize() 和 TweenSizeAndPosition()

使用不同的渐变样式，并尝试实现一个回调函数，当渐变完成时，做一些有趣的事情！

13.5　布局

罗布乐思提供了不同的 GUI 布局。布局非常有用，它可以根据元素的大小和数量自动调整元素大小和定位元素，而不需要开发者花费时间编写脚本来实现。常用的布局如下。

- **UIGridLayout**：此布局在 Frame 或 ScrollingFrame 中特别有用，它把所有元素组织成网格形状。可以设置 CellSize 和 Padding 属性来确定每个元素的大小及它们之间的距离。还可以设置其他属性，例如，设置 SortOrder 根据元素的名称更改顺序，设置 LayoutOrder 控制元素的显示顺序。设置 UIGridLayout 的使用示例如图 13.25 所示。
- **UIListLayout**：此布局可以把 Frame 或 ScrollingFrame 内的元素排列成一个列表，它对 ScrollingFrame 特别有用，因为可以在其中添加任意数量的元素，并且它们都会很好地排列在一个列表中。同样，可以调整每个元素的

Padding、VerticalAlignment 和 HorizontalAlignment 属性，以确定列表的对齐位置。UIListLayout 的使用示例如图 13.26 所示。

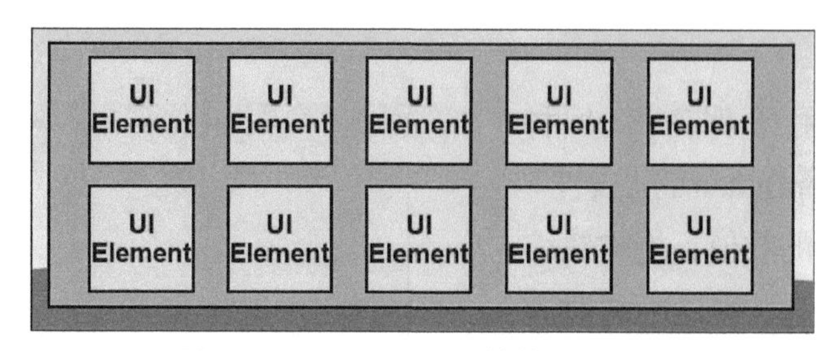

图13.25　UIGridLayout的使用示例

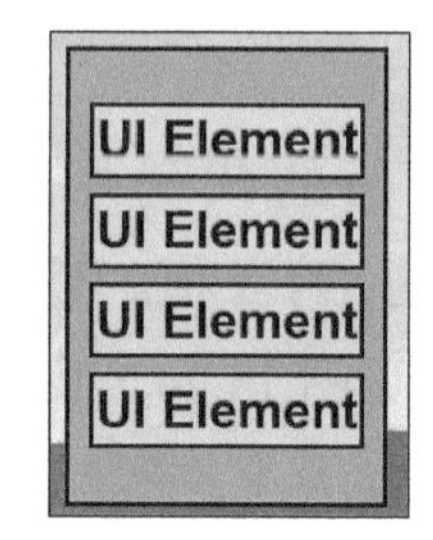

图13.26　UIListLayout的使用示例

- **UITableLayout**：此布局类似于 UIGridLayout，它以网格形状布置 UI 元素，先把元素排列成行，然后把这些元素的子元素排列成列。图 13.27 所示为 UITableLayout 的使用示例，图 13.28 所示为 UITableLayout 的使用示例。

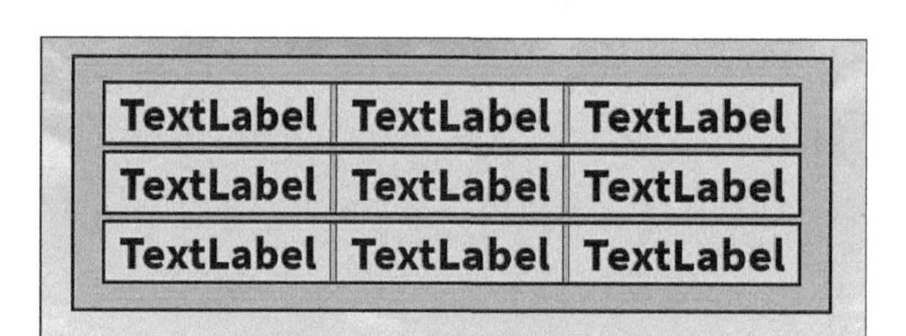

图13.27　UITableLayout的使用示例

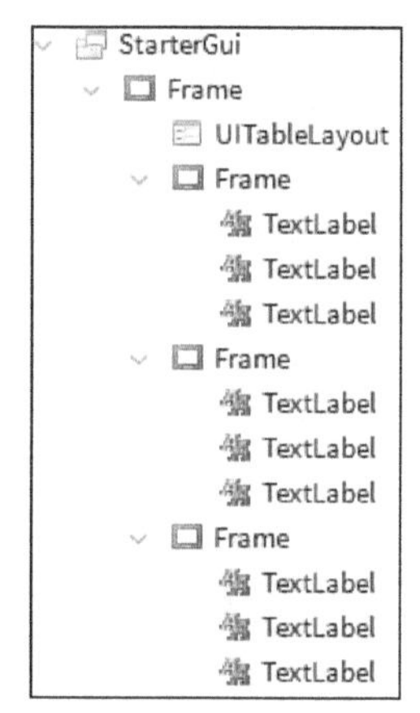

图13.28　UITableLayout的工作原理

- **UIPageLayout**：把元素组织成可以滚动的页面，它的优点是可以很好地兼容移动设备和主机设备。图 13.29 显示了 UIPageLayout 的使用示例。

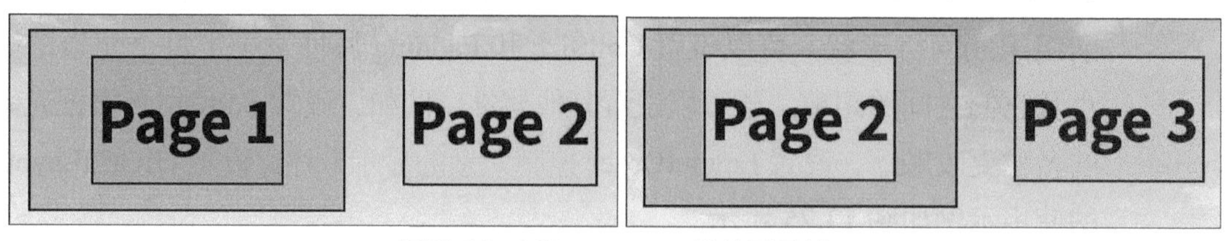

图13.29　UIPageLayout的使用示例

罗布乐思提供了一些非常有用的约束，可以使用它们来制作 GUI。这些约束在某些指定层级之间保持某些值（例如大小和位置）。

▶ **UIAspectRatioConstraint**：把此约束插入元素（例如 Frame）后，它会调整元素的大小使元素保持设定的纵横比，而不管屏幕尺寸（见图 13.30）。

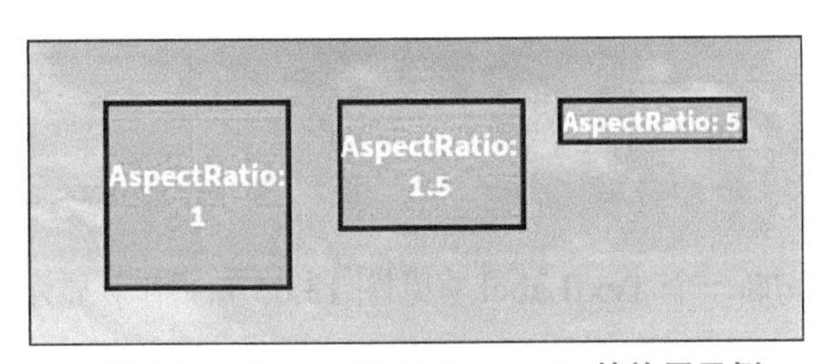

图13.30 UIAspectRatioConstraint的使用示例

▶ **UITextSizeConstraint**：把此约束插入 TextLabel 或 TextButton 中，可以使字体大小保持在设定的 MaxTextSize 和 MinTextSize 之间。它非常有用，可以防止文本因字体大小不合适而变得不可读，例如，如果主机玩家使用很大的电视屏幕，使用此约束就不会影响显示效果。此约束的规则是，确保文本在大约 3 米外清晰易读。图 13.31 所示为使用不同 UITextSizeConstraint 值的 TextLabel 的对比。

▶ **UISizeConstraint**：此约束的效果与 UITextSizeConstraint 的类似，它使 UI 元素（而不是文本）的大小保持在设定的 MaxSize 和 MinSize 之间。MaxSize 和 MinSize 值的单位是像素，因此如果把 MaxSize 设置为 {50,70}，则 UI 的大小不会宽于 50 像素和高于 70 像素。应用示例如图 13.32 所示。

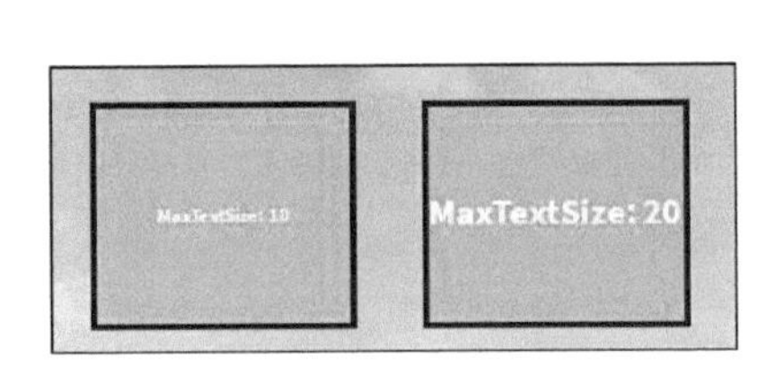

图13.31 使用不同UITextSizeConstraint值的TextLabel的对比

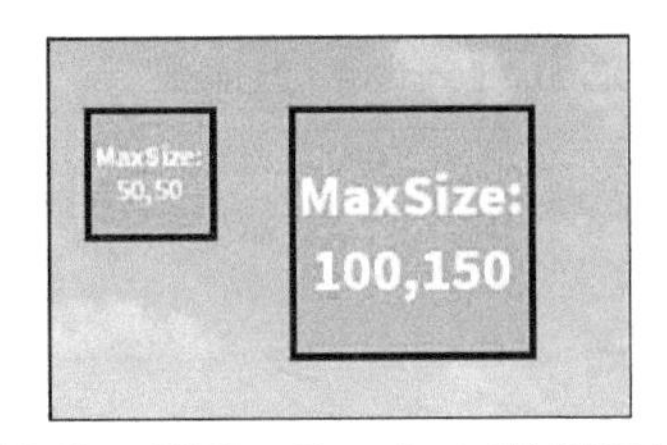

图13.32 UISizeConstraint的使用示例

13.6 制作一个倒计时GUI

现在你已经了解了 GUI 是什么、如何制作 GUI，以及如何编写代码控制 GUI，你可以应用这些知识制作一个倒计时 GUI。倒计时常用于各种游戏，例如当倒计时为 0 时结束本回合游戏。可以使用 ScreenGui 来制作，也可以使用 SurfaceGui 来制作。

1. 创建 ScreenGui 并将其重命名为合适的名称，例如 Timer 或 Countdown（见图 13.33）。

2. 在 ScreenGui 中创建一个 Frame（见图 13.34）作为倒计时的背景，可以使用 Scale 属性调整大小，使用 BackgroundColor3 属性更改颜色。

图13.33　创建ScreenGui并重命名它

图13.34　在ScreenGui中创建一个Frame

3. 在 Frame 内添加一个 TextLabel（见图 13.35），用于显示倒计时。调整它的大小、位置、颜色和字体，直到令人满意为止。

4. 在 TextLabel 中创建一个 LocalScript，用于编写计时器的功能代码（见图 13.36）。

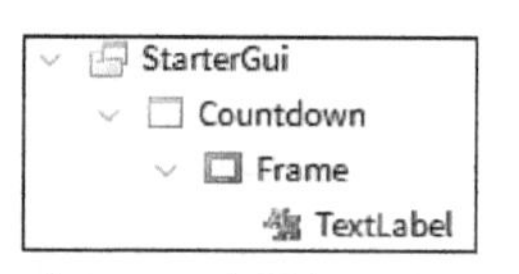

图13.35　在Frame内添加一个TextLabel

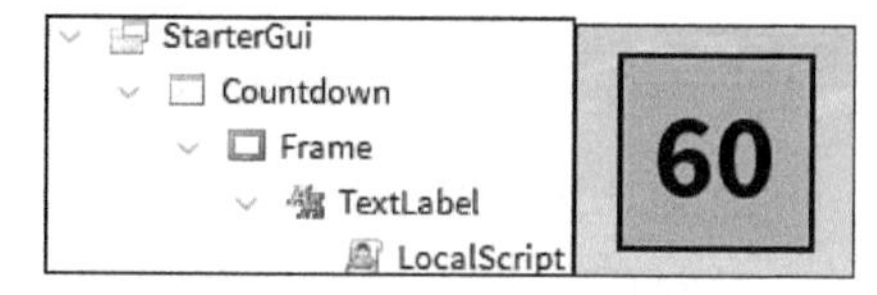

图13.36　在TextLabel中创建一个LocalScript

5. 编写代码部分，使用循环来创建计时器。使用带有 wait(1) 的 for 循环，使变量值每秒减一，然后把该变量值赋给 script.Parent.Text。以下是示例代码。

代码清单 13-4

```
local textLabel = script.Parent
for timer = 60, 0, -1 do
    wait(1)
    textLabel.Text = Timer
end
```

总结

本章讲解了如何把 GUI 添加到游戏中，介绍了不同类型的 GUI 元素，以及如何在部件表面和玩家屏幕上显示图片和文本 GUI；还介绍了如何用布局和约束排列用户界面，并使 UI 元素在不同尺寸的屏幕上按比例缩放；最后讲解了如何编写代码控制 GUI，让玩家与 GUI 进行交互。

问答

问　应该使用 Scale 还是 Offset 来调整 UI 的大小？

答　推荐使用 Scale，因为无论屏幕的大小如何变化，它都能使 GUI 保持相对相同的大小。但是，也可以把 Offset 与 UIScale 对象结合使用，UIScale 对象可以根据屏幕大小进行调整。

问 ImageLabels 和 ImageButtons 占用多少内存？

答 为了将内存使用量保持在最低限度，用户应该上传低分辨率的图片，还应该尽可能少地使用 ImageLabels、ImageButtons、Textures 和 Decals，并尽可能地重复使用相同的图片（例如，对所有菜单使用一个 UI 背景图片）。

实践

回顾一下学到的知识，花点时间回答以下问题。

测验

1. 向玩家显示文本的实例的名称是什么？
2. GUI 代表________用户界面。
3. 你应该使用什么类型的脚本来编写 GUI 交互？
4. 判断对错：SurfaceGui 显示在部件上。
5. ScreenGui 必须在________中才能显示给玩家。
6. 判断对错：Size 和 Position 中的 Offset 的调整以像素为单位。
7. 判断对错：ZIndex 值较小的 GUI 元素显示在 ZIndex 值较大的 GUI 元素之下。

答案

1. TextLabel 是向玩家显示文本的实例的名称。
2. 图形。
3. 使用 LocalScript 来编写代码控制 GUI 交互。
4. 正确，SurfaceGui 显示在部件上，而玩家 GUI 显示为 2D 界面。
5. StarterGui。
6. 正确。
7. 正确。

练习

以之前制作的 GUI 倒计时为基础，添加一些额外的功能：添加一个按钮，当玩家单击按钮时，关闭倒计时 Frame。

1. 打开之前制作的倒计时，在 ScreenGui 中创建 TextButton，并将其重命名为 Timer 或 Countdown。

2. 在 TextButton 中创建 LocalScript。

3. 使用 Activated 事件修改 Frame 的 Visible 属性。

可以使用 not 关键字来修改 Visible，代码如下。

代码清单 13-5

```
local button = script.Parent
local screenGui = button.Parent
      local frame = screenGui.Frame

     frame.Visible = not frame.Visible
```

如果 Visible 属性值为 true，则它会被设为 false；如果 Visible 属性值为 false，则它会被设为 true。

额外练习：创建带有 TextButton 的 SurfaceGui，当玩家单击按钮时提示购买 GamePass（游戏通行证）。

1. 在 Workspace 下创建一个部件。

2. 根据需要修改部件的 Color3 和 Material 属性。

3. 在 StarterGui 中创建 SurfaceGui，在“属性”窗口中单击 Adornee 旁边的框，然后单击刚刚创建的部件，可以将 Adornee 设为该部件。

4. 调整 SurfaceGui 的 Face 属性，确保 SurfaceGui 显示在部件的侧面。

5. 在 SurfaceGui 中添加一个 TextButton，根据需要调整 TextButton 的样式。

6. 在 TextButton 中创建 LocalScript。

7. 使用 Activated 事件及 MarketPlaceService() 和 PromptGamePassPurchase() 函数，实现玩家单击按钮时提示购买 GamePass 的效果。

注意　提示购买 GamePass

把 SurfaceGui 创建在 StarterGui 里，并把 Adornee 设为部件，这样就可以使用 LocalScript 在本地提示购买 GamePass。

第 14 章

动　效

在这一章里你会学习：

- 如何使用CFrame的位置；
- 如何使用CFrame的旋转；
- 如何让部件渐变；
- 如何使用SetPrimaryPartCFrame()。

动效在游戏中非常有用，可以让角色栩栩如生，还可以为玩家制作视觉反馈。电子游戏被认为是最好的“互动体验”之一，玩家可以使用多种方式与游戏世界互动。与电影一样，游戏可以触发的主要感官感受是玩家的视觉和听觉。可以使用动效来表达角色情绪、行为等。

手动制作动画可以实现很好的效果，例如制作角色表情和预定动作。这一章介绍动效的基础知识。

14.1　使用位置和旋转

让游戏世界变得有活力的最好方法是给对象设置动效。常见的动效有：按下按钮时按钮出现被按下的效果，门被打开，NPC 向玩家摇晃地走来。要在游戏中移动对象，可以使用代码操作对象的两个主要属性：位置和旋转。游戏中的每个部件都有 *x*、*y* 和 *z* 轴的位置和方向数值，如图 14.1 所示。

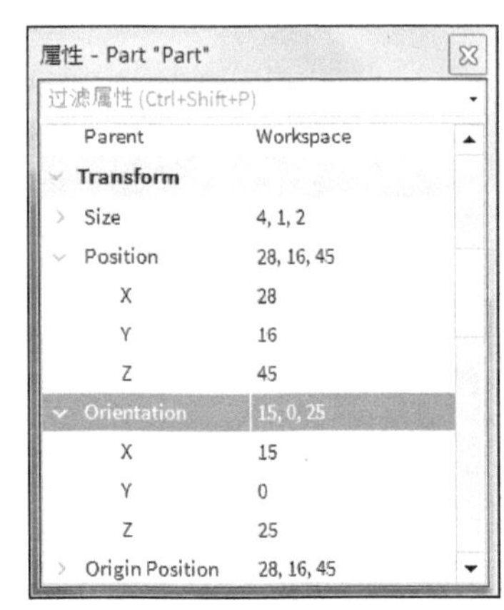

图14.1　游戏中部件的位置和方向数值

在图 14.2 中可以看到 *x* 轴（红色）和 *z* 轴（蓝色）在水平平面，*y* 轴（绿色）在垂直方向。

图14.2　移动对象

位置和方向数值保存在称为 CFrame 的数据类型中，它是 Coordinate Frame（坐标系）的缩写。修改对象的旋转角度和位置的方法是使用一个具有坐标和旋转角度的新 CFrame。创建新 CFrame 的格式是 CFrame.new(X,Y,Z)，其中 X、Y 和 Z 可以是变量或数字。

14.1.1　把对象从A点移动到B点

如果想把部件的位置设为特定的值，可以使用以下代码。

```
part.CFrame = CFrame.new(0, 0, 0) --把 X、Y、Z 的值均设为 0
```

很多时候，只需要把部件移动一小段距离。例如，图 14.3 所示为一个红色的大按钮（左侧）被单击时，会稍微向下移动，并从红色变为绿色（右侧）。

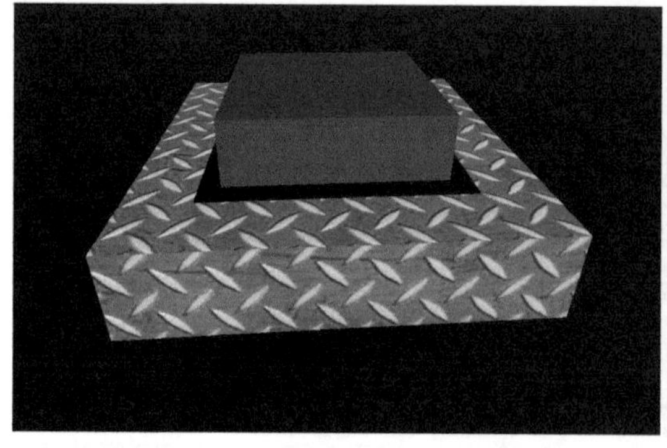

图14.3　更改按钮的位置和颜色来表示它被单击

制作按钮模型

要创建一个可交互的按钮，可以为按钮和按钮底座分别使用单独的部件。要使按钮起作用，可以把脚本与ClickDetector对象结合起来使用，以检测玩家何时单击或按下按钮。ClickDetector与设备和平台无关，无论玩家是使用移动设备还是PC，是Windows系统还是macOS，它都可以正常起作用。

1. 创建一个按钮和一个插座底座，让按钮陷入插座底座。要确保按钮是单个部件，因为如果按钮是模型，处理方法是不一样的。

2. 为了检测玩家是否单击了按钮，在按钮内添加一个ClickDetector和一个脚本（见图14.4）。

图14.4 添加一个脚本和一个ClickDetector作为按钮部件的子项

3. 添加以下代码，按钮被单击时，onClick()函数就会执行。

代码清单 14-1

```
local button = script.Parent
local clickDetector = button.ClickDetector

local function onClick()
      print("button was clicked")
end

clickDetector.MouseClick:Connect(onClick)
```

注意 使用部件

此脚本需要作为部件的子项，而不是整个模型的子项，这样它才能生效。

设置一个新的CFrame

获取按钮当前的CFrame，当玩家单击按钮时设置一个新的CFrame。本例中需要先确定部件移动的方向。因为部件相对于自身移动，所以使用相对坐标系。在所选对象的右下角会出现一个“L”（见图14.5），代表相对坐标系模式，没有L代表世界坐标系模式，按Ctrl+L（Windows）或Command+L（macOS）组合键可以切换模式。

在以下示例中，部件沿y轴方向移动。

1. 确保使用的是相对坐标系模式，确定部件的移动方向。

2. 在print语句下面的代码行的作用是获取当前CFrame，并使用CFrame.new()设置要偏移的量。在本例中，部件沿y轴移动 −0.4 格。

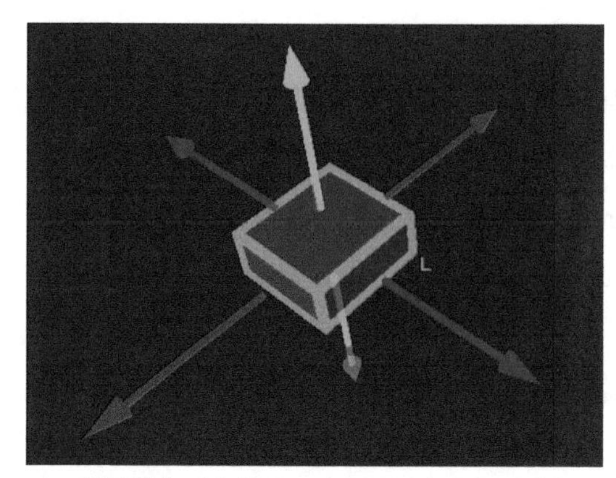

图14.5 指示器在对象的右下角显示L表示相对坐标系模式

代码清单 14-2

```
local function onClick()
      print("button was clicked")
      button.CFrame = button.CFrame * CFrame.new(0, -0.4, 0)
end
```

3. 测试代码。可能需要调整代码中的值，以得到正常的效果。

▼ 小练习

单击按钮

当玩家继续单击按钮时，按钮可能会继续向下移动，试找出原因并修改它，让按钮被单击时只移动一次。

14.1.2 使用CFrame旋转部件

使用 CFrame 旋转部件的基本语法格式如下。

代码清单 14-3

```
local part = script.Parent
part.CFrame = part.CFrame * CFrame.Angles(0,0, math.rad(45))
```

以上代码把部件在 z 轴上旋转了 45°，CFrame.Angles() 用于旋转部件。此函数的 3 个轴参数是弧度，而不是度数，可以使用 math.rad() 把度数转换为弧度，这样就不需要了解弧度的具体原理了。

▼ 小练习

让部件旋转

当把脚本插入部件测试旋转时，会发现部件绕着轴的中心旋转。想象一个通向地下隧道的井口，上面有井盖（见图 14.6），玩家需要单击井盖才能打开地下隧道入口，为了使井盖正常运作，井盖需要旋转到井口的边缘。

图14.6 一个带井盖的地下隧道

1. 使用简单的圆柱体部件给井口制作一个简单的井盖（见图 14.7）。

图14.7 使用圆柱体制作井盖

2. 在井盖部件里创建 ClickDetector 和脚本。
3. 添加以下代码，使井盖在被单击时旋转。

代码清单 14-4

```
local lid = script.Parent
local clickDetector = lid.ClickDetector

local function onClick()
        lid.CFrame = lid.CFrame * CFrame.Angles(0,0, math.rad(90))
end

clickDetector.MouseClick:Connect(onClick)
```

4. 测试代码，如果发现井盖没有发生变化，尝试旋转不同的轴，可以使用相对坐标系模式的移动工具来确定要使用的轴。

你可能会发现，因为井盖是从中心开始旋转的，所以它会卡在地上（见图 14.8）。

图14.8　井盖卡在地上

要解决这个问题，需要乘以一个额外的 CFrame 来为井盖旋转的点添加偏移量，如下所示。

```
lid.CFrame * CFrame.Angles(0, 0, math.rad(90)) * CFrame.new( 0, -9, 0)
```

为井盖添加偏移量的步骤如下。

1. 确定井盖需要沿着哪个轴移动。提示：可能不是井盖旋转的那个轴。
2. 确定对象需要移动的距离。井盖的长度为 18 格，因此需要沿 y 轴方向移动 9 格。
3. 把 *CFrame.new(0, −9, 0) 添加到 CFrame 行的末尾（见图 14.9）。

```
CFrameFile.rbxl ×    HingeScript ×
1   local lid = script.Parent
2   local clickDetector = lid.ClickDetector
3
4   local function onClick()
5       print("lid was clicked")
6       lid.CFrame = lid.CFrame * CFrame.Angles(0,0,  math.rad(90)) * CFrame.new( 0, -9, 0)
7   end
8
9   clickDetector.MouseClick:Connect(onClick)
10
```

图14.9　添加了CFrame.new（0,−9,0）的代码截图，用于把井盖旋转到正确的位置

4. 测试代码，可能会需要在多个轴上移动部件。最终效果应该类似于图 14.10 所示。

图14.10 打开的井盖

可以访问罗布乐思官网，了解更多 CFrame 的相关信息。

14.2 使用渐变让对象平滑移动

为对象分配一个新的 CFrame，可以使对象跳到目标位置。如果希望对象平滑地移动，则需要使用渐变，类似于第 13 章中渐变与 GUI 的结合使用。简单来说，渐变是把属性从起始值转变为目标值的过程。大小、位置、旋转和颜色属性都可以使用渐变。本节将介绍两个 CFrame 之间进行的渐变。

图 14.11 所示为创建渐变的代码。

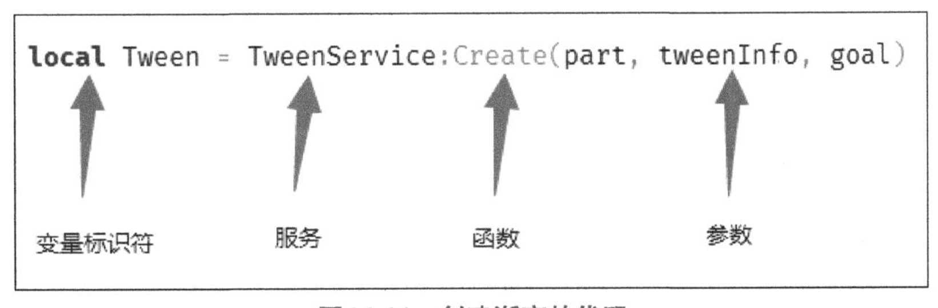

图14.11 创建渐变的代码

TweenService:Create() 是用于创建渐变的唯一函数，有 3 个参数。

- **Part**：使用渐变的实例。
- **tweenInfo**：特殊数据类型，TweenInfo.new()。
- **goal**：要更改的属性和目标值的表。

比较好的做法是，把值赋给变量，然后使用变量作为函数的输入参数，如下所示。

代码清单 14-5

```
-- 获取 TweenService
local TweenService = game:GetService("TweenService")

-- 渐变的部件
local part = workspace.Part -- 参数 1

-- 渐变如何表现

local tweenInfo = TweenInfo.new(1) -- 参数 2
local goal = {Position = 1,0,0} -- 参数 3

-- 创建渐变并播放
local Tween = TweenService:Create(part, tweenInfo, goal)
Tween:Play()
```

14.2.1 两点之间的渐变

设置目标值和不同的渐变参数，可以使对象在两点之间不断地来回移动。本例创建了一个来回移动的平台，让玩家角色可以穿越峡谷（见图 14.12）。

图14.12 粉红色的平台可以让玩家穿越峡谷

按照以下步骤制作一个可移动的平台。

1. 使用单个部件创建平台。
2. 在部件中创建脚本，添加以下代码来调用 TweenService 并获取要渐变的部件。

代码清单 14-6

```
local TweenService = game:GetService("TweenService")
local platform = script.Parent
```

3. TweenInfo 有 6 个可自定义的参数，按照如下代码进行设置，可以根据需要调整部件到达目标所需时间（以秒为单位）。

代码清单 14-7

```
-- 渐变如何表现
local tweenInfo = TweenInfo.new(
       10,                          -- 到达目标所需的时间
       Enum.EasingStyle.Linear,     -- 渐变样式
       Enum.EasingDirection.In,     -- 渐变方向
       -1,                          -- 重复次数，-1 表示无限循环
       true,                        -- 如果为 true，则在到达目标后逆向变化
       0.5                          -- 渐变播放前的延迟
)
```

4. 把需要渐变达到的目标的信息都放入表格中，把以下代码添加到脚本中，并在 Vector3.new() 中设所需的位置。

代码清单 14-8

```
-- 把目标值添加到表中
local goal = {}
goal.Position = Vector3.new(-191, 35, 39.6)
```

5. 创建渐变并播放渐变。

代码清单 14-9

```
-- 创建渐变
local tween = TweenService:Create(platform, tweenInfo, goal)
tween:Play() -- 播放渐变
```

6. 测试代码并根据需要调整时间的值。

▼ 小练习

添加 Color 属性

尝试把 Color 属性也添加到目标表中。

14.2.2 EasingStyle和EasingDirection

默认情况下，渐变会在两个值之间平滑过渡，但是这可能与现实生活中的事物的

运动方式不符，现实中的事物从开始到停止可能不是匀速运动的，例如，一列火车在开始时缓慢前进，然后加速前进，在到达目的地之前会减速。EasingStyle（渐变样式）是渐变在达到目标值之前的行为方式，例如在停止前减速、加速甚至冲刺和回弹。图14.13所示为不同的渐变样式随着时间达到目标值的过程。每张图的左下角是起始值，右上角是目标值。

EasingDirection（渐变方向）用于控制渐变播放的方向。例如，如果渐变样式是elastic，并且目标值使用的是位置，则将EasingDirection设为In会使对象在最后来回晃动；将EasingDirection设为Out会倒序播放，所以在开始时会发生晃动；将EasingDirection设为InOut会向前播放，然后在中途倒过来播放，所以会在中间发生晃动。

▼ 小练习

使用EasingStyle和EasingDirection在平台上尝试几种不同的渐变样式和渐变方向组合。

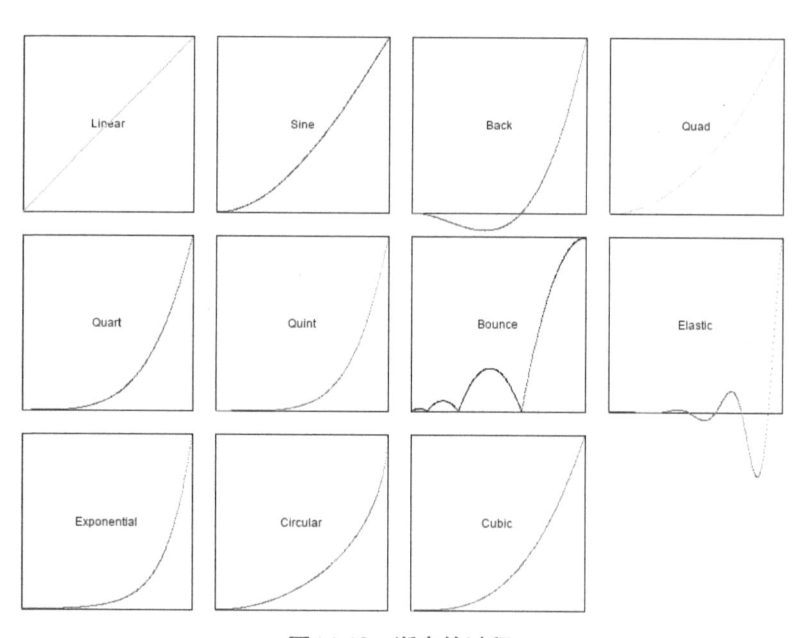

图14.13 渐变的过程

14.3 移动整个模型

移动整个模型与移动单个部件的方法不一样。如果在“项目管理器”窗口中查看模型，会发现它没有 Position 和 Orientation 属性。如果要移动模型，可以移动它的主要部件（见图 14.14）。这是设置主要部件并确保所有部件都焊接的重要原因。

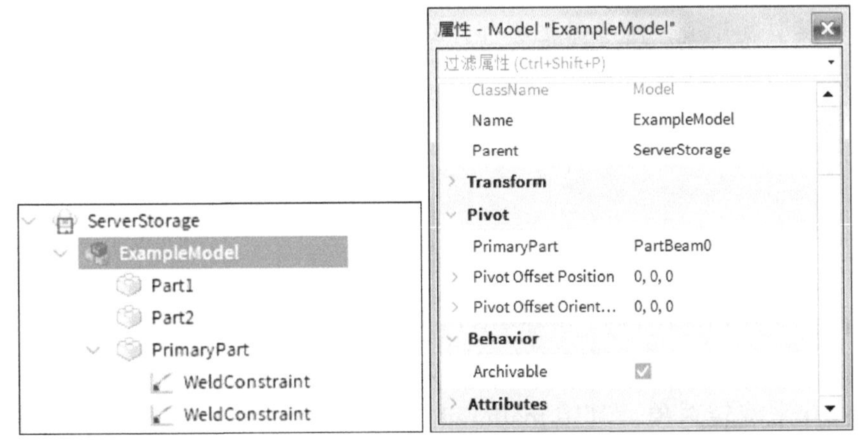

图14.14 模型对象的属性

要移动模型，可以使用 SetPrimaryPartCFrame()，代码如下。

代码清单 14-10

```
local model = script.Parent
local newCFrame = CFrame.new(0 ,20, 0)

model:SetPrimaryPartCFrame(newCFrame)
```

下面的代码片段中，每秒都会从天上掉下一个复制的模型，并存储在 ServerStorage 中。

1. 把模型放在 ServerStorage 中，确保它没有锚固，这样它就会自由落下。
2. 在 ServerScriptService 中，添加一个脚本。
3. 添加以下代码，设置下降位置。

代码清单 14-11

```
local ServerStorage = game:GetService("ServerStorage")
local modelToDrop = ServerStorage:WaitForChild("ExampleModel")

while true do
	local newCopy = modelToDrop:Clone()
	newCopy.Parent = workspace
	newCopy:SetPrimaryPartCFrame(CFrame.new(-100, 40.957, -108))

	wait(1)
end
```

4. 测试游戏。

提示 焊接和取消锚固

如果模型散开了，请确保把各部件正确地焊接在一起。如果部件粘在空中了，请确保把它们取消锚固。

总结

本章介绍了如何使用代码创建动效，使游戏世界更具交互性；如何使用 CFrame.new() 更新部件的 CFrame，然后在此基础上进行制作；如何使用 CFrame.Angles(0, 0, math.rad(90)) 来旋转对象，其中 math.rad() 函数的参数使用度数，它可以把度数转换为弧度。本章还讲解了如何处理模型。模型没有自己的位置和旋转属性，但可以通过 SetPrimaryPartCFrame() 来操作模型的主要部件，从而改变整个模型的位置和旋转角度。

问答

问 EasingStyles 的作用是什么？

答 让渐变以比线性更自然的多种样式来到达目标值。

问 CFrame 由哪两个组件组成？

答 位置和旋转。

实践

回顾一下学到的知识，花点时间回答以下问题。

测验

1. 指出 3 个可以使用渐变的属性。
2. 使用什么函数来设置渐变？
3. EasingDirection 有什么作用？
4. 用什么构造函数来创建一个空白的 CFrame ？

答案

1. Size、Transparency 和 Position 属性均可以使用渐变。
2. 使用 TweenService:Create() 函数可以创建渐变。
3. EasingDirection 用于控制渐变播放的方向。
4. 使用 CFrame.new() 可以创建一个空白的 CFrame。

练习

第一个练习：每5秒在随机位置生成一个模型，如武器或医疗包，如图14.15所示。提示如下。

- 为 X、Y 和 Z 创建单独的变量。
- 可以使用 random() 返回一个随机数。例如，使用 random(1, 99) 产生一个从 1 到 99 的随机数。
- 可以将同一个模型从一个地方移动到另一个地方，也可以从 ServerStorage 复制一个新模型。

图14.15 医疗包

第二个练习：制作一个启动后可以来回移动的平台，当玩家单击开关时它才启动，如图 14.16 所示。提示如下。

- 需要更改 tweenInfo，取消自启动。
- 可以在函数内调用 tween:Play() 播放渐变。

图14.16　带开关的可移动的平台

最后一个练习：制作一个块，当玩家击中它后会产生硬币。提示如下。

- 把硬币对象放入 ReplicatedStorage 里，使用 Instance.new() 生成它，并把块设为父项。
- 触碰部件时触发事件的相关内容可以参阅第 4 章。
- 尝试使用渐变让硬币在生成时旋转和弹跳。

第 15 章

声 音

在这一章里你会学习：

- 如何创建声音；
- 如何导入音频资源；
- 如何创建环境声音；
- 如何使用代码触发声音；
- 如何对声音进行分组。

声音是向玩家提供信息的有用工具。音频元素不仅可以为游戏定下基调，还可以让玩家知道发生了什么。例如，可以使用声音让玩家知道 GUI 按钮发生作用或单击成功。本章会介绍如何为游戏创建声音，如何使用和导入音频资源，以及在玩家与 GUI 和游戏元素交互时如何使用声音来反馈。

15.1 创建声音

声音控制着游戏的气氛，可以使用它来安抚玩家、让他们兴奋或强调游戏的主题。罗布乐思提供了一个免费音频资源库，用户可以把里面的音频导入游戏中。浏览罗布乐思的音频资源库，然后按照以下步骤把音频文件导入游戏。

1. 在“工具箱”窗口中，单击“商店”选项卡，在下拉列表框中选择“音频”选项（见图 15.1）。

2. 单击搜索图标（见图 15.2）搜索更长更合适的声音资源，还可以把 Roblox 设为创建者来搜索优质的声音资源。

图15.1　选择“商店”选项卡里的“音频”选项

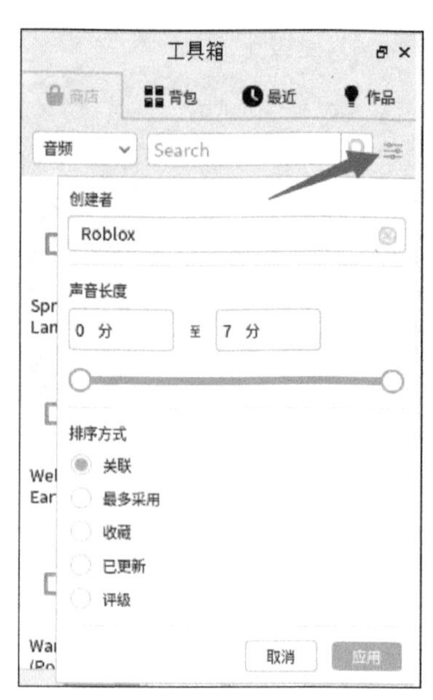

图15.2　搜索音频

3. 单击右下角的播放按钮（见图15.3）可以试听，如果你喜欢它，双击就可以把它添加到游戏中。

4. 在“属性”窗口中，勾选Playing和Looped复选框（见图15.4）可以让音频循环播放。

图15.3　播放按钮

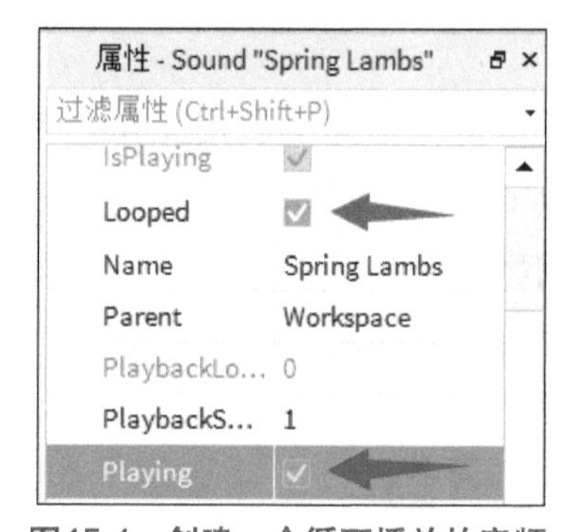

图15.4　创建一个循环播放的音频

15.2　导入音频资源

如果在工具箱中没有找到想要的声音，可以上传自己的音频文件。

提示　确保拥有使用权

注意，上传和使用你无权使用的音频文件是违反罗布乐思的服务条款的。

按照以下步骤上传音频文件。

1. 打开“素材管理器”窗口，单击“批量导入”按钮。
2. 选择需要上传的音频文件。
3. 在弹出的“文件导入”对话框中，单击“确认”按钮（见图 15.5）。
4. 审核通过后，可以在“工具箱”窗口的“我的音频”下查看上传的音频文件（见图 15.6）。

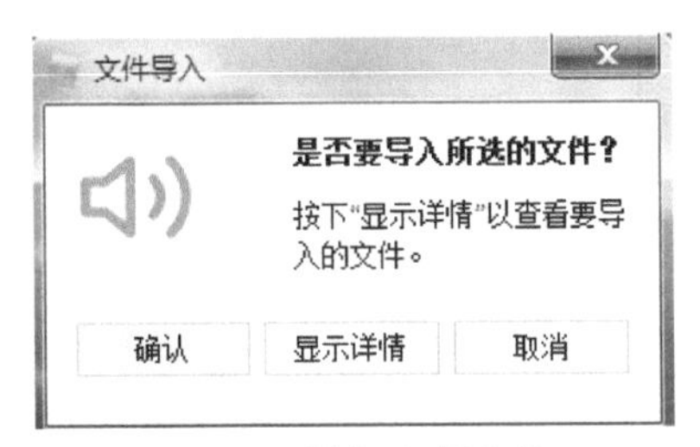

图15.5 导入音频文件

图15.6 我的音频

15.3 创建环境声音

除了整个场景都能听到的背景音乐，可能还需要设置在特定区域才能听到的声音。例如铁匠铺的铁砧声音、NPC 喃喃自语的声音。

开发者通常需要上传环境声音，你可以使用手机或其他录音设备录制真实的声音来制作游戏的环境声音，或者可以在线搜索免费的发声程序。

制作好或找到环境声音文件后，按照以下步骤操作。

1. 导入声音。
2. 把一个部件放在想要播放声音的地方，本例使用瀑布（见图 15.7），把声音部件放在瀑布的底部。

图15.7 一个包含声音部件的瀑布

3. 在部件中插入一个 Sound 对象并重命名（见图 15.8）。
4. 在“属性”窗口找到 SoundId，输入所需的声音资源 ID，如图 15.9 所示。

图15.8　在部件里插入Sound对象并重命名

图15.9　输入声音资源ID

5. 勾选 Playing 和 Looped 复选框，使用以下属性来控制声音的效果。

- **MaxDistance**：设置可以听到声音的距离，单位是格数。
- **RollOffMode**：设置为 InverseTapered，可以让声音在玩家角色离开时变得柔和。
- **Volume**：调整到合适的音量，注意不要让每个声音都非常响亮。

15.4　使用代码触发声音

如果需要控制声音播放的时机，或根据玩家的行为改变声音，可以使用代码来控制声音，常见情况是当玩家单击事物时播放声音。下面介绍如何在玩家单击开关时播放声音。

1. 使用第 14 章的开关，或创建一个部件，在里面创建 ClickDetector（单击检测器），使用以下代码检测单击。

代码清单 15-1

```
local button = script.Parent
local clickDetector = button.ClickDetector


local function onClick()
	print("button was clicked")
	button.CFrame = button.CFrame * CFrame.new(0, -.4, 0)
end

clickDetector.MouseClick:Connect(onClick)
```

2. 在部件里创建 Sound，在“属性”窗口单击 SoundId 旁边的框，单击声音资源（rbxassetid://12221967）。

3. 使用 print 下方的代码获取并播放声音。

代码清单 15-2

```
local SoundService = game:GetService("SoundService")

local button = script.Parent
local clickDetector = button.ClickDetector
local buttonSound = button["button.wav"]

local function onClick()
    print("button was clicked")
    button.CFrame = button.CFrame * CFrame.new(0, -.4, 0)
    buttonSound:Play()
end

clickDetector.MouseClick:Connect(onClick)
```

15.5 声音组

为了更简单地创建音效，可以对声音进行分组，然后调高或调低声音组里声音的音量。例如，你可能希望玩家在夜间的篝火场景（见图 15.10）中听到一组声音，而在早上听到另一组声音。

图15.10 为篝火场景添加夜间声音

按照以下步骤创建和分配声音组。

1. 在 SoundService 中，添加一个 SoundGroup 并重命名（见图 15.11）。

2. 在“项目管理器”窗口中单击要添加到组里的声音，在“属性”窗口（见图15.12）中单击 SoundGroup 旁边的框，鼠标指针会发生变化，单击需要选择的组。

3. 重复以上步骤来把其他需要的声音也添加到组中。

图15.11　重命名的SoundGroup

图15.12　把声音分配给SoundGroup

总结

声音可以单独使用，或添加到声音组中使用，声音可以让玩家获得身临其境的感觉，也可以让玩家在与对象交互时获得操作反馈。如果你不是作曲家或音频设计师，可以使用罗布乐思提供的音频文件。

工具箱里的每个声音资源都有一个唯一的资源 ID，在 Sound 对象中，SoundId 属性值应设为需要使用的声音资源 ID。你只需要支付少量罗宝就可以上传自己的音频文件，此费用主要用于审核工作。

问答

问　我可以在我的游戏中使用流行音乐吗？

答　与其他类型的资源一样，用户只能使用具有使用权的音频。未经许可，不得使用艺术家的音乐。

问　在哪里可以找到免费音频？

答　可以搜索以 Roblox 为创建者的音频，也可以使用免费的音乐创作工具制作自己的音频。

问　声音是如何让游戏变得更容易操控的？

答 玩家不会都有完美的视野，添加声音提示可以让玩家不再依赖游戏的视觉细节来了解正在发生的事情。

实践

回顾一下学到的知识，花点时间回答以下问题。

测验

1. 判断对错：不同的声音应该用于不同的动作。
2. 如果要在玩家角色离开时让声音变小，需把________属性更改为________。
3. 玩家能听到声音的最远距离由________属性控制。
4. 判断对错：所有声音的音量应该完全相同。

答案

1. 正确，理想情况下，每个动作都应该有不同的声音。
2. RollOffMode，InverseTapered。
3. MaxDistance。
4. 错误，需要仔细平衡游戏中每个声音的音量，以免玩家感到迷惑。

练习

声音不仅可以让游戏世界更生动，而且可以提高游戏的可玩性。声音可用于让玩家知道他们单击了按钮、弹药用完或附近有威胁。如果可能，游戏中的所有不同动作都应该有自己独特的声音。

第一个练习：查找游戏中还没有添加声音的行为，可以是不同的攻击、获得积分或发现宝藏。至少为 3 个不同的行为添加声音。

环境音是玩家角色周围的所有小声音，它可以为玩家提供环境的微妙线索。

第二个练习：回忆你去过的 3 个不同的地方，并确定你会在每个区域听到的 3 种独特的声音。例如，在城市街区，你可能会听到汽车的喇叭声、食品摊贩的叫喊声、人行横道信号的哔哔声、鸽子打架和飞机飞行的声音。

完成后，思考在环境中的什么地方应该创建不同的环境音。注意调整声音的

Volume 和 MaxDistance 属性，这样声音就不会变得太嘈杂。

在游戏中设置时间的其中一种方法是使用 Lighting.TimeOfDay。例如，设置时间为凌晨一点就用 Lighting.TimeOfDay = 01:00:00。

需要使用“小时 : 分钟 : 秒”格式（例如 00:00:00）的 24 小时制时间进行设置，1:00 PM 表示为 13:00:00。

最后一个练习：使用循环编写昼夜循环，然后使用 SoundGroup 的 Volume 属性，为白天（见图 15.13）和夜间环境创建不同的环境音。

图15.13　白天的营地场景

第 16 章

使用动画编辑器

在这一章里你会学习：

- 什么是动画编辑器；
- 如何创建姿势；
- 如何使用动画编辑器工具；
- 如何使用动画事件；
- 如何保存和导出动画。

本章将介绍动画编辑器，它是增加游戏细节的必备工具。动画是向玩家传达动作的最强大的工具。没有动画，玩家就无法清楚地掌握正在发生的事情，会感到困惑。

糟糕的动画会损害玩家的游戏体验，而优秀的动画可以让玩家有身临其境的感觉（见图 16.1）。动画可以清楚地传达操作，并且比 UI 弹窗方式的侵入性更小。可以使用动画编辑器提供的强大的内置工具来创建和上传自定义动画，让游戏效果更加令人难忘。

图16.1　一个游戏中的动画

16.1 动画编辑器介绍

动画编辑器可以让开发者为玩家角色、非玩家角色（NPC）及游戏中需要动画的其他事物创建动画。与大多数 3D 动画软件一样，动画编辑器使用关键帧来构建运动，关键帧是姿势起点和终点的时间轴标记。开发者先创建核心姿势的关键帧，然后使用动画编辑器让核心姿势平滑过渡，从而制作出无缝的动画。

16.1.1 了解模型要求

动画编辑器可以支持多种模型，要求模型的骨架使用 Motor6D 连接，并包含一个 PrimaryPart（主要部件）。如果不熟悉绑定自定义模型的操作，可以创建一个默认的 R15 模型，在本章的练习中使用。

创建一个单独的底板，为制作动画提供一个独立、安全的空间，再按照以下步骤操作。

1. 在“插件”选项卡中，单击“建造骨架”按钮（见图 16.2）。

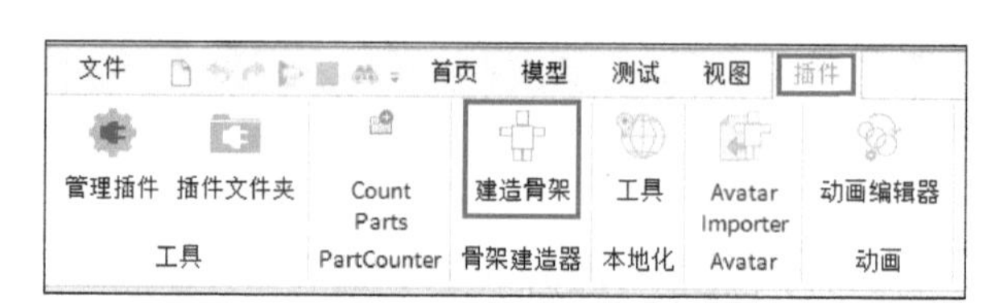

图16.2 “插件”选项卡中的“建造骨架”按钮

2. 插入方块骨架 R15 模型（见图 16.3）。

图16.3 插入方块骨架R15模型

在 Workspace 里创建好骨架后，就可以打开动画编辑器了。

16.1.2 打开动画编辑器

1. 在“插件”选项卡中，单击“动画编辑器”按钮（见图 16.4）。

图16.4 “动画编辑器”按钮

2. 在“动画编辑器”窗口（见图 16.5）中单击创建的骨架，在弹出的提示框中为动画命名，再单击“创建”按钮。

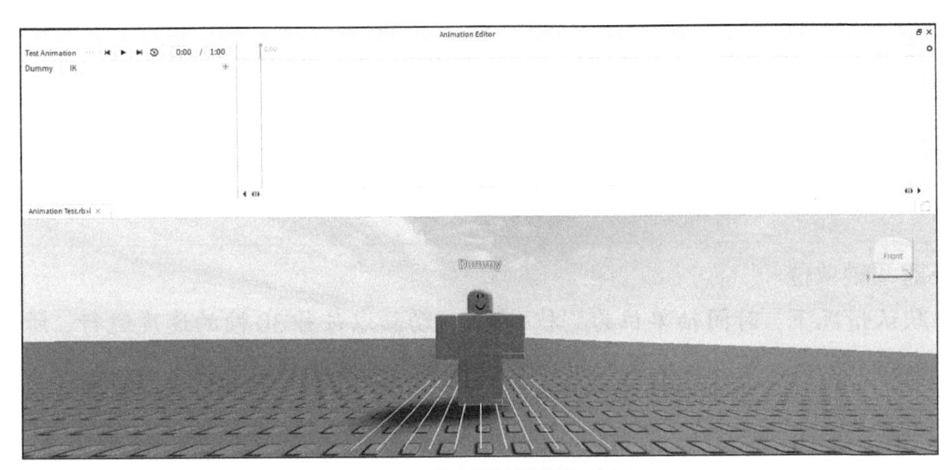

图16.5 “动画编辑器”窗口

16.2 创建姿势

为骨架设置动画前，需要先把骨架的特定部件（如头部或右腿）移动到合适的位置来确定姿势。例如，如果想让骨架的左腿踢起来，需要设置两个姿势：腿从地面开始，腿抬起 90°（见图 16.6）。

关键帧是一个时间轴标记，用于指定姿势的起点和终点。按照如下步骤使用关键帧创建姿势。

1. 把滑动条（见图 16.7 中的蓝线）移动到要设置姿势的时间点。

图16.6　创建关键帧来告诉动画编辑器每个姿势的开始和结束位置

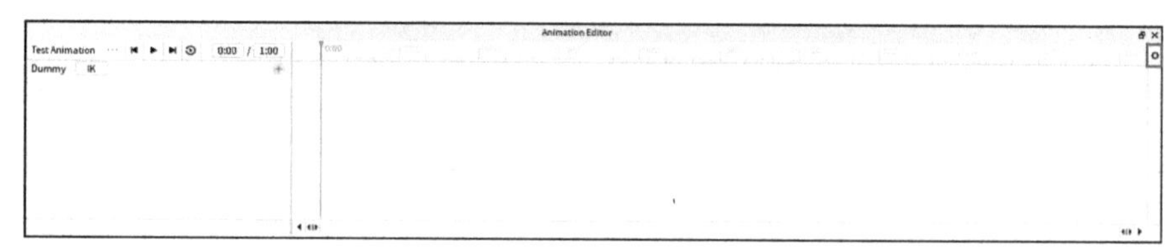

图16.7　动画编辑器中的滑动条

注意　时间轴单位

默认情况下，时间轴单位为“秒 : 帧”，动画以每秒 30 帧的速度运行，所以 0:15 表示 0.5 秒。可以在设置栏中调整帧速率来更改此默认设置。

2. 单击骨架中需要移动的部件。

3. 移动部件并将其旋转到想要的方向，会在时间轴上创建一个新的关键帧，以菱形图标表示（见图 16.8）。

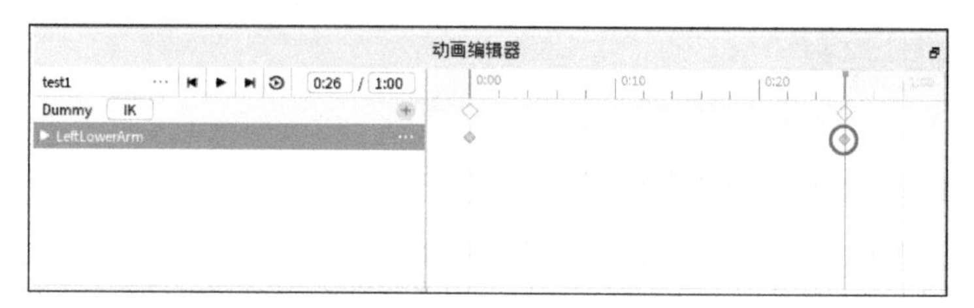

图16.8　创建一个新的关键帧

注意　切换移动工具和旋转工具

设置姿势时，可以分别按 Ctrl+2 或 Ctrl+4（macOS 上是 Command+2 或 Command+4）组合键在移动工具和旋转工具之间切换，这些工具的使用方式与移动或旋转对象的一样。

4. 移动或旋转部件，直到制作出需要的姿势。每次调整特定部件时，都会在所选时间创建一个关键帧。

5. 需要预览动画时，单击“动画编辑器”窗口中的“播放”按钮（见图 16.9），可以通过按空格键来控制动画的播放或暂停。

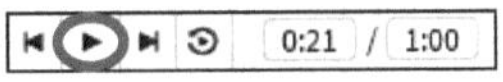

图16.9 单击“播放”按钮预览动画

设置好基本的姿势后，可能需要微调各个关键帧，使动画更加精美，以下是常见的关键帧操作。

- **添加关键帧**：把滑动条移动到新位置，单击轨道的省略号“…”按钮，然后选择“添加关键帧”选项。
- **删除关键帧**：选择一个关键帧，按 Delete 键，或使用鼠标右键单击关键帧，从弹出菜单中选择“删除选定项”选项。
- **复制关键帧**：选择关键帧后，关键帧会高亮显示，按 Ctrl+C（macOS 上是 Command+C）组合键，然后把滑动条移动到所需的位置，按 Ctrl+V（macOS 上是 Command+V）组合键粘贴。
- **移动关键帧**：把关键帧拖到时间轴的所需位置。

▼ 小练习

创建攻击动画

角色的动画可以表现很多角色的信息。例如，大型怪物的行动可能会很慢，并且拖着脚；年轻的动漫主角可能会在出拳时跳跃和旋转。尝试创建独特的攻击动画。

1. 在时间轴中，创建攻击的姿势（见图 16.10），时间轴的开头和滑动条位置有两个关键帧，如图 16.11 所示。

图16.10 攻击的姿势

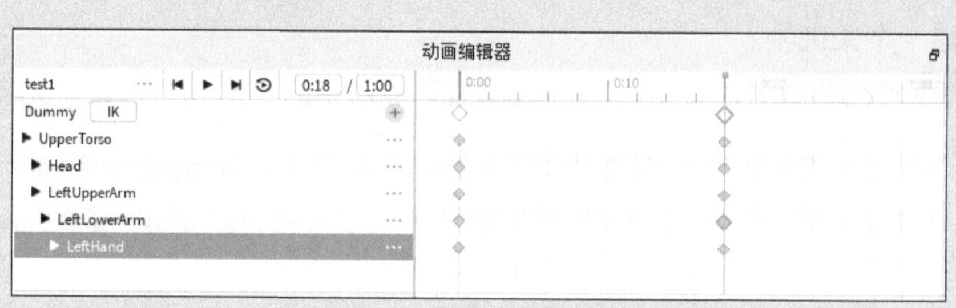

图16.11 姿势的关键帧

2. 单击“播放”按钮预览动画。

3. 移动关键帧的位置使动画更快或更慢，在需要的地方添加新的关键帧，使动画更流畅（见图 16.12 和图 16.13）。

图16.12 从左到右分别是开始、后仰和攻击的姿势

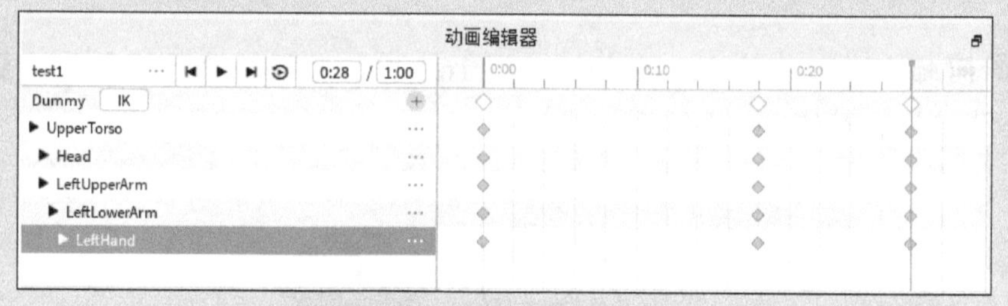

图16.13 不同位置的关键帧

16.3 保存并导出动画

按照以下步骤保存动画。

1. 单击“动画编辑器”窗口左上角的省略号按钮。

2. 选择“保存”选项可以更新现有的动画对象；选择“另存为”选项可以保存新创建的动画对象。新动画会保存在一个名为 AnimSaves（见图 16.14）的模型中，此模型在所制作的动画的虚拟对象中。

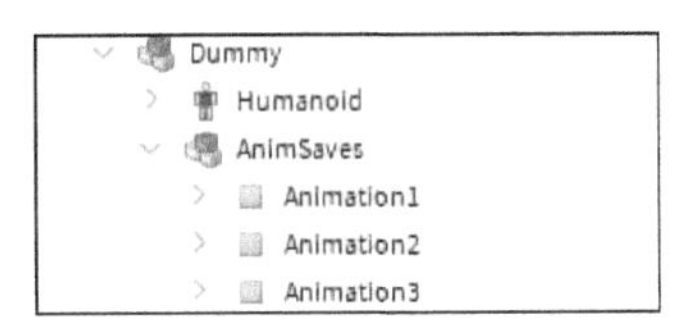

图16.14 保存的关键帧动画的位置

注意 保存与导出

前面的步骤不会把动画保存到罗布乐思的服务器，只把动画保存在模型中。若要在罗布乐思中保存动画并使用它，则需要把它导出。

按照以下步骤导出动画。

1. 单击“动画编辑器”窗口左上角的省略号按钮。
2. 选择“导出”选项。
3. 在弹出的对话框中填写动画的标题、描述和创建者。
4. 单击“提交”按钮。

提交成功后，单击动画 ID 旁边的复制按钮，复制动画 ID 即可在游戏中使用它。如果后续需要查找动画 ID，则可以按照以下步骤操作。

1. 单击“动画编辑器”窗口左上角的省略号按钮，选择“导入”选项，然后选择“从 Roblox”选项。
2. 选择动画，然后复制底部的 ID（见图 16.15）。

图16.15 复制动画ID

16.4 缓动

缓动的风格和方向用于确定关键帧如何从一个姿势变换到另一个姿势，它们是必不可少的，因为它们可以帮助开发者在短时间内创建复杂的、栩栩如生的动画。

默认情况下，部件以线性缓动的运动方式从一个关键帧变换到下一个关键帧，但你可能希望自定义缓动来使动画更有活力。要更改一个或多个关键帧的缓动，先选择要修改的关键帧，单击鼠标右键，从“缓动风格”和“缓动方向”子菜单中选择需要的选项，就可以更改关键帧从一种姿势到另一种姿势的运动方式。

▼ 小练习

缓动风格

在攻击动画上尝试不同的缓动风格。

16.5 使用逆向运动工具

IK（逆向运动）是一个常用的工具，用于快速定位关节。一个很好的 IK 工具的使用例子是把模型的腿固定，只需移动一个关节即可计算多个关节的位置。例如，创建蹲伏动画（见图 16.16），可以只向下移动下躯干，并把脚保持在原位。

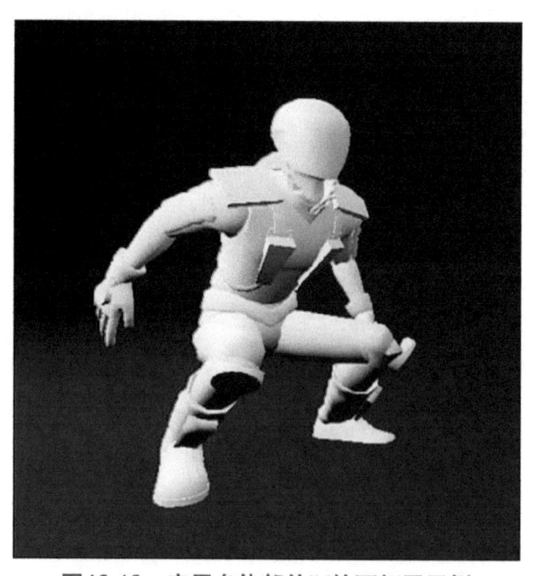

图16.16 应用身体部件IK的下躯干示例

如果使用 IK 工具只为下躯干设置动画，它会自动处理腿的计算。

16.5.1 启用IK

单击“动画编辑器”窗口中的“IK”按钮（见图 16.17），在屏幕左侧会显示“管理 IK”对话框，在底部单击“启用 IK”按钮，即可开始使用 IK 工具制作动画。

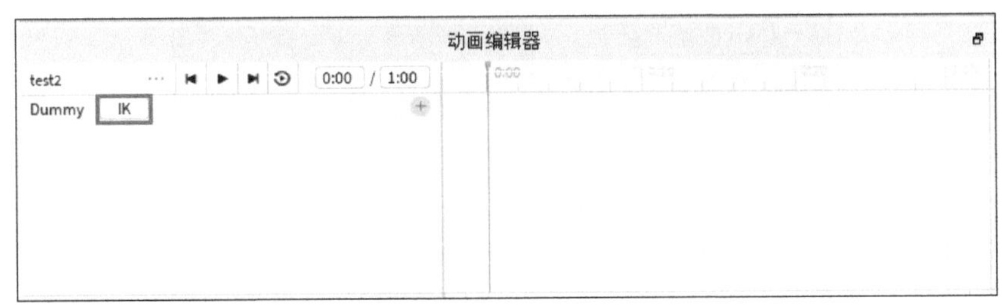

图16.17 “IK”按钮

IK 工具有两种模式：“全体”和“身体部件”（见图 16.18）。

在 IK 工具的“身体部件”模式下，当移动某个身体部件时，只有对应部件会发生运动。例如，移动右臂只会影响组成右臂的部件（见图 16.19）。

在 IK 工具的“全体”模式下，当移动一个身体部件时，会影响骨架的所有部件。例如，移动右臂，IK 工具会自动计算对其余身体部件的影响（见图 16.20）。如果不希望对某些部件产生影响，可以把它们固定（请参照下一小节）。

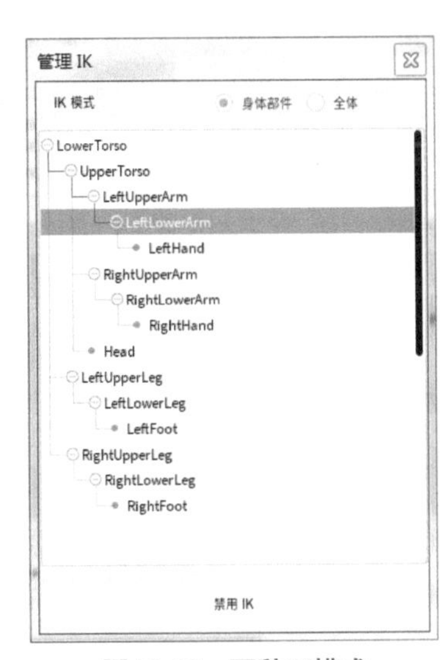

图16.18 两种IK模式

图16.19 “身体部件”模式

图16.20　“全体”模式

16.5.2　固定部件

在 IK 工具的“全体”模式下，若想要固定某些部件，使它不移动，可单击部件名称旁边的固定图标（见图 16.21）。图 16.22 所示是把骨架的脚固定的效果。

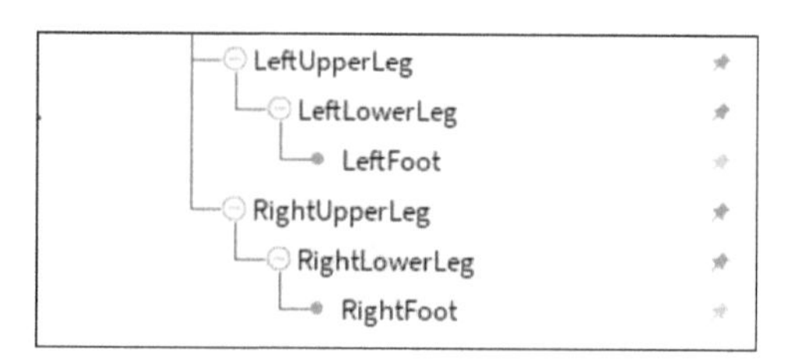

图16.21　单击部件旁边的图钉图标

图16.22　将R15角色骨架的两只脚固定

16.6　动画设置

通过动画设置可以实现：攻击动画被触发时只播放一次；周期性的动画一遍又一

遍地循环播放，直到它被阻止；部分比较重要的动画比其他同时触发的动画先播放。

16.6.1 循环

可以通过“切换循环动画”按钮来打开动画循环（见图 16.23）。单击此按钮后，动画会被导出为循环播放。注意，设置循环后，它会停在时间轴中最后一个关键帧，然后返回到开头播放，中间没有任何过渡。为了解决这个问题，把第一组关键帧复制到时间轴的末尾，就可以实现无缝衔接循环。

图16.23 打开循环

16.6.2 优先级

在游戏中，玩家角色的不同状态可能需要不同的动画。例如，玩家角色的攻击动画与空闲动画不同，在大多数情况下，攻击动画的优先级应比空闲动画的高，这样两个动作就不会发生冲突。动画优先级如图 16.24 所示。

核心	待机	移动	动作

— 低优先级　　高优先级 —

图16.24 动画优先级

要查看和调整动画的优先级，可单击“动画编辑器”窗口左上角的省略号按钮，然后选择“设置动画优先级”选项（见图 16.25）。

在“设置动画优先级”子菜单中，可以查看当前的动画优先级，并根据需要进行修改。需要记住，优先级低的动画会被优先级高的动画覆盖。

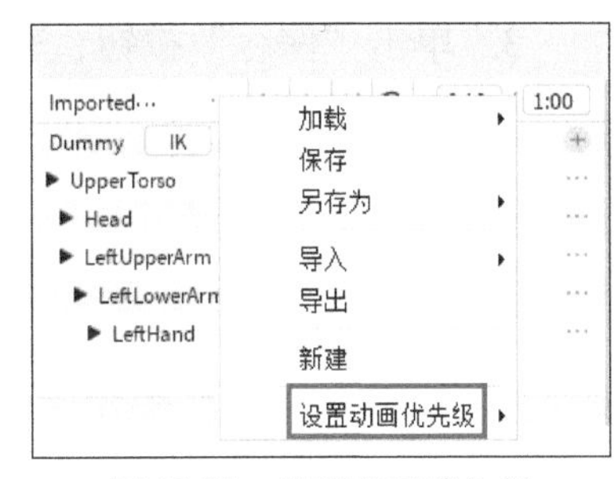

图16.25 设置动画优先级

16.7 使用动画事件

在编写动画脚本时，通常会希望在到达某个关键帧时发出信号，常见的例子是，在步行周期中播放脚步声。可以添加事件标记，这些标记用于在到达某个关键帧时发出信号，然后使用 GetKeyframeMarkerReached() 来监听何时到达相应关键帧。

要显示动画事件轨迹，需要在“动画编辑器”窗口中单击设置图标，选择“显示动画事件”选项（见图 16.26）。

打开“显示动画事件”后，时间轴顶部增加了一个名为“动画事件”的新轨道（见图 16.27）。

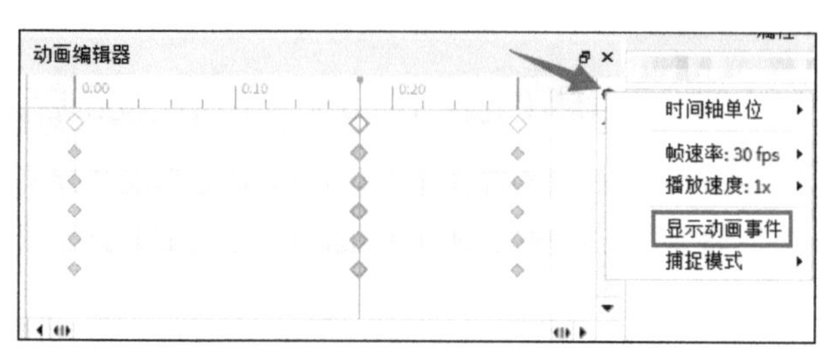

图16.26　选择“显示动画事件”选项

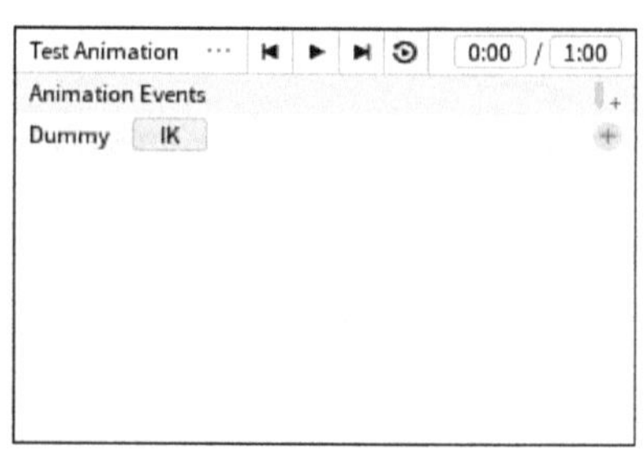

图16.27　增加的“动画事件”轨道

16.7.1　添加事件

添加动画事件的方法非常简单。在动画的开始和结束位置添加动画事件标记，后续章节中将在脚本中使用这些事件。按照如下步骤操作。

1. 使用鼠标右键单击时间轴中要添加事件的点，在弹出菜单中选择“在此处添加动画事件”选项。

2. 在动画的开始和结束处创建两个新事件，分别命名为 AnimationStart 和 AnimationEnd。

3. 单击“保存”按钮，轨道上出现一个新的关键帧标记（见图 16.28）。

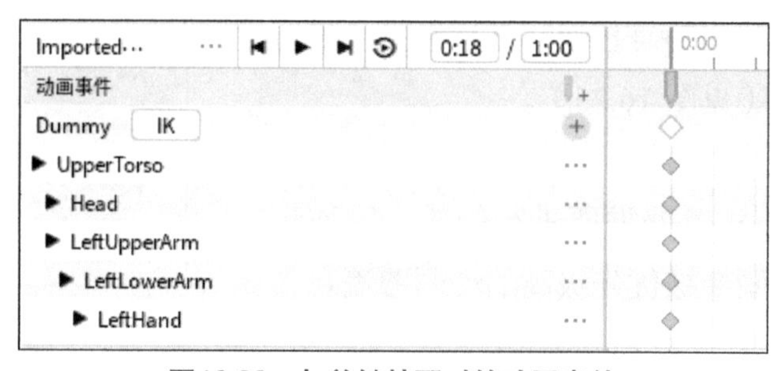

图16.28　与关键帧配对的动画事件

可以把其他参数传递给 GetKeyframeReachedSignal() 事件，用在脚本中。

16.7.2　移动和删除事件

如果想移动一个动画事件，把动画事件拖到动画轨道的新位置上即可。如果想删除动画事件，可以先选择要删除的动画事件再按 Delete 键，或使用鼠标右键单击动画事件，从弹出菜单中选择“删除选定项”选项。

16.7.3 复制事件

创建事件后，可以在整个动画中使用该事件，还可以复制它来重复使用。例如，在角色举起右手的位置创建一个 HandWave 事件，然后在挥动另一只手的位置使用相同的事件。

要复制动画事件，先选中要复制的动画事件，然后按 Ctrl+C（macOS 上是 Command+C）组合键，把滑动条移动到想要粘贴动画事件的位置，再按 Ctrl+V（macOS 上是 Command+V）组合键。

16.7.4 在脚本中实现事件

要在本地脚本中实现动画事件，可以结合使用 GetMarkerReachedSignal() 和动画对象。以下示例：当玩家按 F 键时，角色停止运动并播放攻击动画。你需要为动画的开始和结束创建动画事件。

1. 确保带有 AnimationStart 和 AnimationEnd 事件的动画已保存并导出。
2. 在 StarterPlayer 里的 StarterPlayerScripts 中创建一个 LocalScript，并将其重命名为 ZombieAttack。
3. 输入以下代码。

代码清单 16-1

```
local UserInputService = game:GetService("UserInputService") -- 检测玩家输入
local Players = game:GetService("Players")      -- 获取玩家角色
local player= Players.LocalPlayer               -- 本地玩家角色

-- 获取要播放动画的玩家的角色模型
local characterModel = player.Character or player.CharacterAdded:Wait()
local humanoid = characterModel:WaitForChild("Humanoid")

local animation = Instance.new("Animation") -- 新建动画对象
animation.AnimationId = "rbxassetid://000000000" -- 使用你的动画资源 ID

local animationTrack = humanoid:LoadAnimation(animation)

-- 检测玩家按 F 键，并播放动画
UserInputService.InputBegan:Connect(function(input, isTyping)
      local normalWalkSpeed = humanoid.WalkSpeed
      if isTyping then return end
```

```
        if input.KeyCode == Enum.KeyCode.F then
            animationTrack:Play()
        end

        animationTrack:GetMarkerReachedSignal("AnimationStart"):
        Connect(function()
            humanoid.WalkSpeed = 0 -- 禁止玩家角色移动
        end)

        animationTrack:GetMarkerReachedSignal("AnimationEnd"):Connect(function()
            humanoid.WalkSpeed = normalWalkSpeed -- 允许玩家角色再次移动
        end)
end)
```

此代码在检测到玩家按 F 键时播放动画，并禁止玩家角色移动，直到动画结束。

16.7.5　替换默认动画

默认情况下，罗布乐思玩家角色具备常见的动画，如跑步、攀爬、游泳和跳跃。但是在某些时候，若想用自定义的动画替换这些默认动画，可以使用脚本来轻松实现。如果已知一个动画 ID，你可以用它来替换默认动画。

替换默认动画的步骤如下。

1. 在 ServerScriptService 中创建脚本。
2. 输入以下代码，把动画 ID 替换为你创建的 ID，还可以根据需要编辑动画。

代码清单 16-2

```
local Players = game:GetService("Players")
local function onCharacterAdded(character)
    local humanoid = character:WaitForChild("Humanoid")

    for _, playingTracks in pairs(humanoid:GetPlayingAnimationTracks()) do
        playingTracks:Stop(0)
    end

    local animateScript = character:WaitForChild("Animate")
    animateScript.run.RunAnim.AnimationId = "rbxassetid://616163682"
        -- 奔跑
    animateScript.walk.WalkAnim.AnimationId = "rbxassetid://616168032"
        -- 行走
    animateScript.jump.JumpAnim.AnimationId = "rbxassetid://616161997"
        -- 跳
    animateScript.idle.Animation1.AnimationId = "rbxassetid://616158929"
```

```
        -- 空闲 1
    animateScript.idle.Animation2.AnimationId = "rbxassetid://616160636"
        -- 空闲 2
    animateScript.fall.FallAnim.AnimationId = "rbxassetid://616157476"
        -- 掉落
    animateScript.swim.Swim.AnimationId = "rbxassetid://616165109"
        -- 游泳 （活动状态）
    animateScript.swimidle.SwimIdle.AnimationId = "rbxassetid://616166655"
        -- 游泳 （空闲状态）
    animateScript.climb.ClimbAnim.AnimationId = "rbxassetid://616156119"
        -- 攀爬
end

local function onPlayerAdded(player)
    player.CharacterAppearanceLoaded:Connect(onCharacterAdded)
end

Players.PlayerAdded:Connect(onPlayerAdded)
```

注意，有时动画需要一些时间审核，如果你刚刚发布了动画，但发现它不起作用，请稍后再试。

总结

本章介绍了如何使用动画让角色更生动并且更有个性，如何使用 IK 工具和缓动风格，如何利用动画的优先级确保动画在正确的时间播放。本章还讲解了如何给动画添加动画事件，如何使用这些事件添加与动画相关的自定义功能，如何保存、导出动画，以及如何在脚本中使用动画。动画事件是一个非常有用的工具，可以把效果与动画同步。

问答

问 如果我不连接动画事件，它会起作用吗？

答 不会，动画事件需要在脚本中连接才会起作用。

问 如何编辑我上传的动画？

答 若要编辑已上传的动画，可以单击“动画编辑器”窗口左上角的省略号按钮，然后选择“导入”选项，再选择“从 Roblox”选项，选择要编辑的动画，若要更新动画，则需要把它重新导出。

问　我的开发伙伴制作了动画，但我无法使用它，为什么？

答　只有动画的上传者才能使用动画，用户自己上传开发伙伴制作的动画的副本，就可以使用它了。

实践

回顾一下学到的知识，花点时间回答以下问题。

测验

1. 使用什么插件可以把 R15 和 R6 骨架添加到游戏中？
2. 动画编辑器的时间轴中保存的旋转和位置信息称为________。
3. 判断对错：要创建动画事件，需要把 AnimEvent 对象插入骨架中。
4. 判断对错：设置循环仅用于测试循环动画，而不是用在游戏中。

答案

1. 使用“建造骨架”插件可以把 R15 和 R6 骨架添加到游戏中。
2. 关键帧。
3. 错误，动画事件是通过使用鼠标右键单击关键帧，然后在弹出菜单中选择“在此处添加动画事件”选项来创建的。
4. 错误，打开循环会让导出的动画在游戏中循环播放，直到被中断。

练习

以下练习需要使用目前学到的知识。如果有不清楚的地方，可以参考前面的内容。

第一个练习：使用自定义动画替换默认动画，并发出粒子效果。

1. 创建一个自定义奔跑动画，并在角色的脚接触地面时添加动画事件。
2. 上传动画，获取动画 ID 以便后续使用。
3. 把默认动画替换为自定义动画，可以使用本章的方法，也可以在启动游戏后，使用脚本把自定义动画粘贴到角色中。
4. 创建一个粒子发射器，添加 GetMarkerReachedSignal() 连接，然后在角色脚接触地面时调用 ParticleEmitter:Emit()。

5. 测试游戏。

第二个练习：添加一个自定义“死亡”动画，当玩家角色的生命值为 0 时播放此动画。如果想增加更多细节，还可以添加自定义声音。

1. 创建一个自定义“死亡”动画，根据需要选择是否使用动画事件。
2. 上传动画并获取动画 ID 以备后续使用。
3. 创建客户端脚本，获取角色及角色的 Humanoid。
4. 创建一个新的动画对象，把动画 ID 添加到新动画中，并制作一个新的动画轨迹。
5. 在 Humanoid.Died 事件中，创建一个新的函数来播放新的死亡动画；如果添加了动画事件，还可以连接它们。
6. 测试游戏。

第 17 章
装备、传送、数据存储

在这一章里你会学习：

- 如何使用装备；
- 如何制作一个简单的战斗游戏；
- 如何使用传送；
- 如何使用持久化数据存储。

战斗游戏是目前最流行的游戏类型之一，它包括剑术战斗、超级英雄世界等，这些游戏为玩家提供了出色的玩法。本章将介绍如何利用装备来制作基本的战斗游戏，如何使用罗布乐思装备容器制作剑，如何在场景内和场景之间传送玩家角色，以及如何保存分数数据。

17.1 装备介绍

战斗游戏的主要元素是玩家的装备，在制作游戏之前，你需要先了解一下这个基本元素。装备是内置在罗布乐思背包系统中的对象（见图 17.1）。它可以是任何东西，例如咒语、剑，可以很容易地使用在游戏中，几乎不需要运用脚本知识。

本节介绍装备的基础知识，使用代码制作装备和让装备对接触到的玩家角色造成伤害的方法。最后将讲解如何为挥砍和攻击添加动画。

图17.1　一款游戏中带建筑装备的背包

17.1.1　装备的基础知识

装备对象相当于一个容器，包含构成装备的各个部分，包括网格、脚本、音效和数值对象。当装备放置在玩家的背包中时，装备图标会出现在屏幕底部的快捷栏中，如图 17.2 所示。可以使用对应的绑定按键来使用不同的装备，绑定按键是从 0 到 9 的数值键。

图17.2　一款游戏的武器背包

17.1.2　创建装备

如果希望在游戏开始时就把装备放在玩家的背包中，那么可以把装备对象放在 StarterPack 中；或者可以把装备放在游戏世界中，让玩家寻找和拾取。

在“项目管理器”窗口中，把装备对象放在 StarterPack 中，并重命名装备以便区分，如图 17.3 所示。

装备对象开始就像一个空的容器，可以在其中添加图片、模型和功能脚本。开始测试游戏，你会发现装备已加载到玩家的背包中，并在屏幕底部以 UI 的形式显示（见图 17.4）。

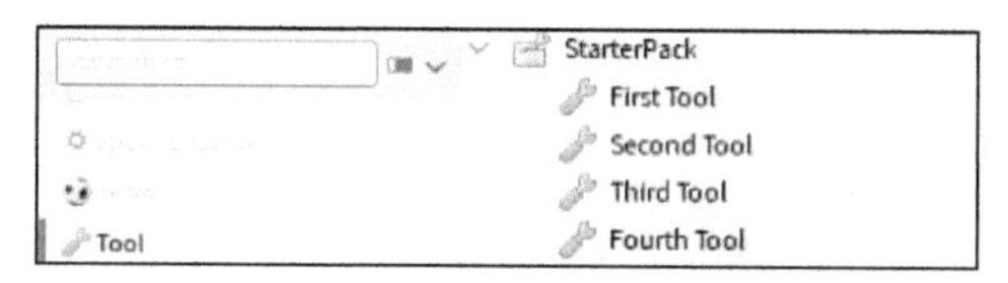

图17.3　带有装备对象的装备栏

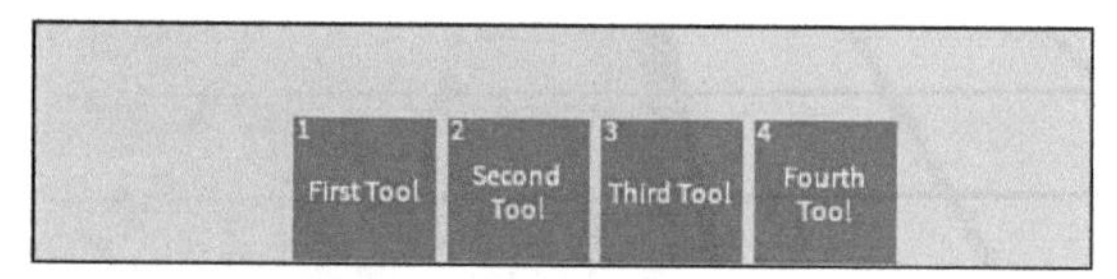

图17.4　玩家背包中的装备

开始游戏后，可以通过 UI 或绑定按键（0 到 9）来使用装备。

17.1.3　装备的Handle部件

为了让装备可以被玩家角色握住，装备对象需要一个名为 Handle 的部件，用于标记玩家角色手握装备的位置，Handle 部件必须是装备对象的子项。如果装备对象没有名为 Handle 的部件，那么该装备只会在 Workspace 的原始位置生成，即默认位置为 [0,0,0]，并且不会随玩家角色移动。

注意　不需要握住的装备

如果装备不需要被握住，例如图 17.1 所示的建造装备，则可以取消勾选该装备的 RequiresHandle 属性复选框。

按照以下步骤创建手柄。

1. 在 Workspace 中创建部件。
2. 把部件制作成想要的手柄模样。
3. 把部件名称更改为 Handle。
4. 把手柄部件移入 StarterPack 的 First Tool 里（见图 17.5）。注意，当此手柄不再是 Workspace 的子项时，它就会在游戏世界中消失。
5. 测试游戏，单击背包中的第一个装备，这个装备就会出现在玩家角色的手中（见图 17.6）。

图17.5　将Handle部件移入StarterPack的First Tool里

图17.6 装备手柄

注意，装备会接合到玩家角色的右手上。在使用装备时，手柄默认接合到玩家角色的右手，但可以编写代码让手柄接合到玩家左手。

17.1.4 装备的外观

装备制作完成后，可以使用装备的外观属性（见图 17.7）来修改装备的握手处，即修改玩家角色握住装备时，装备的朝向。

> **注意 不要使用旋转工具**
>
> **调整装备的握持朝向时，不要使用旋转工具来旋转装备，因为使用它不会起作用，并且有可能会损坏装备。**

- **GripForward**：装备朝向方向的 3 个属性之一，ZVector 方向（R02, R12, R22）。
- **GripRight**: XVector 方向（R00,R10,R20）。
- **GripUp**：YVector 方向（R01,R11,R21）。
- **GripPos**：相对手位置的偏移。

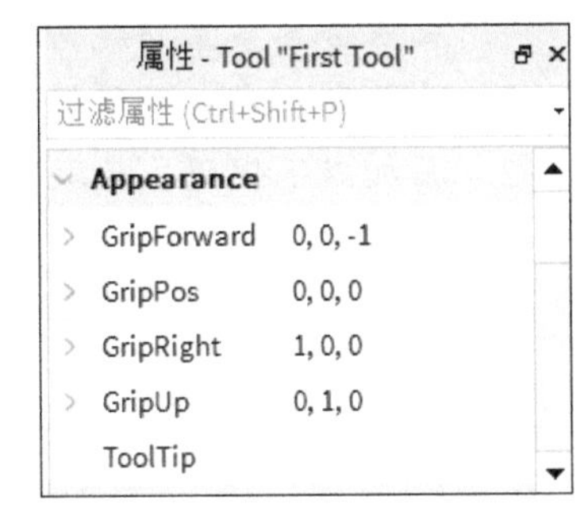

图17.7 装备握手处的属性，用于控制装备在被握持时的朝向

17.1.5 在游戏中使用装备

确定握持方向的另一种方法是，在游戏中找出装备握持属性的数值，开始测试游戏，使用此装备，然后修改握持属性的值，这样就可以看到直观的结果。调整到正确的属性值后，就可以将其复制或记录下来。按照以下步骤在游戏中使用装备。

1. 单击“开始游戏”按钮。

2. 选中装备。未使用的装备可以在 Players →玩家名称→ Backpack 里找到（见图 17.8）；使用中的装备可以在 Workspace →玩家名称→装备名称里找到。

图17.8　在测试游戏时找到未使用的装备

3. 调整装备的握持属性，直到装备的朝向和位置达到所需效果。注意，不要使用旋转工具和缩放工具。

4. 在退出游戏测试之前，复制此装备（Ctrl+C/Command+C）。

5. 停止游戏测试后，把此装备粘贴回 StarterPack 中，并删除旧版本的装备。

▼ 小练习

制作剑术战斗游戏

在学习了装备对象的功能和修改装备的方法，下面可以把学到的知识应用到游戏中。打开一个场景开始工作吧！

在制作游戏前，需要先创建剑的模型作为装备。使用部件、联合体或网格制作一把你喜欢的剑，记住把 Handle 作为装备对象的子项。如果使用了多个部件或物体，则要确保把全部部件接合到 Handle 上，这样才能把它们固定在一起。

创建脚本

按照以下步骤来设置脚本对象。

1. 在装备容器里创建脚本。
2. 为脚本命名，以便标明它实现什么功能——例如 SwordController。
3. 添加以下代码，让玩家角色在被剑攻击时受到伤害。

代码清单 17-1

```
local COOLDOWN_TIME = 0.5
local DAMAGE = 30

local Players = game:GetService("Players")
local ServerStorage = game:GetService("ServerStorage")

local tool = script.Parent
local swordBlade = tool.Handle -- 修改为你的剑
```

```
local humanoid, animation, player

local canDamage = true
local isAttacking = false

local function onEquipped()
-- 设置人形、动画和玩家角色等变量
local character = tool.Parent
humanoid = character:WaitForChild("Humanoid")
animation = humanoid:LoadAnimation(tool:WaitForChild("Animation"))
player = Players:GetPlayerFromCharacter(character)
end

local function onDetectHit(otherPart)
local partParent = otherPart.Parent
local otherHumanoid = partParent:FindFirstChildWhichIsA("Humanoid")
-- 确保剑不会伤害本玩家角色
if otherHumanoid and otherHumanoid == humanoid then
return
-- 检查剑触碰的是否为其他玩家角色，以及攻击是否在冷却状态
elseif otherHumanoid and isAttacking and canDamage then
canDamage = false
otherHumanoid:TakeDamage(DAMAGE)
end
end

local function onAttack()
local waitTime = math.max(animation.Length, COOLDOWN_TIME)
if not isAttacking then
isAttacking = true -- 避免在动画播放期间重复攻击
canDamage = true
animation:Play() -- 播放动画
wait(waitTime) -- 等待时间，取播放动画时间和冷却时间中较大的数值作为等待时间的值
isAttacking = false -- 允许再次攻击
end
end

tool.Equipped:Connect(onEquipped)
tool.Activated:Connect(onAttack)
swordBlade.Touched:Connect(onDetectHit)
```

修改此脚本来适配你的游戏

需要多个步骤才能使脚本适配你的武器和游戏。适配好脚本后，可以使用模拟器模拟多个玩家来测试它。

注意：使用此脚本的前提条件是游戏具有攻击动画，就像在第 16 章“使用动画编辑器”中创建的剑的攻击动画。如果希望不使用动画，请删除动画的相关代码，否则程序会报错。

按照以下步骤使用动画。

1. 找到想要的动画的 ID，参考第 16 章中的内容。
2. 在装备中创建一个动画对象（见图 17.9）。
3. 在 AnimationId 属性中，粘贴动画资源 ID，按回车键。

局部变量 swordBlade 赋为造成伤害的武器部件。如果你的剑是一个网格或一个部件，则应该使用 local swordBlade = tool.Handle。如果你的模型有多个部件，如图 17.10 所示，则参考代码如下所示。

```
local swordBlade = tool.Sword.Blade
```

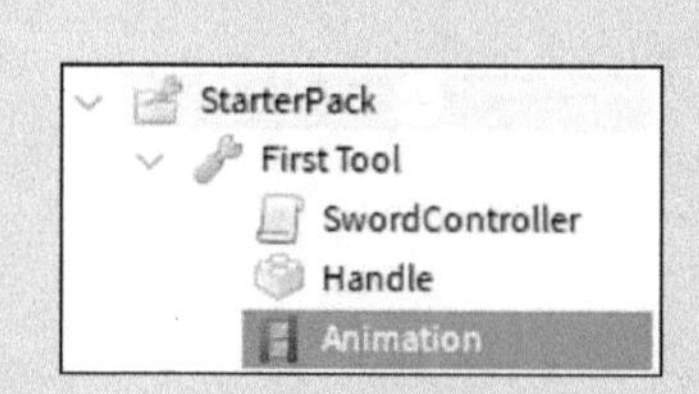

图17.9　创建动画对象的文件结构示例

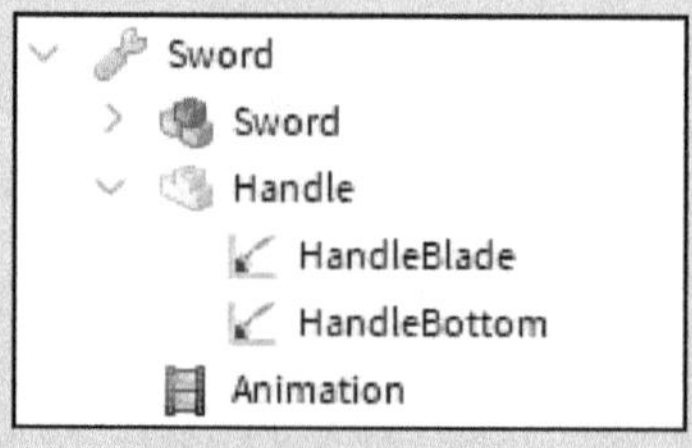

图17.10　剑容器

阶段测试

现在可以攻击其他玩家，但还不能获得积分。使用模拟器模拟多个玩家，并测试脚本。在“测试”选项卡（见图 17.11）的“客户端和服务器”选项组中，选择要模拟的玩家数量。单击“启动”按钮开始测试，需要停止测试时，单击“清除”按钮。

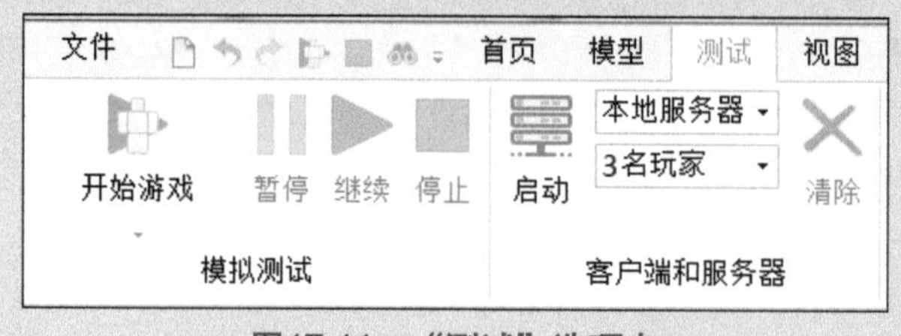

图17.11　“测试”选项卡

图 17.12 所示为一个拿着剑的玩家角色。

图17.12 拿着剑的玩家角色

更多属性

装备还有一些属性可用来提供更多功能和提升美观性。

- **TextureId**：设置底部的 UI 栏中显示的图标，代替装备名称。
- **ToolTip**：在游戏中，当玩家把鼠标指针悬停在装备图标上时显示的提示。
- **CanBeDropped**：勾选此复选框后，玩家可以通过按 Backspace 键把装备扔到地上。
- **RequiresHandle**：如果装备不需要部件、网格和联合体，你可以取消勾选此复选框，这个属性对于不需要装备与玩家角色物理连接的法术很有用。
- **ManualActivationOnly**：勾选此复选框后，单击装备时不会触发 Activated 事件。

17.2 传送

在战斗游戏中，可以创建一个战斗区和一个大厅，每一局战斗开始前玩家可以选择在大厅休息。为了在这两个区域之间移动玩家角色，可以使用传送。

罗布乐思有两种类型的传送：不同服务器或者不同场景之间的传送，以及同一个场景内的传送。同一个场景内的传送使用 CFrame 实现，就像移动其他对象一样。不同场景或服务器之间的传送使用 TeleportService 服务和它的相关 API 实现。

表 17-1 列出了使用 CFrame 在场景内传送玩家角色和使用 TeleportService 在不同场景或者服务器之间传送玩家角色的用法。

表17-1　游戏设计用例

同一个场景内	不同场景或不同服务器之间
基于事件或竞赛的游戏	需要去一个新的游戏环境
把玩家角色快速移动到一片区域	游戏太大了——例如游戏“终极驾驶”
在其他人不能进入的区域（例如VIP房间）之间移动玩家角色	传送去私人服务器
需要快速移动玩家角色	

17.2.1　在场景中传送

在同一个场景内传送就是在地图的不同区域之间移动玩家角色。这常用于玩家角色穿过传送门，或在不同事件之间传送。图 17.13 显示了通过传送门传送一个玩家角色。

图17.13　传送门

传送玩家角色遇到的主要问题是，如何一次性移动角色所有关节而不导致玩家角色被杀死。如果角色的躯干、上躯干或头部从身体的其他部件移位，玩家角色就会“死亡”。可以在测试游戏模式下使用移动工具移动玩家角色的关节来进行测试。

为避免出现这个问题，需使用角色里的 HumanoidRootPart 的 CFrame 属性，因为 HumanoidRootPart 不仅是玩家角色的运动控制器，也是根部件，所以当你操纵它时，会直接影响所有肢体和其连接的对象。

▼ 小练习

传送玩家角色到游戏战斗区域

创建一个快速射击游戏：玩家在规定时间内在竞技场中“杀死”尽可能多的其他玩家，然后再传送回大厅进行下一局比赛。下面的代码非常简单，可以扩展。

因为大厅和竞技场在同一个场景内，所以使用 CFrame 方法进行传送。按照你的想法制作场景，复杂或简单的场景都可以。然后设置重生点的 CFrame，以便让脚本知道把玩家角色传送到哪里。

要在一个场景内传送玩家角色，需要在 ServerScriptService 中创建一个新脚本，并输入以下代码。

代码清单 17-2

```
local Workspace = game:GetService("Workspace")
local Players = game:GetService("Players")

local ARENA_CFRAME = CFrame.new(0, 100, 0)
local LOBBY_CFRAME = CFrame.new(100, 100, 100)

local TELEPORT_COOLDOWN = 0.5
local AREA_COOLDOWN = 30

local newArea

local function TeleportAllCharacters(location)
    for _,player in ipairs(Players:GetChildren())do
        local character = player.Character or player.CharacterAdded:wait()
        local humanoidRootPart = character.HumanoidRootPart
        humanoidRootPart.CFrame = location
        wait(TELEPORT_COOLDOWN)
    end
end

-- 来回传送玩家角色
while true do
    TeleportAllCharacters(newArea)
    if newArea == ARENA_CFRAME then
        print("Players teleported to Arena")
        newArea = LOBBY_CFRAME
    else
        print("Players teleported to Lobby")
        newArea = ARENA_CFRAME
    end
    wait(AREA_COOLDOWN)
end
```

上面的脚本让玩家有 30 秒的战斗时间，然后玩家角色会被传送回大厅。装备放在 StarterPack 中，所以在玩家角色“重生”时装备会自动放在他的背包里。如果希望玩家在返回大厅时丢失装备，可以使用脚本把装备删除；或者创建两个队伍——大厅队伍和竞技场队伍，然后把装备放在竞技场团队的玩家中，装备就会出现在这些玩家的背包中。

提示　使用部件确定 CFrame 坐标

找到正确的 CFrame 坐标，创建部件，并把它放在所需的位置，然后把部件的位置值复制到 ARENA_CFRAME 或 LOBBY_CFRAME。确保使用 CFrame.new()。

以上脚本分为 3 个部分：变量、传送所有角色和循环。每个部分都有不同的作用。

- **变量**：给脚本代码调用，例如玩家角色将被传送到的位置。
- **传送所有角色**：遍历所有玩家角色，并设置 HumanoidRootPart 的 CFrame。
- **循环**：在后台不断循环运行，每 30 秒改变一次区域，然后传送玩家角色。

17.2.2　场景之间传送

与场景内的传送相比，场景之间的传送使用的是完全不同的方法。因为要为玩家加载一个全新的环境，所以需要使用罗布乐思的服务，请求传送玩家角色，并把玩家角色加载到新的场景中。

17.2.3　游戏宇宙

游戏由一个或多个场景组成，其中必须包括一个起始场景，作为进入游戏的玩家角色的出生点。使用罗布乐思的 TeleportService（传送服务），玩家角色可以在同一游戏的不同场景之间被传送，或者在不同游戏的起始场景之间被传送。图 17.14 所示为游戏 A 中的玩家角色可以被传送到的位置。

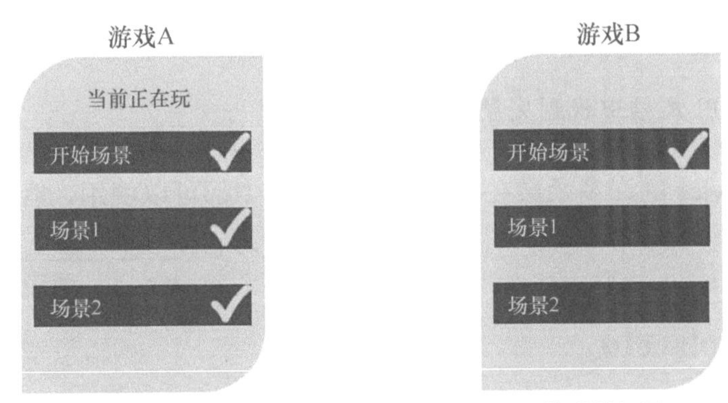

图17.14 传送规则——勾选标记表示可以传送的场景

17.3 TeleportService

TeleportService 用于在不同游戏之间和在同一个游戏的不同场景之间传送玩家角色。它包含多个函数，支持单人传送和多人传送，这对大型游戏和多关卡的游戏非常有用。可以通过 GetService() 函数来引用 TeleportService，如下所示。

```
local TeleportService = game:GetService("TeleportService")
```

注意 Studio 中的 TeleportService

TeleportService 在 Studio 中不起作用，所以需要将游戏发布到线上，在实际的服务器中进行测试。

17.3.1 TeleportService的常用函数

以下是 TeleportService 的常用函数。

Teleport(placeId , player , teleportData , customLoadingScreen)，其参数含义如下。

- placeId：目的场景 ID。
- player：玩家实例，也就是 game.Players.LocalPlayer。
- teleportData：包含附加数据的数组，例如前一个场景的 ID 的数组。
- customLoadingScreen：传送过程中的过渡页面显示的 GUI（例如 ScreenGui）。

GetArrivingTeleportGui()：如果在 Teleport() 使用了参数 customLoadingScreen，那么在新的场景使用此函数可以获取 customLoadingScreen。

TeleportPartyAsync(...)：其功能跟 Teleport() 一样，但此函数用于多人传送。

ReserveServer(placeId)：返回与 TeleportToPrivateServer 一起使用的访问码。

注意　函数列表

可以在 API 文档中找到完整的函数列表。

TeleportService 的许多函数在客户端和服务器中都可以使用，客户端函数不需要玩家参数。

17.3.2　获取placeId

要将玩家角色传送到某个场景，需要获取场景 ID。打开“素材管理器”窗口，使用鼠标右键单击相关场景，然后在弹出菜单中选择“将 ID 复制到剪贴板”选项（见图 17.15）。

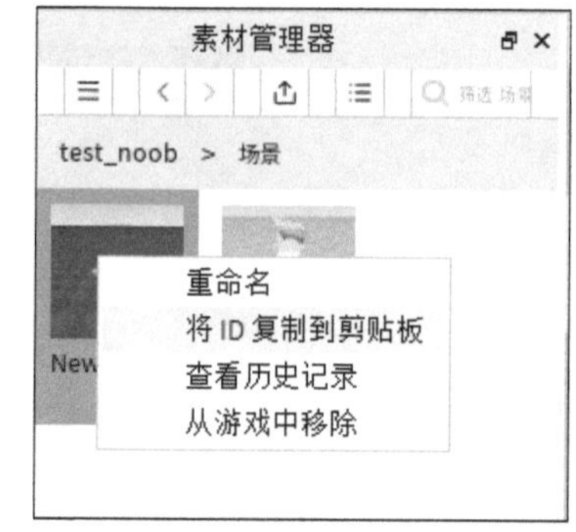

图17.15　将ID复制到剪贴板

17.3.3　客户端示例

如下是客户端传送的工作示例代码，看看 StarterPlayerScripts 中的 LocalScript 如何实现客户端传送。

代码清单 17-3

```
local TeleportService = game:GetService("TeleportService")
local PLACEID = 1234567 --需要把它替换为你的 placeId
local WAIT_TIME = 5 -- 以秒为单位，传送玩家角色需要的时间
wait(5)
TeleportService:Teleport(PLACEID)
```

虽然可以在 :Teleport() 函数里设定 customLoadingScreen 参数，但建议改用 :SetTeleportGui(GUI) 函数来实现，因为它可以在传送函数之前分配 UI 元素。然后在到达目的服务器后，使用 :GetArrivingTeleportGui() 函数来获取此 GUI（即 UI 元素）。

代码清单 17-4

```
local TeleportService = game:GetService("TeleportService")
local PLACEID = 1234567 --需要把它替换为你的 placeId
local WAIT_TIME = 5 -- 以秒为单位，传送玩家角色需要的时间
local GUI = game.ReplicatedStorage:WaitForChild("ScreenGui") -- 增加的代码行

wait(5)

TeleportService:SetTeleportGui(GUI) --增加的代码行
TeleportService:Teleport(PLACEID)
```

要测试此脚本，请先发布游戏，然后打开游戏进行测试，因为 TeleportService 在 Studio 中是不起作用的。

17.3.4 服务器端示例

服务器端传送有几个优点，例如可以传送多个玩家角色，更安全。如果使用客户端传送方法，客户端脚本可能会被黑客删除，导致不能传送。服务器端传送脚本放在 ServerScriptService 中。

代码清单 17-5

```
local TeleportService = game:GetService("TeleportService")
local Players = game:GetService("Players")

local placeId = 000000000 -- 替换为目标场景 ID
local SESSION_TIME = 30 -- 传送前的等待时间

-- 把所有玩家角色传送到新的场景
local function teleportAllCharacters(location)
      for allPlayers, player in ipairs(Players:GetChildren())do
            TeleportService:Teleport(placeId, player)
      end
end

wait(SESSION_TIME)

teleportAllCharacters()
```

提示　**在 pcall 中包装传送功能**

后文将演示把传送函数包装在 pcall 中，防止传送失败的相关操作。有多种原因可能导致传送失败，因此使用 pcall 会更保险，并且能在传送失败时给出提示，以便再次调用该函数。稍后会在“防范与处理错误”部分中更详细地讨论 pcall。

以上是 TeleportService 的主要用途，它还有另一种用途是把玩家传送到保留服务器。结合 TeleportService:ReserveServer() 与 TeleportToPrivateServer() 使用，可以把玩家角色传送到保留服务器。保留服务器就像私人服务器，但只有开发者才能创建它。

▼ 小练习

从不同场景传送玩家角色到战斗游戏区域

短、平、快的游戏需要开发在一个场景内，才能实现快速加载。如果要制作非常大的竞技游戏，或者有不一样的环境和功能的多个场景的游戏，可以使用传送。与上一个练习一样，第一步是制作竞技区域和大厅区域（见图 17.16），但这次要在不同的场景里制作这两个区域。

确保大厅区域为起始场景，否则，玩家进入游戏时会首先进入竞技场景，游戏的流程会被扰乱。

图17.16 创建的两个场景

完成后，需要在每个场景中放置一个或多个重生点。还需要把武器放在竞技场景的 StarterPack 中，两个场景在完全不同的服务器中，拥有不一样的环境。装备不会随着玩家角色一起被传送，所以玩家角色在大厅中不会拥有武器。

因为此游戏由两个独立的场景组成，分别拥有独立的 SeverScriptService、Workspace 等，所以两个场景工程都需要包含独立的脚本。把传送脚本放在每个场景的 ServerScriptService 中，这样就可以在不同场景之间一次性传送所有玩家角色，代码如下所示。

代码清单 17-6

```
local TeleportService = game:GetService("TeleportService")
local Players = game:GetService("Players")

local PLACE_ID = 00000 -- 替换为目标场景 ID
local SESSION_TIME = 30 -- 传送前的等待时间

-- 把所有玩家角色传送到新的场景
local function teleportAllCharacters(location)
      for allPlayers, player in ipairs(Players:GetChildren())do
            TeleportService:Teleport(PLACE_ID, player)
      end
end

wait(SESSION_TIME)

teleportAllCharacters()
```

完成后，确保两个场景都已发布，并把脚本中的 PLACE_ID 替换为相应的场景 ID，例如，在大厅场景中，脚本中的 PLACE_ID 应该是竞技场景的场景 ID。
还可以根据需要修改 SESSION_TIME 的值来调整单局游戏的时间。
把两个场景都发布，在实际服务器上测试游戏。

17.4　使用持久数据存储

对于游戏而言，进度的保存至关重要，尤其是战斗游戏。如果玩家丢失了所有数据（进度），他们就会不太愿意继续玩这个游戏了。为了保存玩家数据，罗布乐思提供了数据储存服务的 API 来加载、保存和修改数据，它非常适合保存玩家的积分。持久数据存储服务是免费的，它使用简单的结构和 API 函数来读取、保存和更改数据。所有数据都以键值对的形式存储，可以在游戏的任何场景或服务器中访问。持久数据存储服务通常用于存储玩家数据，例如分数、故事节点等。

在游戏中，持久数据存储对于在场景之间保存玩家数据非常有用。在一局游戏结束后，玩家需要返回大厅，在场景之间准备传送时，持久数据存储可以保存和加载玩家之前的分数。

以下是可以存储的数据类型和访问频率的相关信息。

- 支持字符串。
- 支持整数和浮点数。
- 键、名称、作用域的长度不能超过 50 个字符。
- 存储的字符串不能超过 65536 个字符。
- 如果游戏的服务器过于频繁地调用相同的密钥，可能会超出访问限制，所以建议为每个用户分配个性化密钥，以免调用相同的密钥。
- 两次写入请求之间需要间隔 6 秒。
- 每分钟请求限制数量：
  读取 = 60 + 玩家数量 × 10（例如 GetAsync()）；
  写入 = 60 + 玩家数量 × 10（例如 SetAsync()）；
  排序 = 5 + 玩家数量 × 2（例如 GetSorterAsync()）；
  更新 = 30 + 玩家数量 × 5（例如 OnUpdate()）。

数据存储使用键值对的字典形式保存信息。例如，在表 17-2 中，UserId 作为键，玩家的分数作为值，此示例中建议使用 UserId，而不要使用 PlayerName，因为 PlayerName 可能会被更改。

表17-2 用户数据存储

Key (UserId)	Value (玩家的分数)
000001	20
000002	62

注意 GetGlobalDataStore() 和 GetDataStore()

GetGlobalDataStore() 等效于 GetDataStore()，因为两者都可以被全局调用。

▼ 小练习

保存战斗游戏数据

在制作好游戏并且游戏可以开始运行后，为了提高玩家的留存率，可以添加游戏进程设计。在每次“杀死”其他玩家时，为当前玩家加一分并保存数据。为了加强竞争性，可以让排行榜只显示前 10 名玩家。

1. 要创建排行榜，需要在 ServerScriptService 中创建一个脚本，将其重命名为 LeaderBoard，输入以下代码。

代码清单 17-7

```
local Players = game:GetService("Players")
local ServerStorage = game:GetService("ServerStorage")

local PlayerPointUpdater = ServerStorage.PlayerPointUpdater

local function onPlayerAdded(player)
	local leaderstats = Instance.new("Folder")
	leaderstats.Name = "leaderstats"
	local score = Instance.new("IntValue")
	score.Name = "Score"
	score.Parent = leaderstats
	leaderstats.Parent = player
end

local function addScore(player)
	local leaderstats = player:WaitForChild("leaderstats")
	local score = leaderstats.Score
	score.Value += 1
```

```
end

Players.PlayerAdded:Connect(onPlayerAdded)
PlayerPointUpdater.Event:Connect(addScore)
```

2. 在 ServerStorage 中创建一个 BindableEvent 对象，把它重命名为 PlayerPointUpdater。下一节会将它用作分数变化的触发事件。
3. 在 Studio 的“游戏设置”→“安全”中，打开“允许 Studio 访问 API 服务”，允许在 Studio 中使用数据存储。
4. 在 ServerScriptService 中创建一个脚本，把它重命名为 PlayerData，并添加以下代码。使用 GetAsync() 读取保存的玩家数据，使用 SetAsync() 保存玩家数据。

代码清单 17-8

```
local Data Storeservice = game:GetService("Data Storeservice")
local Players = game:GetService("Players")
local ServerStorage = game:GetService("ServerStorage")
local PlayerPointUpdater = ServerStorage.PlayerPointUpdater
local LeaderboardScore = Data Storeservice:GetDataStore("LeaderboardScore")

local function LoadData(player)
	local key = "Player_" .. player.UserId
	local score = player:WaitForChild("leaderstats").Score
	local success, data = pcall(function()
		return LeaderboardScore:GetAsync(key)
	end)

	if success then
		score.Value = data
	else
		score.Value = 0
	end
end

local function SaveData(player)
	local key = "Player_" .. player.UserId
	local score = player:WaitForChild("leaderstats").Score
	local success, data = pcall(function()
		return LeaderboardScore:SetAsync(key, score.Value)
	end)
end

Players.PlayerAdded:Connect(LoadData)
Players.PlayerRemoving:Connect(SaveData)
```

此脚本会在玩家进入游戏时加载所有玩家数据。如果加载失败，会删除相关的排行榜属性，并且不会加载或保存后续的数据，以免数据丢失。
在之前的剑的脚本中，修改为当玩家“杀死”其他玩家角色时触发 PlayerPointUpdater，把突出显示的代码行添加到 SwordController 脚本中即可。

代码清单 17-9

```
-- 未显示顶部脚本
local Players = game:GetService("Players")
local ServerStorage = game:GetService("ServerStorage")

local PlayerPointUpdater = ServerStorage.PlayerPointUpdater

local tool = script.Parent
local swordBlade = tool.Handle --修改为你的剑
local humanoid, animation, player

local canDamage = true
local isAttacking = false

local function onEquipped()
-- 未显示完整函数
end

local function awardPoints(otherHumanoid)
	-- 判断其他玩家角色是否“死亡”，如果是，奖励积分
	if otherHumanoid.Health <= 0 then
		PlayerPointUpdater:Fire(player)
	end
end

local function onDetectHit(otherPart)
	local partParent = otherPart.Parent
	local otherHumanoid = partParent:FindFirstChildWhichIsA("Humanoid")
	-- 确保剑不会伤害本玩家角色
	if otherHumanoid and otherHumanoid == humanoid then
		return
	-- 检查剑触碰的是否为其他玩家角色，以及攻击是否在冷却状态
	elseif otherHumanoid and isAttacking and canDamage then
		canDamage = false
		otherHumanoid:TakeDamage(DAMAGE)
```

```
            awardPoints(otherHumanoid)
        end
end
-- 未显示底部脚本
```

现在，一个简单的游戏已经完成，在此游戏中，玩家角色会被传送到一个竞技场景中，然后他们会获得武器，通过击杀其他玩家角色来获得积分。可以增加代码来创建一个游戏循环，在每一回合开始时重置分数，但保留玩家在所有回合的击杀总数和死亡总次数。你还可以思考一下在游戏循环中还能增加哪些玩法。

17.5 数据存储函数

之前的代码使用 GetAsync() 和 SetAsync() 来操作玩家数据，罗布乐思还提供了多种方法来读取和修改数据，如下所示。

- **GetAsync()**：可以从数据存储中获取指定键的数据，你可以使用键来识别不同的数据，就像使用变量一样。

代码清单 17-10

```
local Score = LeaderboardScore:GetAsync(userId)
print(Score)
```

- **SetAsync()**：可以使用新的键来存储新的数据，也可以覆盖现有键的数据，需要把键和数据都作为函数的参数。

代码清单 17-11

```
LeaderboardScore:SetAsync(userId,10)
```

- **UpdateAsync()**：与其他数据存储函数不同，UpdateAsync() 以键和更新逻辑的函数作为参数。它会在不附加其他逻辑的前提下多次尝试保存数据。如果键对应的已保存数据很重要，或者是可能会在多台服务器上同时读写的数据，为了避免数据被损坏，应该使用此函数。

代码清单 17-12

```
local updatedScore = LeaderboardScore:UpdateAsync(userId,function(oldScore)
        local newScore = oldScore + 1
        return newScore
end)
print("UpdateAsync: "..updatedScore)
```

- **IncrementAsync()**: 可以使用更少的代码并实现与 UpdateAsync() 相同的效果，可以把保存的整数递增指定的数量。

代码清单 17-13

```
local score = LeaderboardScore:IncrementAsync(userId,1)
print("IncrementAsync: "..score)
```

- **RemoveAsync()**：执行的操作非常简单，可以删除特定键的数据。

代码清单 17-14

```
local removedScore = LeaderboardScore:RemoveAsync(userId)
print("RemoveAsync: "..removedScore)
```

虽然这两个函数都很有用，但在许多情况下，更新数据建议使用 UpdateAsync()，而不是 SetAsync()，包括如下情况：

- 不是创建新数据，只是更新现有的值，例如 data = oldData + 50；
- 数据可能同时或在短时间内在多个服务器中被更改；
- 如果出现上述情况，它将再次调用 UpdateAsync() 来确保数据不会被错误地覆盖。

而使用 SetAsync() 的情况如下：

- 创建新键或新数据；
- 数据不会在短时间内被多台服务器更改。

17.6 防范与处理错误

保护玩家数据和响应错误对于数据存储非常重要。即使代码出现错误，使用 pcall 也可以让代码安全地执行。代码出错有多种原因，包括数据存储服务关闭或过于频繁地调用相同的函数。以下是 pcall 的使用示例。

代码清单 17-15

```
local success, data = pcall(function()

end)
```

17.6.1 pcall

pcall 是一个特殊的 Lua 全局保护函数，它充当脚本运行的保护罩。在它里面的代码会在“受保护模式”下执行，代码执行后返回是否出错。如果代码出错，pcall 会捕获到错误并返回状态代码（bool 类型）和其他的错误信息。

结合数据存储来扩展第一个示例，保护 pcall 中的 :GetAsync()，如果成功，则返回数据存储中获取的数据，如果出错，data 会被赋值为错误信息。如果发生错误，success 会等于 false，脚本会输出错误信息。

代码清单 17-16

```
local success,data = pcall(function()
return LeaderboardScore:GetAsync(userId)
end)
if success then
print("Did not error, result: "..data)
else
print("Did error, result: "..data)
end
```

17.6.2 防止数据丢失

如果数据丢失了，开发者和玩家都会非常伤心，可以建立适当的防御机制来降低数据丢失的风险，这些防御包括：

- 使用 UpdateAsync() 来更新数据，而不是 SetAsync()；
- 如果加载玩家数据失败，不要保存玩家数据；
- 如果出现问题，通知玩家；
- 以事件为基础来保存数据，即玩家角色到达某点，然后才执行操作。

总结

本章介绍了如何制作一个基础的战斗游戏，包括什么是罗布乐思装备、如何在场景内和场景之间传送玩家角色，以及如何保存玩家数据。

问答

问 如何在装备栏的装备上显示图片？

答 使用 Tool.TextureId。

问 装备是否需要模型或部件才能发挥作用？

答 不是，装备可以使用 3D 对象，也可以不使用，例如，法术可能只有一个图标。

问 装备的哪一部分接合到玩家角色的右手上？

答 手柄。

问 什么服务用于在不同场景之间传送玩家角色？

答 TeleportService。

问 描述 RemoveAsync() 的作用。

答 RemoveAsync() 用于删除储存的数据。

实践

回顾一下学到的知识，花点时间回答以下问题。

测验

1. tool.Activated 什么时候触发？
2. 在同一个场景中传送玩家角色，需要使用角色的什么？
3. CFrame 控制什么？
4. 怎么在不同场景之间传送多个玩家角色？
5. 提出两种防止数据丢失的方法。
6. pcall 的作用是什么？

答案

1. 当玩家使用装备时，每单击一次都会触发 tool.Activated。
2. 在同一个场景中传送玩家角色，需要使用角色的 HumanoidRootPart。
3. CFrame 控制位置和旋转。

4. 使用 TeleportPartyAsync() 可以在不同场景之间传送多个玩家角色。

5. 防止数据丢失的两种方法：使用 UpdateAsync() 和定期保存数据。

6. pcall 的作用是在保护模式下执行代码，发生错误时不会停止和影响代码执行，会捕获错误并返回状态信息。

练习

以下练习会使用目前学到的知识。如果有不清楚的地方，可以参考前面的内容。

有很多方法可以改进游戏，其中之一是制作更多的竞争元素。

第一个练习：记录最高分玩家，每个新的分数都需要与最高记录比较，如果玩家分数超过最高记录，则该分数和玩家就保存在这个唯一的数据存储中。

第二个练习：创建一个脚本，在玩家每次进入游戏时，为他分配一个分数并保存在数据存储里，这些分数需要显示在“输出”窗口或排行榜上。

第 18 章

多人游戏编程和客户端-服务器模型

在这一章里你会学习：

- 什么是客户端-服务器模型；
- 什么是RemoteEvent和RemoteFunction；
- 如何在游戏中使用RemoteEvent和RemoteFunction；
- 什么是服务器验证；
- 如何使用队伍；
- 如何设置网络所有权。

罗布乐思上的游戏基本上都是可以与朋友一起玩的大型多人游戏。如果想制作一款可以互动的社交游戏，那么把游戏设计为允许多人同时在线是必不可少的，所以你需要了解在设备上运行代码和在服务器上运行代码的基础知识，还需要了解在这两端运行代码的性能和安全的相关知识。

本章将介绍客户端 - 服务器模型的基础知识，还会介绍如何制作分队伍的多人游戏，如何使用 RemoteEvent 和 RemoteFunction 在客户端（玩家端）和服务器之间发送数据。

18.1 客户端-服务器模型

罗布乐思上的游戏和许多其他多人游戏都使用一种被称为客户端 - 服务器模型的网络结构（见图 18.1）。当玩家连接到游戏时，无论使用的是什么设备，该设备都被称为客户端，客户端连接到的托管游戏实例的事物被称为服务器。下一节将详细介绍罗布乐思的两种类型的脚本、复制及复制在客户端 - 服务器模型中的重要性。

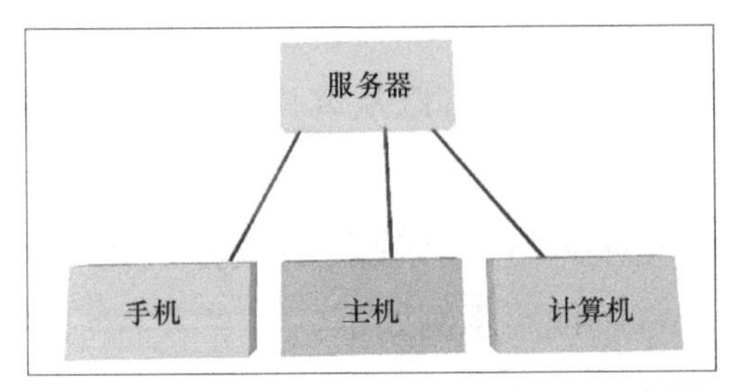

图18.1 客户端连接到服务器的原理示意图

18.1.1 Script和LocalScript

罗布乐思中有两种类型的脚本：在服务器上运行的 Script 和在客户端运行的 LocalScript（见图 18.2）。把这些脚本与事件（本章稍后介绍的 RemoteEvent）结合使用，客户端和服务器就能相互通信，这对于在游戏中做交互是必不可少的——例如，单击某个按钮，改变游戏中某个部件的位置。

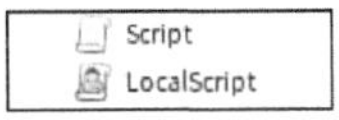

Script
LocalScript

图18.2 罗布乐思中的两种脚本

18.1.2 复制

在罗布乐思中，在客户端上所做的大多数更改都不会自动复制给其他玩家。如果你使用 LocalScript 更改部件的位置，则只有你会看到更改，其他玩家和服务器是不能看到此更改的。

需要谨记上述概念，因为它们非常重要，在许多情况下很有用。例如，如果想在游戏的教程阶段向玩家显示某些内容，可以使用 LocalScript 在客户端上显示这些内容。但是，如果希望每个玩家都可以看到更改，则需要使用 RemoteEvent 或 RemoteFunction 向服务器发送请求，下一节将介绍它们。

注意　自动复制

客户端上的部分更改会自动复制给服务器和其他玩家，其中包括动画、声音、单击检测器、人形变化（例如坐下或跳跃）和部件的物理效果。

18.2 RemoteFunction和RemoteEvent

RemoteFunction 和 RemoteEvent 是游戏中与服务器通信的对象。当客户端想要请求某些东西或想与服务器通话时，都会使用图 18.3 所示的其中一种对象向服务器发送消息。

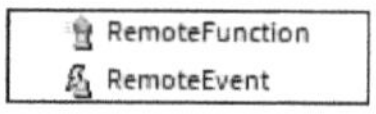

RemoteFunction
RemoteEvent

图18.3　RemoteFunction和RemoteEvent的实例

RemoteEvent 用于单向通信，它可以从客户端触发到服务器，也可以从服务器触发游戏中的单个客户端或所有客户端。RemoteEvent 的 3 个触发函数分别是 FireServer()、FireClient() 和 FireAllClients()。FireServer() 的使用示例如下。

```
RemoteEvent:FireServer()
```

在 FireServer() 函数的参数里可以添加字符串等数据，把信息传递给服务器，如下例所示。还有很多东西可以传递给服务器，例如 CFrame 位置、Color3 RGB 值、数据表等。

```
RemoteEvent:FireServer("Hello")
```

服务器接收参数，执行相应的操作。

RemoteFunction 用于双向通信，当事件被触发或被调用时，接收者会回复一个信息。RemoteFunction 的两个函数是 InvokeServer() 和 InvokeClient()。客户端向服务器发送消息的示例如下。

```
local reply = RemoteFunction:InvokeServer("Hello")
```

服务器收到后回复的示例如下。

代码清单 18-1

```
local function anyfunction(player)
    return 5
end

RemoteFunction.OnServerInvoke(anyfunction)
-- 当服务器调用 RemoteFunction 时，会运行 anyfunction 函数
```

把数值 5 发送回客户端，如果客户端输出 reply 的值，结果会是 5。这对于返回游戏中的位置、数据表和模型非常有用。RemoteFunction 的一个使用范例是，在服务器上复制一个模型并返回，以便在场景中使用。

注意　尽量少使用 InvokeClient()

因为服务器需要等待客户端的回复，如果客户端滞后，则服务器可能要等很久；如果客户端断开或者离开游戏，就会出错，所以应该尽可能少地使用 InvokeClient()。如果确实需要使用 InvokeClient()，则应该把该函数包装在 pcall 中，如第 17 章所述。

18.2.1 使用RemoteFunction和RemoteEvent

需要记住，RemoteFunction 和 RemoteEvent 这两个实例必须放在服务器和客户端都可以访问的位置。ReplicatedStorage 就是一个合适的位置，也可以把它们放在 Workspace 中，但推荐把它们放在 ReplicatedStorage 文件夹中，如图 18.4 所示。

图18.4 把RemoteEvent和RemoteFunction放在ReplicatedStorage文件夹中

18.2.2 创建RemoteEvent

创建一个 RemoteEvent，用于在客户端和服务器之间进行通信。在 ReplicatedStorage 中创建 RemoteEvent 实例，如图 18.5 所示。

图18.5 创建RemoteEvent

创建一个事件，用于让服务器在 Workspace 中创建一个新部件，把它重命名为 SendMessage（见图 18.6）。

在 StarterPlayerScripts 中创建 LocalScript（见图 18.7）。

图18.6 重命名事件

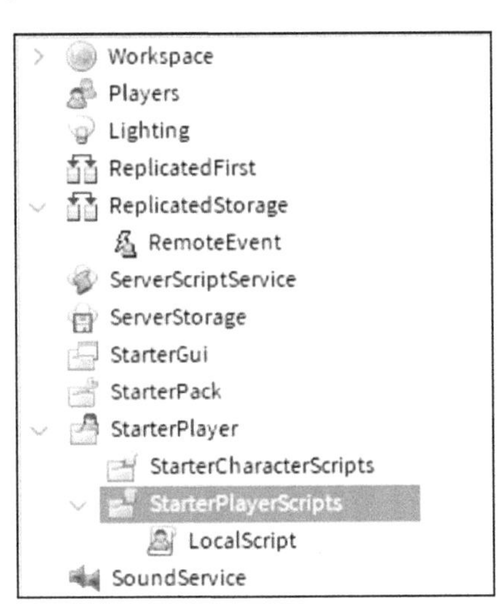

图18.7 在StarterPlayerScripts中创建LocalScript

编写代码来触发事件，在 LocalScript 中输入以下内容。

代码清单 18-2

```
local remoteEvent = game:GetService("ReplicatedStorage"):WaitForChild("Send-
Message")
remoteEvent:FireServer()
-- 向服务器触发事件
```

有了从客户端向服务器发送消息的方法，现在需要创建服务器上响应该消息的脚本，在 ServerScriptService 下创建一个 Script（见图 18.8）。在该脚本中编写代码来监听 SendMessage 事件，服务器在收到客户端的消息时，创建一个部件。

代码清单 18-3

```
local remoteEvent = game:GetService("ReplicatedStorage"):WaitForChild("SendMessage")

local function createPart(player)
    -- 创建一个部件，并重命名为玩家的名称
    local part = Instance.new("Part")
    part.Parent = game.Workspace
    part.Name = player.Name
end

remoteEvent.OnServerEvent:Connect(createPart)
-- 当服务器触发 remoteEvent 时，会运行 createPart 函数
```

每次客户端触发 SendMessage 事件时，服务器都会创建一个部件，并把它命名为触发此事件的客户端（玩家）的名称。

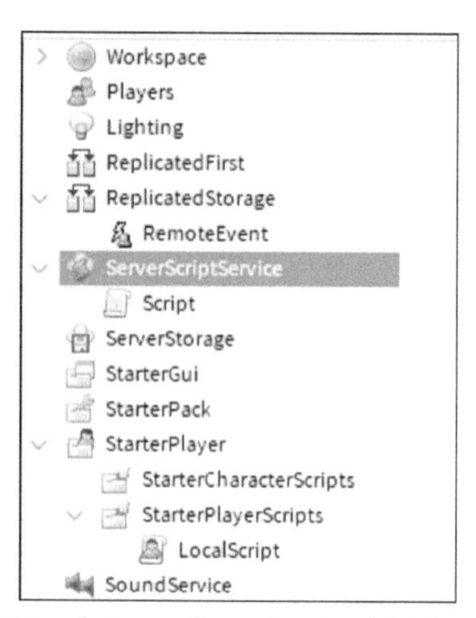

图18.8　在ServerScriptService中创建Script

▼ 小练习

尝试使用 RemoteEvent 和 RemoteFunction

可以修改以上函数来实现需要的功能，例如：改变部件的颜色、向另一个玩家发送消息、删除部件、触发爆炸等。也可以尝试使用 RemoteFunction 让服务器向客户端返回一个值或返回一个对象。其中使用服务器验证是很重要的，下一节将详细介绍。

18.3　服务器验证

假设有一个名为 PurchaseItem 的 RemoteEvent，可以传入两个参数：商品的名称和价格。

```
remoteEvent:FireServer("PetDog", 100)
```

这行代码会引起严重的后果，思考一下为什么。

黑客可以在客户端把价格更改为 0，然后触发事件，从而免费获得游戏中的物品。这就是为什么服务器验证非常重要。服务器验证是指服务器检查或验证从客户端传递过来的值，例如，在服务器上把 Value 对象存储在 ServerStorage 中。使用 NumberValue 对象保存数字数据，这是存储商品价格的便捷方法，如图 18.9 所示。

图18.9　ServerStorage中的NumberValue对象，它保存游戏中商品的价格

当服务器收到事件时，它会检查宠物狗的价格，发现宠物狗的价格实际上是 100 元，而不是黑客传递的 0，它将向黑客收取 100 元或拒绝黑客的购买请求。黑客经常会试图更改他们拥有的金钱数量和等级，但这些更改只发生在客户端，如果设置了在服务器上进行验证，那么这些更改就不会导致问题！

18.4　队伍

多人竞技游戏制作完成后，所有玩家在游戏里都没有竞争性，所以需要创建队伍。本节将介绍如何在游戏中添加队伍，以及如何把玩家分配到队伍中。

18.4.1　添加队伍

打开“模型”选项卡，单击“高级”选项组中的“服务”按钮，打开“插入服务”对话框（见图 18.10）。

图18.10　单击“服务”按钮

选择 Teams 文件夹，然后单击“插入”按钮（见图 18.11），这会创建一个特殊文件夹来保存所有队伍。

选择 Teams 文件夹，创建一个队伍（见图 18.12），可以在“属性”窗口中修改队伍的名称和颜色。

图18.11　使用插入服务添加Teams文件夹

图18.12　创建队伍

注意　中立队伍

把 Player.Neutral 属性设为 true，玩家的队伍属性就会变为空，可以通过在 LocalScript 中输出 game.Players.LocalPlayer.Neutral 来检查它的值。

18.4.2 自动把玩家分配到队伍中

如果你希望玩家在加入游戏时自动加入某个队伍，则可以在此队伍的“属性”窗口里勾选 AutoAssignable 复选框（见图 18.13）。例如，如果你想要做一个旁观者或加入大厅中的队伍，就可以设置此队伍的这个属性。

图18.13 在“属性”窗口中勾选AutoAssignable复选框

18.4.3 手动把玩家分配到队伍中

以下示例演示了如何把游戏中的玩家放入名为 WinningTeam 的队伍中，方法为遍历所有玩家，修改每个玩家的 Team 属性的值。

代码清单 18-4

```
-- 遍历游戏中的每个玩家并更改他们的队伍
for _, player in pairs(game.Players:GetChildren()) do
    player.Team = game.Teams.WinningTeam
end
```

还可以使用队伍服务来手动把玩家分配到队伍中。

代码清单 18-5

```
-- 队伍服务
local Teams = game:GetService("Teams")

-- 遍历游戏中的每个玩家并更改他们的队伍
for _, player in pairs(game.Players:GetChildren()) do
    player.Team = Teams["WinningTeam"]
end
```

如果在游戏过程中需要创建或删除队伍，则使用以下方法会更合适。GetTeams()

用于获取当前游戏中的所有队伍，使用它可以更容易地随机分配队伍，如下所示。

代码清单 18-6

```
-- 队伍服务
-- GetTeams() 返回当前游戏中所有的队伍的表
local Teams = game:GetService("Teams"):GetTeams()

-- 遍历游戏中的每个玩家并更改他们的队伍
for _, player in pairs(game.Players:GetChildren()) do
    player.Team = Teams[math.random(1, #Teams)]
    -- 随机选择一个队伍
end
```

▼ 小练习

尝试使用其他分配玩家的机制

还有更复杂的分配玩家到队伍的机制——例如，使用 isFriendsWith() 方法对玩家进行分组，并把该组玩家分配到特定队伍。这超出了本书的范围，但读者可以自己试验一下！

18.5　网络所有权

每当游戏中的物体（例如车辆或部件）移动时，罗布乐思都会计算它的物理变化。为了让服务器不必计算游戏中每个对象的物理变化，服务器让一些客户端为靠近本玩家角色的对象计算物理变化。计算对象物理变化的客户端称为“所有者”，也称为“网络所有权”。

网络所有权的运作在大多数时候是没有问题的，但是因为客户端管理的任何物理变更都必须发送到服务器，就可能会导致问题。例如，如果一个部件在空中飞行，并飞过多个玩家，那么每个玩家就会轮流成为所有者。当部件更改网络所有权时，可能会导致明显的延迟。为确保部件可以平稳移动，可以手动指定一位特定的网络所有者。

可以在服务器脚本上使用如下代码设置部件的网络所有权。

```
game.Workspace.Part:SetNetworkOwner(player)
```

还可以使用 GetNetworkOwner() 输出并查看部件的当前网络所有权。

注意 网络所有权和锚固部件

不可以为锚固的部件设置网络所有权，如果这样做，“输出”窗口中就会显示警告信息。

总结

本章介绍了客户端 - 服务器模型的基础知识，以及如何在罗布乐思中实现客户端和服务器之间的通信；介绍了游戏开发中的两个重要工具——RemoteEvent 和 RemoteFunction，以及如何在游戏中使用它们；介绍了服务器验证，以及它的重要性；最后，讲解了如何创建队伍、如何制作有趣的多人游戏、网络所有权的基本概念及使用方法。

问答

问 触发的 RemoteEvent 或 RemoteFunction 是否会按顺序执行?

答 会，即使它们没有按顺序到达，它们也会按照正确的顺序执行。

问 脚本会等待 RemoteFunction 的回复吗?

答 会，RemoteFunction 会暂停脚本的执行，直到脚本收到回复，所以在服务器上调用此函数不是一个好方法，但 RemoteEvent 不会引起此问题。

实践

回顾一下学到的知识，花点时间回答以下问题。

测验

1. 判断对错：客户端做的所有更改都会复制到服务器。
2. 判断对错：罗布乐思有两种类型的脚本。
3. 为了保护 RemoteEvent 或 RemoteFunction，你应该始终使用服务器________。
4. 判断对错：RemoteEvent 用于单向通信。
5. 判断对错：设置 Player.Neutral 不会改变玩家的队伍。

6. InvokeClient() 有什么作用？
7. 罗布乐思的服务器使用哪种网络模型？
8. 网络所有权决定由谁来计算部件的________。

答案

1. 错误，只有部分更改（例如人形、声音）会被复制到服务器。
2. 正确，LocalScript 在客户端上运行，Script 在服务器上运行。
3. 验证。
4. 正确，RemoteEvent 是单向通信的，而 RemoteFunction 需要等待回复。
5. 错误，玩家的队伍属性会被设为空。
6. InvokeClient() 与 RemoteFunction 一起使用，可以向客户端发送消息，客户端收到后会回复。
7. 客户端 - 服务器模型。
8. 物理变化。

练习

这个练习结合了这一章介绍的许多知识，如果有不清楚的地方，可以参考前面的内容。制作一个 GUI 按钮，单击按钮时，触发 RemoteEvent 来更改玩家的队伍，FireServer() 的参数中包含玩家要更改的队伍名称，注意在服务器上检查队伍是否存在。

1. 创建一个 ScreenGui，并在里面创建一个 TextButton。
2. 在 TextButton 内创建一个 LocalScript。
3. 在 ReplicatedStorage 中创建一个 RemoteEvent，把它重命名为合适的名称。
4. 在 ServerScriptService 中创建一个 Script，玩家触发 RemoteEvent 时运行该脚本。当 RemoteEvent 被触发时，改变触发它的玩家的队伍属性，注意要验证队伍名称。
5. 在 LocalScript 中编写代码，在玩家单击按钮时触发 RemoteEvent，可以使用 MouseButtonClick 事件来检测 TextButton 是否被单击，不要忘记使用队伍名称作为 FireServer() 的参数。
6. 在 Script 中编写代码，使用创建的函数连接事件。
7. 测试游戏。

8. 额外制作：创建一个文本框，让玩家输入想要加入的队伍名称，使用 FireServer() 时把该名称作为参数发送。注意要验证队伍是否存在。

额外练习：创建一个激光部件，从玩家向另一个部件或位置发射激光。设置激光部件的网络所有者来使用网络所有权。

1. 在 Workspace 下创建一个部件。
2. 根据需要修改 Color3 和 Material 属性。
3. 设置部件的 CFrame，可以使用 player.Character.Head.Position 作为参考。
4. 设置部件的速度来使它移动，Velocity 使用 Vector3。
5. 设置网络所有权，可以使用 SetNetworkOwner(nil) 来让服务器拥有网络所有权，或使用 SetNetworkOwner(player)。
6. 使用 local direction = player.Character.Head.CFrame.lookVector 获取玩家的朝向，把它赋给 Velocity，代码为 part.Velocity = direction * 20 + Vector3.new(0,20,0)。
7. 额外制作：使用不同的网络所有者在实时服务器上（注意不是 Studio 上）进行测试，看看有什么差异。

第 19 章

模块脚本

在这一章里你会学习：

- 什么是模块脚本；
- 客户端和服务器的模块脚本的区别；
- 如何使用模块脚本来存储信息；
- 如何使用模块脚本编写游戏循环。

在编写游戏代码时，很多情况下，可能需要在几个不同的地方使用同一段代码，或者让同一段代码可以被多个脚本使用。例如，希望在任务结束或打开宝箱时给玩家物品，可以把给物品的代码分别复制并粘贴到 20 个不同的宝箱中，但要更新它时会很痛苦。使用模块脚本可以避免重复修改代码。本章将介绍什么是模块脚本、何时使用模块脚本、如何使用模块脚本来创建游戏循环。

19.1 了解模块脚本

模块脚本是一种特殊类型的脚本，允许多个脚本引用和使用它里面的函数和变量。如果模块脚本在客户端和服务器都可以访问的区域，那么客户端和服务器的脚本都可以使用该模块脚本。

在 ServerStorage 中创建一个模块脚本，如图 19.1 所示。

这是模块脚本最常见的存放区域，因为游戏在运行时不会执行 ServerStorage 中的脚本。

图19.1 ServerStorage里的模块脚本

如果你想要客户端和服务器都可以使用变量和函数，则应该把模块脚本放在 ReplicatedStorage 中。

19.1.1 了解模块脚本的结构

与其他脚本类型不同，模块脚本不会自动包含 print("Hello world!")，但会自动生成创建一个表的代码，然后把它返回（或发送）给调用脚本。如下代码中，module 表中的内容会被发送给调用脚本，例如数值、函数、其他表和代码片段。

代码清单 19-1

```
local module = {} -- 局部变量的表

return module -- 把表返回到调用脚本的位置
```

创建模块脚本后，需要先重命名脚本，然后修改表的名称来对应匹配，如下例所示。

1. 使用描述代码用途的名称重命名脚本，本例是 TreasureManager（见图 19.2）。

2. 重命名表来对应匹配。

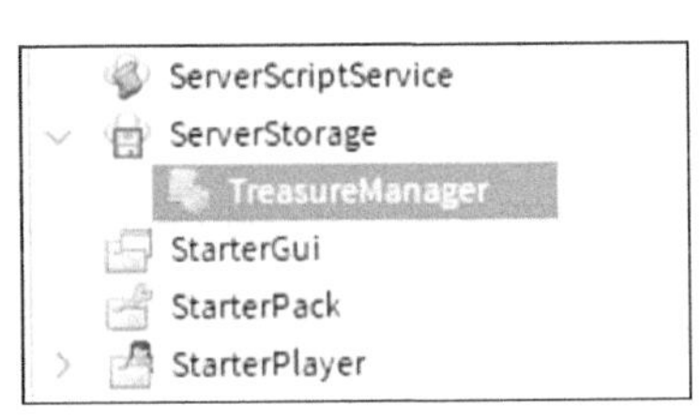

图19.2 TreasureManager脚本

代码清单 19-2

```
local TreasureManager = {}

return TreasureManager
```

3. 如果变量和函数只需要在本模块脚本里使用，则可以正常使用关键字 local。

4. 添加一个名为 goldToGive 的 local 变量。

代码清单 19-3

```
local TreasureManager = {}
local goldToGive = 500 -- 局部变量只能由模块脚本使用

return TreasureManager
```

19.1.2 编写可被调用的代码

为了让其他脚本可以调用代码，不能像平常那样简单地声明变量或函数，而是要在声明时把变量或函数添加到表中，这样其他脚本才能使用它，形式是 ModuleName.InsertName。

变量声明示例如下。

```
ModuleName.VariableName = 100
```

函数声明示例如下。

```
function ModuleName.FunctionName()
end
```

继续之前的示例，现在需要添加一个可以让游戏中的宝箱被调用的函数。在模块脚本的表中添加一个名为 giveGold 的函数，注意声明函数时不要使用 local 关键字。

代码清单 19-4

```
local TreasureManager = {}
local goldToGive = 500

function TreasureManager.giveGold() -- 可以在任意地方调用
	print(goldToGive .. "gold was added to inventory" )
end

return TreasureManager
```

19.1.3　使用模块脚本

模块脚本创建好后，现在介绍如何使用它。在 LocalScript 或 Script 里调用模块脚本需要使用 require() 函数，这个函数有一个参数——模块脚本在项目管理器中的路径，这个函数会返回一个变量——模块脚本返回的表，代码如下所示。

代码清单 19-5

```
-- 获取模块脚本
local ServerStorage = game:GetService("ServerStorage")
local ModuleExample = require(ServerStorage.ModuleExampleMyModule)

-- 要使用模块脚本内的函数和变量，请使用点表示法
-- 示例函数
ModuleExample.exampleFunction()
```

在宝箱的脚本中还需要一些代码来调用模块脚本。尽可能让宝箱的脚本代码轻量，避免以后需要反复修改它，并且需要考虑到代码的安全性，防止被黑客攻击。每

当玩家角色触摸宝箱时调用 giveGold() 函数。按照以下步骤操作。

1. 使用简单的部件或模型作为宝箱，在里面创建脚本。如果使用的是模型，那么脚本需要放入部件中。
2. 使用 require() 函数获取 TreasureManager 模块脚本。
3. 添加代码，当玩家角色触碰宝箱时调用 giveGold() 函数。

代码清单 19-6

```
local ServerStorage = game:GetService("ServerStorage")
local TreasureManager = require(ServerStorage.TreasureManager) -- 获取模块脚本

local treasureChest = script.Parent

-- 玩家角色触碰宝箱时给予金币
local function onPartTouch(otherPart)
	local partParent = otherPart.Parent
	local humanoid = partParent:FindFirstChildWhichIsA("Humanoid")
	if humanoid then
		TreasureManager.giveGold() -- 调用模块脚本中的函数
	end
end

treasureChest.Touched:Connect(onPartTouch)
```

▼ 小练习

连接到排行榜

尝试在玩家获取金币时，触发排行榜的变化，而不仅是输出排行榜。排行榜的使用方法请参照第 12 章。一般情况下 Studio 会自动补全变量和函数的名称，但在未自动补全的情况下，可能需要手动输入，需要确保输入的名称与模块脚本中的名称完全相同。

注意　使用 :WaitForChild() 代替点符号

在模块脚本加载完成前，如果使用点表示法在 require() 函数的参数里调用模块脚本，可能会出错，应该使用 :WaitForChild() 代替点符号，以避免此问题发生。但如果脚本在 ServerScriptService 或 ServerStorage 中，则不需要这样做。

▼ 小练习

创建模块脚本

可以通过添加函数来实现想要的功能，例如创建或销毁部件、操纵角色、简单地输出信息。注意，在不同的地方使用 require() 函数调用模块脚本，可以看到效果的玩家也可能会不同，下一节将介绍这一点。

19.2　了解客户端与服务器的模块脚本

虽然客户端和服务器的脚本都可以调用模块脚本，但模块脚本可以实现什么功能取决于它在客户端 - 服务器模型的哪一端执行。第 18 章“多人游戏编程和客户端 - 服务器模型”解释了客户端 - 服务器模型，以及在客户端运行代码时是否复制内容到服务器。相同的原理，在脚本中调用模块脚本，模块脚本的执行效果取决于调用它的脚本。例如，在 LocalScript 里调用 ModuleScript 的函数，则不能访问 ServerStorage、ServerScriptService 和其他仅对服务器可见的区域，但在 Script 里调用相同的 ModuleScript 的函数就可以访问这些区域。客户端 - 服务器模型两端的脚本都可以使用模块脚本，但不会产生使用漏洞。下面通过一个示例来演示，在该示例中，服务器和客户端执行同一个脚本。

1. 在 ServerStorage 中创建一个 NumberValue 对象，将将其重命名为 Secret（见图 19.3），把它的值设为你喜欢的数字。只有服务器脚本才能访问 ServerStorage。

2. 在 ReplicatedStorage 中创建一个 ModuleScript（见图 19.4），ReplicatedStorage 是客户端和服务器都可以访问的区域。

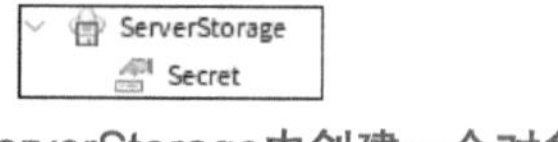

图19.3　在ServerStorage中创建一个对象

图19.4　ReplicatedStorage中的ModuleScript

3. 把模块脚本重命名为 ReplicatedModuleScript。

4. 重命名表来匹配模块脚本的名称。

代码清单 19-7

```
local ReplicatedModuleScript = {}
return ReplicatedModuleScript
```

5. 在 ModuleScript 中添加变量 Secret。

代码清单 19-8

```
local ReplicatedModuleScript = {}
ReplicatedModuleScript.Secret = game.ServerStorage.Secret
return ReplicatedModuleScript

local ReplicatedModuleScript = {}
ReplicatedModuleScript.Secret = game.ServerStorage.Secret
return ReplicatedModuleScript
```

在 LocalScript 和 Script 中使用相同的代码，它们都可以访问 ReplicatedStorage 中的模块脚本，然后在获取表后尝试输出 Secret 的值。

1. 在 ServerScriptService 中创建一个 Script，在 StarterPlayerScript 中创建一个 LocalScript。
2. 把以下代码分别复制到刚创建的两个脚本中。

代码清单 19-9

```
-- 获取所需的模块脚本
local ReplicatedModuleScript =require(game.ReplicatedStorage:WaitForChild
    ("ReplicatedModuleScript"))

-- 获取并输出变量值
print(ReplicatedModuleScript.Secret.Value)
```

完成后，测试游戏并观察结果，你将看到服务器输出的值和客户端的错误消息。在图 19.5 中，服务器输出 SecretKey 的值（上面一行），而客户端发生错误（下面一行）。

如你所见，服务器可以访问和输出 Secret 的值，但客户端找不到它，并显示 Secret 不是 ServerStorage 的有效成员。在编写由客户端 - 服务器模型两端都可以访问的模块脚本时，如果不希望黑客查看私有的 ServerStorage 中的内容，把功能分离在模块脚本中很有用。

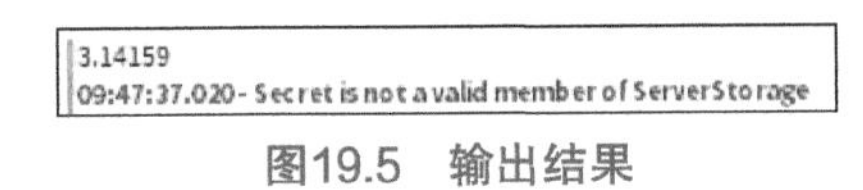

图19.5 输出结果

19.3 使用模块脚本：游戏循环

在介绍了模块脚本、使用模块脚本的方法，以及模块脚本在客户端和服务器之间的功能差异后，接下来可以用模块脚本来做游戏循环。游戏循环是玩家每次玩游戏时经历的循环。在多人游戏中，一般有一个基于回合的游戏循环，在每个回合中，玩家以某种方式来赢得比赛。对于这种类型的游戏循环，需要考虑 3 个主要部分（见图 19.6）。

- **Intermission**（休息）：等待玩家加入，或等待回合开始。
- **Competition**（比赛）：进行主要的游戏玩法。
- **Cleanup**（清理）：所有都重置为初始状态。

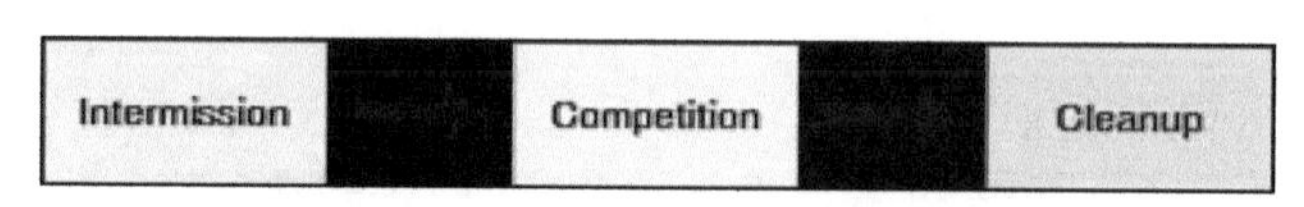

图19.6 回合制游戏循环的3个主要部分

19.3.1 使用配置来控制游戏循环

创建一个对象，让其他脚本在需要每个阶段的信息时调用该对象。

1. 在 ServerStorage 中创建模块脚本，并将其重命名为想要的名称，最好使用容易理解的名称，例如 GameSettings 或 GameInformation（见图 19.7）。

2. 在模块脚本里声明变量，用于控制游戏循环中每个部分持续的时间。在声明之前，先搞清楚以下问题。

   - 休息期应该持续多久？
   - 每场比赛应该持续多久？
   - 最少需要多少玩家才能正常进行游戏？
   - 每个阶段之间应该间隔多长时间？

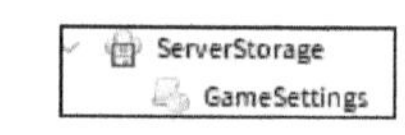

图19.7 在ServerStorage中创建模块脚本

3. 在模块脚本中创建变量来解决以上问题。

以下代码根据上述问题的答案声明了变量，所有时间都以秒为单位。

代码清单 19-10

```
local GameSettings = {}

GameSettings.IntermissionTime = 5
GameSettings.RoundTime = 30
GameSettings.MinimumPlayers = 2
GameSettings.TransitionTime = 3

return GameSettings
```

19.3.2 创建可复用的回合函数

接下来编写管理比赛的脚本。

1. 在 ServerStorage 中创建一个模块脚本，并将其重命名为 RoundManager（见图 19.8）。

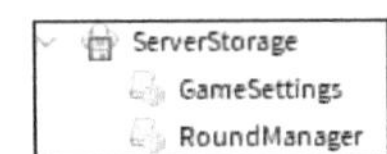

图19.8 在ServerStorage中添加RoundManager模块脚本

2. 在 RoundManager 模块脚本中，添加以下变量和函数，这些变量和函数用于让玩家开始比赛，并在比赛结束后重置状态。现在使用输出语句作为占位符，稍后再添加功能。

代码清单 19-11

```
local RoundManager = {}

local ServerStorage = game:GetService("ServerStorage")
local GameSettings = require(ServerStorage:WaitForChild("GameSettings"))
local RoundManager = {}

function RoundManager.PreparePlayers()
     print("The match is beginning...")
     wait(GameSettings.TransitionTime)
end

function RoundManager.Cleanup()
     print("The match is over. Cleaning up...")
     wait(GameSettings.TransitionTime)
end

return RoundManager
```

19.3.3 创建主流程：游戏循环

现在处理系统的主要流程，也就是游戏循环。

1. 在 ServerScriptService 中创建一个 Script（见图 19.9）并将其重命名为 GameLoop，它会在游戏开始时自动运行。

2. 按需要设置环境：从 ServerStorage 获取两个模块脚本，还有一些其他罗布乐思服务，例如 Players 和 RunService。

这是主循环脚本的初始设置，注意在 require() 函数的参数中使用 WaitForChild()，这是为了确保在此脚本运行之前先加载好模块脚本。

图19.9 创建GameLoop

代码清单 19-12

```
-- 服务
local RunService = game:GetService("RunService")
local ServerStorage = game:GetService("ServerStorage")
local Players = game:GetService("Players")

-- 模块脚本
local GameSettings = require(ServerStorage:WaitForChild("GameSettings"))
local RoundManager = require(ServerStorage:WaitForChild("RoundManager"))
-- 使用 while true do 创建无限循环
-- 主循环
while true do
      -- 里面的代码会不断地重复执行
end
```

3. 在开始比赛前，需要检查是否有足够的玩家来开始游戏，可以使用 if 语句把当前玩家数量与开始游戏所需的最少玩家数量进行比较。

注意，“#”符号用于返回表的长度。通过 Players:GetPlayers() 获得玩家列表，在前面添加“#”获得玩家列表的长度。

代码清单 19-13

```
-- 主循环
while true do
-- 这里的代码会不断重复执行
    if #Players:GetPlayers() < GameSettings.MinimumPlayers then
        wait()
    end
end
```

4. 当玩家数量足够时，就开始游戏，并等待游戏结束。

代码清单 19-14

```
-- 主循环
while true do
-- 这里的代码会不断地重复执行
    if #Players:GetPlayers() < GameSettings.MinimumPlayers then
        wait()
    end

    wait(GameSettings.IntermissionTime)
```

```
    RoundManager.PreparePlayers()

    wait(GameSettings.RoundTime)

    RoundManager.Cleanup()
end
```

至此就有了基础的游戏循环，可以与朋友在正式的服务器上测试它，或者使用“测试”选项卡里的测试工具模拟所需的最少玩家进行测试（见图 19.10）。

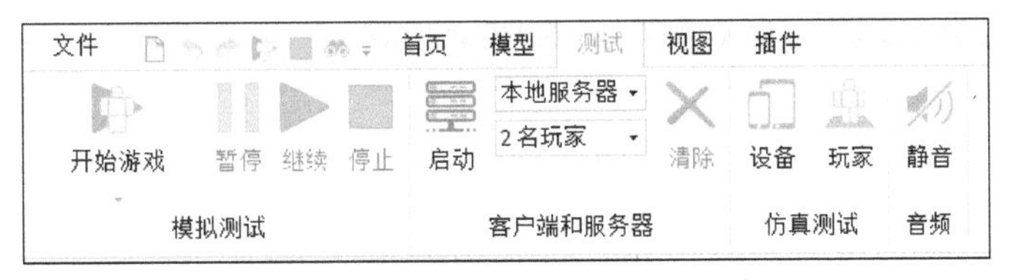

图19.10　使用测试工具进行测试

▼ 小练习

完成游戏循环

有了基础，就可以思考怎么管理游戏回合中的玩家准备阶段和清理玩家状态。制作一个大厅，在大厅中玩家可以在比赛开始前互相交流，然后给玩家分配武器。还可以使用 BindableEvent 来通知游戏回合的开始和结束以改进游戏循环（如果满足某些条件，玩家就不需要等时间到）。

总结

本章介绍了模块脚本，以及如何使用它来更好地组织代码，以避免重复修改函数的操作。结合之前介绍的客户端 - 服务器模型的知识，阐述了模块脚本能实现哪些操作取决于在哪一端的脚本中调用它。最后讲解了游戏循环示例，把模块脚本的思想应用到了游戏系统中。

问答

问　模块脚本可以使用 require() 函数相互调用吗？

答　可以，让两个模块脚本使用 require() 函数相互调用是可以的，但可能会引起它们都在等对方加载的问题。

问　在哪里可以存放模块脚本?

答　最好的存放模块脚本的方法是：如果它只被服务器的 Script 使用，就把它放在 ServerStorage 中；如果它需要同时被 LocalScript 和服务器的 Script 使用，就把它放在 ReplicatedStorage 中。

实践

回顾一下学到的知识，花点时间回答以下问题。

测验

1. 判断对错：模块脚本会自动执行。
2. 判断对错：模块脚本只能放在 ServerStorage 中。
3. 要使用模块脚本，你必须使用________。
4. 判断对错：可以在模块脚本之外访问模块脚本里的局部变量和函数。
5. 判断对错：在客户端运行的模块脚本可以看到服务器中的所有内容。
6. 判断对错：模块脚本可以被多个脚本使用。
7. 模块脚本返回一个________，包含变量和函数。
8. 使用模块脚本可以更好地________代码。

答案

1. 错误，模块脚本必须由另一个脚本（例如 LocalScript 或 Script）来执行。

2. 错误，模块脚本可以放在任何位置，只要它可以被使用它的脚本访问。（最佳做法请参阅“问答”部分。）

3. require()。

4. 错误，只能在模块脚本内部访问其中的局部变量和函数。

5. 错误，客户端调用的模块脚本只能看到客户端的内容，不能看到 ServerStorage 中的内容。

6. 正确。

7. 表。

8. 组织。

练习

这个练习结合了这一章介绍的知识，如果有不清楚的地方，可以参考前面的内容。制作一些积木，当玩家触碰这些积木时，可以获得不同数量的货币，通过执行相同的模块脚本来实现。

1. 在 ServerScriptService 中创建一个脚本，用于创建货币排行榜。

2. 创建多个部件，在部件中创建一个脚本，当玩家角色触碰部件时会执行该脚本。

3. 在 ServerStorage 中创建一个模块脚本，并将其重命名为适当的名称。

4. 在模块脚本中创建一个函数，玩家角色在触碰部件时获得货币。（提示：使用 if 语句来检查。）

5. 在部件的脚本中使用 require() 调用脚本内的函数，把 Character 和 Part 作为参数传递。

6. 额外制作：不要使用每个部件里的脚本，而尝试使用一个带有 for 循环的脚本来获得货币。

额外练习：创建一个按钮、一个模块脚本和一个函数，通过输出不同的文本内容来判断模块脚本是在客户端执行还是在服务器中执行。

1. 在 ReplicatedStorage 中创建模块脚本。

2. 在模块脚本中编写一个函数，用于在服务器和客户端运行时输出不同的文本，使用 RunService:IsClient 和 RunService:IsServer 来判断模块脚本是在服务器中执行还是在客户端中执行，RunService 需要使用变量和服务来创建。

3. 在 ServerScriptService 中创建 Script。

4. 在 Script 内使用 require() 调用模块脚本里的函数。

5. 创建一个 ScreenGui 和一个 TextButton，随意修改名称和文本。

6. 在 TextButton 内创建 LocalScript，同样使用 require() 调用模块脚本里的函数。

7. 额外制作：使用上一章介绍的 RemoteEvent，让 LocalScript() 可以调用运行在服务器中的模块脚本。

第 20 章

摄像机

在这一章里你会学习：

- 什么是摄像机；
- 如何编写摄像机脚本；
- 如何使用渲染步骤；
- 如何旋转和移动摄像机。

摄像机作为玩家的“眼睛”，它是让玩家获得良好游戏体验的“无名英雄”。粗拙的摄像机系统会给玩家带来不好的游戏体验，而精致的摄像机系统可以让玩家感觉身临其境。当玩家与 NPC 交谈时，摄像机可以放大聚焦到 NPC 身上，或平移到更好的视角，这一切可能不会被玩家注意到。

本章将介绍摄像机，以及如何平滑地移动和旋转摄像机来制作镜头效果、电影般的镜头旋转和镜头抖动。

20.1 摄像机介绍

摄像机会影响玩家玩游戏时的情绪。当游戏开发者希望使玩家在某个时间点产生某种感受时，他们通常会改变摄像机的焦点。例如，如果开发者希望玩家感到害怕和幽闭恐惧，他会把摄像机紧贴在玩家角色身后，如图 20.1 所示。

如果开发者希望玩家产生更冒险或更畅快的感觉，可以把摄像机放得更远，呈现更宽阔的视野，如图 20.2 所示。

图20.1 摄像机紧贴在玩家角色身后以制造紧张感

图20.2 强调开放世界游戏玩法的广角镜头

在罗布乐思中，无论玩家使用的是手机、平板电脑、PC 还是 Xbox，每个客户端都有一个本地摄像机对象，玩家在设备上通过摄像机对象看到 3D 世界的渲染。默认摄像机对象在 Workspace 里（见图 20.3）。

图20.3 摄像机示例

20.1.1　摄像机属性

已经知道摄像机所在的位置，那么究竟可以用摄像机做什么呢？下面介绍摄像机的属性，然后通过一些示例进一步讲解。表 20-1 显示了摄像机对象的一些常用属性。下一节将提供修改摄像机属性来改善玩家体验的示例。

以下是修改摄像机的属性的示例。

代码清单 20-1

```
local currentCamera = workspace.CurrentCamera
currentCamera.FieldOfView = 100
```

表20-1　摄像机的属性

属性	解释	例子
CFrame	摄像机的坐标系（位置和旋转，参照第14章“编码动效”）	过场动画、摄像机渐变、美观拍照
Focus	优先渲染的3D区域的CFrame，默认是玩家的Humanoid	提高远离玩家角色的区域的视觉保真度，例如过场动画
FieldOfView	此属性也称为FOV，用于设置摄像机查看世界的角度大小，单位是度	狙击瞄准镜——FPS，例如游戏“幻影部队”； 望远镜，例如游戏“越狱”； 情绪反应，例如让玩家产生幽闭恐惧或自信的感觉

20.1.2　基本的摄像机操作

每个玩家所看到的内容与其他玩家所看到的内容是不一样的，这取决于操作摄像机的脚本类型。与处理其他的只有本地玩家可见内容的代码一样，处理摄像机的代码需要编写在 LocalScript 中，而处理摄像机的 LocalScript 应该存储在 StarterPlayerScripts 中（见图 20.4）。

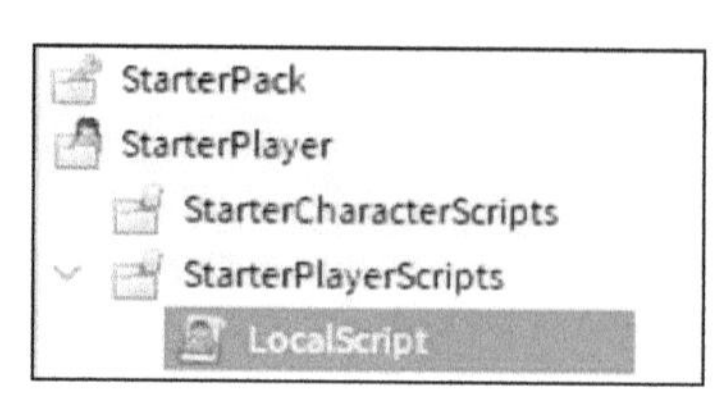

图20.4　存储在StarterPlayerScripts中的LocalScript，用于修改摄像机

把摄像机模式 CameraType 设为编码控制模式，这样才能操作摄像机，代码如下。

代码清单 20-2

```
local camera = workspace.CurrentCamera
camera.CameraType = Enum.CameraType.Scriptable
```

修改摄像机属性的参考代码如下。

代码清单 20-3

```
local camera = workspace.CurrentCamera
camera.CameraType = Enum.CameraType.Scriptable
camera.FieldOfView = 30
```

20.2　使摄像机移动

本节将制作一个镜头移动效果，镜头会渐变移动到环境中的某个位置，然后恢复到正常状态。这样的镜头运动可用于向玩家展示附近发生的事件，例如刚解决的谜题或开门。按照以下步骤操作。

1. 创建一个楔形部件，并将其重命名为 EndGoal，用于标记摄像机移动的位置，使用楔形是因为它可以轻松分辨出指向的方向（见图 20.5）。

图20.5　用于指示摄像机位置的楔形

2. 在 StarterPlayerScripts 中添加一个 LocalScript，并重命名为 CameraMove（见图 20.6）。

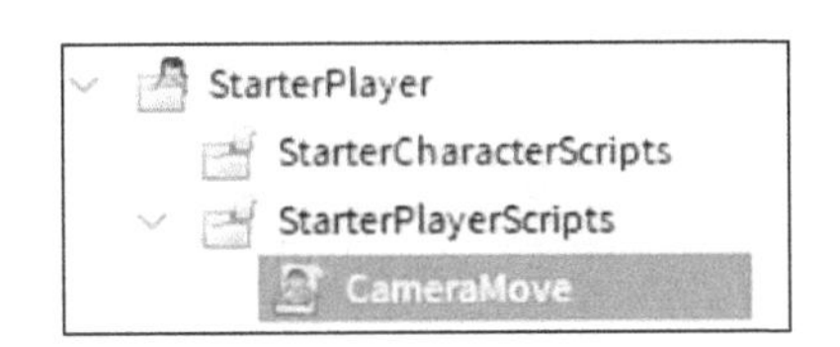

图20.6　LocalScript重命名为CameraMove

3. 获取 TweenService、CurrentCamera 对象和刚刚创建的楔形部件。

代码清单 20-4

```
local TweenService = game:GetService("TweenService")


local currentCamera = workspace.CurrentCamera -- 摄像机

local endGoal = workspace.EndGoal -- 楔形部件
```

4. 添加 wait() 函数等待玩家加载，把摄像机模式设为编码控制模式。

代码清单 20-5

```
wait(3) -- 等待玩家加载
currentCamera.CameraType = Enum.CameraType.Scriptable
```

5. 设置渐变来移动摄像机，如果要添加渐变的其他参数，请参阅第 14 章，本示例以摄像机的当前位置为开始位置，以楔形部件位置为目标位置进行渐变移动。

代码清单 20-6

```
-- 设置摄像机渐变移动
local tweenInfo = TweenInfo.new(10)

local goal = {}
goal.CFrame = endGoal.CFrame

local CameraAnim = TweenService:Create(currentCamera,tweenInfo,goal)
```

6. 创建一个函数，完成渐变后，把摄像机恢复为正常模式。

代码清单 20-7

```
-- 短暂暂停后恢复为正常摄像机
local function returnCamera()
   wait(3) -- 等待时间，给玩家查看场景
   currentCamera.CameraType = Enum.CameraType.Custom
end

CameraAnim:Play()
CameraAnim.Completed:Connect(returnCamera)
```

渐变完成后，必须把摄像机恢复为正常模式，否则玩家会无法正常操作。

20.3 使用渲染步骤

上面使用渐变的方法移动摄像机，但很多时候需要在没有预设动画的情况下或在特定的时间移动摄像机，这就需要使用渲染步骤，而不是使用循环来移动摄像机。当玩家看着游戏屏幕时，一系列的图片非常迅速地刷新，可以使玩家有一种在游戏环境中平稳移动的错觉。完成计算显示内容的时间称为渲染步骤，显示的每一张图片都是一帧。

与使用循环方法相比，使用渲染步骤对摄像机进行编码可以产生更流畅的动画。

先获取 RunService，然后使用 BindToRenderStep() 绑定函数来在渲染步骤中执行。

代码清单 20-8

```
local RunService = game:GetService("RunService")
RunService:BindToRenderStep("Binding Name", 1, functionToBind)
```

BindToRenderStep() 函数的参数如下。

- **Name**：此绑定的名称，当不再需要绑定时，可以用此名称来取消绑定。
- **Priority**：自定义函数被调用的时间，这个数字越小，自定义函数被调用的时间就越早。默认的控制脚本是按照下面的优先级来执行的：玩家输入的优先级是 100，镜头控制的优先级是 200。如果你不确定，你可以使用枚举 RenderPriority。
- **Function**：要绑定的函数的名称。

20.4 移动摄像机

如果你需要摄像机相对玩家角色移动，Humanoid 有一个非常有用的摄像机属性，称为 CameraOffset。可以在如下情况下使用它：在玩家角色行走时创建泡泡效果、在玩家角色触碰危险物品时让摄像机抖动。

CameraOffset 采用 Vector3 来设置，并且需要在客户端使用，设置代码如下。

```
humanoid .CameraOffset = Vector3.new(x, y, z)
```

与其他处理摄像机属性的代码一样，CameraOffset 只能在客户端使用。下面讲解如何通过从服务器向客户端发送信号来制作摄像机抖动。摄像机抖动通常在如下情况下使用：玩家角色接触到有害物体时、显示很重的巨型怪物时、玩家角色撞车时。例如，创建一个简单的危险部件，并且使用摄像机抖动向玩家反馈他们接触到了危险的东西。

1. 在 ReplicatedStorage 中创建一个 RemoteEvent，将其重命名为 HazardEvent。

2. 创建一个新部件，重命名为 Hazard，然后添加代码。以下是用于演示的基本代码，也可以使用第 19 章介绍的模块脚本的知识组织代码。

代码清单 20-9

```
-- 检查是否为玩家角色触碰，如果是，则把玩家生命值减去 20
local hazard = script.Parent

local function onTouch(otherPart)
   local character = otherPart.Parent
   local humanoid = character:FindFirstChildWhichIsA("Humanoid")

   if humanoid then
         local currentHealth = humanoid.Health
         humanoid.Health = currentHealth - 20
         hazard:Destroy()
   end
end

hazard.Touched:Connect(onTouch)
```

3. 获取必要的服务和 RemoteEvent，然后使用 FireClient()。

代码清单 20-10

```
-- 检查是否为玩家角色触碰，如果是，则把玩家生命值减去 20
local Players = game:GetService("Players")
local ReplicatedStorage = game:GetService("ReplicatedStorage")

local hazardEvent = ReplicatedStorage:WaitForChild("HazardEvent")
local hazard = script.Parent

local function onTouch(otherPart)
   local character = otherPart.Parent
   local humanoid = character:FindFirstChildWhichIsA("Humanoid")
   local player = Players:GetPlayerFromCharacter(character)

   if humanoid then
         hazardEvent:FireClient(player)
         local currentHealth = humanoid.Health
         humanoid.Health = currentHealth - 20
         hazard:Destroy()
```

```
    end
end

hazard.Touched:Connect(onTouch)
```

4. 在 StarterPlayerScripts 中创建一个 LocalScript，添加以下变量。注意检查玩家的角色，等玩家的角色加载完成后，再继续执行代码。

代码清单 20-11

```
-- 服务
local ReplicatedStorage = game:GetService("ReplicatedStorage")
local RunService = game:GetService("RunService")
local Players = game:GetService("Players")

local hazardEvent = ReplicatedStorage:WaitForChild("HazardEvent")
local player = Players.LocalPlayer

local character = player.Character
if not character or not character.Parent then -- 检查玩家角色
    character = player.CharacterAdded:wait()
end
local humanoid = character:WaitForChild("Humanoid")
local random = Random.new()

local SHAKE_DURATION = 0.3 --震动持续时间
```

5. 创建一个函数，生成随机的 x、y 和 z 值赋给 CameraOffset。

代码清单 20-12

```
-- 为 CameraOffset 生成随机值
local function onUpdate()
    local x = random:NextNumber(-1, 1)
    local y = random:NextNumber(-1, 1)
    local z = random:NextNumber(-1, 1)
    humanoid.CameraOffset = Vector3.new(x,y,z)
end
```

6. 创建一个函数，把 onUpdate() 绑定到渲染步骤，持续时间是 SHAKE_DURATION，然后解除绑定。

代码清单 20-13

```
-- 绑定然后解除绑定渲染步骤
local function shakeCamera()
```

```
    RunService:BindToRenderStep("CameraShake", Enum.RenderPriority.Camera.
        Value, onUpdate)
    wait(SHAKE_DURATION)
    RunService:UnbindFromRenderStep("CameraShake")
end
hazardEvent.OnClientEvent:Connect(shakeCamera)
```

20.4.1　永久连接到渲染步骤

如果不需要控制渲染步骤中的代码的执行时机，也不需要与渲染步骤断开连接，则可以把代码连接到 RenderStepped 事件。RenderStepped 事件在渲染帧之前触发。为了避免影响性能，注意不要把太多东西连接到 RenderStepped 事件，可以把它们连接到其他事件。

代码清单 20-14

```
local RunService = game:GetService("RunService" )
-- 代码
RunService.RenderStepped:Connect(functionName)
```

练习：把 TweenService 与 RunService 结合使用，制作加载游戏或预告片中的镜头旋转效果（见图 20.7）。

图20.7　摄像机围绕粉红色球体旋转展示地平线

按照如下步骤操作。

1. 创建一个让摄像机旋转的部件。
2. 在 StarterPlayerScripts 中创建 LocalScript，添加以下变量。

代码清单 20-15

```
-- 围绕对象旋转摄像机
local RunService = game:GetService("RunService")

local focus = workspace.Focus -- 修改为你的部件
local focalPoint = focus.Position
local camera = workspace.CurrentCamera
camera.CameraType = Enum.CameraType.Scriptable
local angle = 0
```

3. 添加以下函数，让摄像机围绕部件旋转。

代码清单 20-16

```
local function onRenderStep()
   local cameraPosition = focalPoint + Vector3.new(50 * math.cos(angle), 20,
         50 * math.sin(angle))
   camera.CFrame = CFrame.new(cameraPosition, focalPoint)
   angle = angle + math.rad(.25)
end
```

4. 把函数连接到 RenderStepped 事件。

代码清单 20-17

```
RunService.RenderStepped:Connect(onRenderStep)
```

▼ 小练习

改变时间

修改摄像机围绕部件旋转一周所需的时间。

20.4.2 deltaTime

每个设备完成渲染步骤所需的时间是不同的，高端的设备会比低端设备更快、更频繁地刷新。

当不知道每一帧需要多长时间时，可以使用 deltaTime 来检查函数能否在预期的时间内执行。deltaTime 用于检查事件之间间隔的时间。

代码清单 20-18

```
local RunService = game:GetService("RunService")

local function checkDelta(deltaTime)
        -- 输出与上次渲染步骤的间隔时间
print("Time since last render step:", deltaTime)
end

RunService:BindToRenderStep("Check delta", Enum.RenderPriority.First.Value,
      checkDelta)
```

▼ 小练习

使用 deltaTime

使用 deltaTime 让之前的脚本在一段特定的时间内执行。

提示　排除故障

如果代码不起作用，则可能需要修改渲染步骤的优先级。这也可能是脚本所需的内容未被正确加载导致代码不起作用。

总结

改变摄像机的默认行为可以改善玩家的游戏体验。摄像机操作可以在玩家与对象交互时为玩家提供反馈，还可以制作电影片段。摄像机的 FieldofView 等属性可以修改，但大多数的属性修改需要通过代码完成。

摄像机代码通常使用 LocalScript 编写，在客户端运行。在脚本中获取 CurrentCamera 对象，并把它设为编码控制模式。RemoteEvent 可用于从服务器向客户端发送信号。注意在脚本结束时把 CurrentCamera 恢复为正常模式。

在特定时间移动摄像机时，建议使用渲染步骤，而不要使用循环，因为渲染步骤更可靠，并且可以获得更平滑的摄像机运动。

每个设备的渲染步骤需要的时间不同，可以使用 deltaTime 检查渲染步骤需要多长时间。

问答

问 摄像机是否有视觉上 3D 显示?

答 没有，但它有一个 3D 位置（Camera.CFrame）。

问 摄像机渲染什么?

答 3D 世界。

问 什么是默认的 CameraSubject？

答 Humanoid。

问 如何删除摄像机的默认行为?

答 把 CameraType 设为编码控制模式。

实践

回顾一下学到的知识，花点时间回答以下问题。

测验

1. CameraType 属性的作用是什么?
2. 列出 3 个摄像机属性。
3. 刷新屏幕计算所需要的时间叫什么?
4. BindToRenderStep() 的 3 个参数依次是什么?

答案

1. CameraType 属性用于控制摄像机的行为，即摄像机如何与世界和玩家交互。
2. 摄像机的属性有 CFrame、CameraType、Focus。
3. 渲染步骤是刷新屏幕计算所需的时间。
4. BindToRenderStep() 函数的 3 个参数依次是 Name、Priority 和 Function。

练习

第一个练习：使用摄像机移动的知识来展示你的游戏，制作一个吸引玩家的预告片，将其放在游戏页面和社交媒体上播放。提示如下：

- 如果脚本会妨碍录制视频，可以在“属性”窗口中禁用它（见图 20.8）；

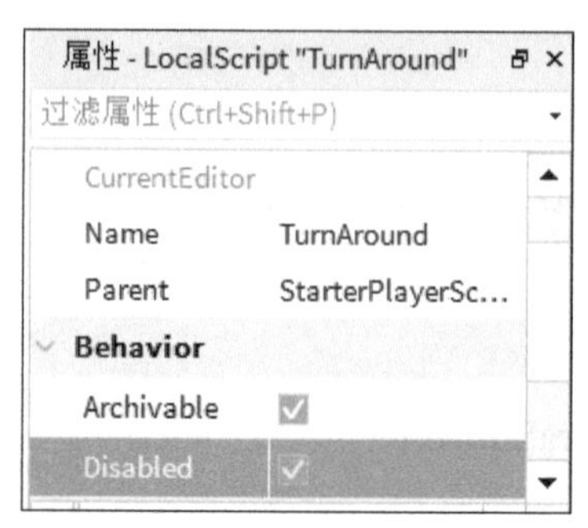

图20.8　LocalScript“属性”窗口中的Disabled为勾选状态

- 检测到上一个渐变完成，就触发下一个渐变，这样可以一个接一个地触发渐变；

```
tween1.Completed:Connect(functionName)
```

- 使用摄像机旋转来展示最想展示的游戏区域；
- 如果没有昂贵的视频编辑软件，可以使用免费的录屏软件录制视频。

第二个练习：在游戏中寻找可以通过摄像机移动来优化游戏的点。例如：

- 砍树时使摄像机摇晃；
- 把摄像机对准说话的 NPC；
- 在玩家第一次加载游戏时，使用摄像机移动来展示场景。

第 21 章

优 化

在这一章里你会学习：

- 性能优化方法；
- 如何使游戏与手机设备兼容；
- 如何使用罗布乐思Studio工具测试手机兼容性。

如果游戏没有玩家，游戏就没有意义了。若要让尽量多的人玩你的游戏，并让每个玩家在游戏中获得更愉快的体验，就需要记住一些应注意的事项。本章将介绍优化游戏性能的最佳方法、如何构建游戏来兼容手机设备。

21.1　提升游戏性能

罗布乐思最好的特点是，玩家可以开始在计算机上玩游戏，然后在手机上接着玩，几乎可以无缝地切换设备。但如果游戏没有做优化，则设备之间硬件的差异会很影响玩家的游戏体验，你可以改进游戏，使其兼容更多的设备。

21.1.1　内存使用情况

影响性能的主要因素是内存的使用情况，开发者控制台可以告诉开发者玩家正在使用的内存（以兆字节或 MB 为单位），这是罗布乐思开发者优化性能的必要数据。

打开开发者控制台（见图 21.1）的方法：按 F9 键或单击左上角的罗布乐思图标，进入设置，向下滚动，找到并打开“控制台”。

图21.1　开发者控制台

虽然设备的发展随着时间的推移越来越好，但游戏设计仍需要小于内存使用的基准目标，大约是700MB到800MB，以适配低端手机设备。如果游戏只运行在计算机上，则内存可以使用得更多，但建议考虑兼容手机设备，稍后会讲述原因。

21.1.2　优化场景构建

放在游戏中的每个部件都会占用内存，需要注意的是如何使每个部件占用的内存最少。

部件数量

部件数量要尽可能少。对于在游戏中添加的部件，罗布乐思都会消耗性能来渲染和计算它的物理运动。除了限制 Workspace 的部件数量，还可以使用联合体或网格替换部件来优化游戏（下面会详细介绍）。使用联合体和网格可以减少罗布乐思的物理计算，还可以减少由部件数量引起的性能压力。

联合体和网格

联合体比网格更容易制作，因为可以直接在罗布乐思 Studio 中制作联合体。按照以下步骤制作联合体。

1. 选中要组合的所有部件。
2. 在“模型”选项卡的“实体建模”选项组中，单击“组合”按钮（见图21.2）。
3. 如果以后想撤销组合操作，只需单击“分离”按钮。

图21.2　“模型”选项卡下的“实体建模”选项组

网格制作稍微复杂一些，因为需要用到外部3D建模软件（例如 Blender），其操作过程与联合体制作大致相同。

1. 在“项目管理器”窗口中选中要组合的部件。
2. 使用鼠标右键单击选中的部件，在弹出菜单中选择“导出选中内容”选项。
3. 以 OBJ 文件格式将其保存在计算机上。
4. 在3D建模软件中打开保存的 OBJ 文件。
5. 使用3D建模软件导出 OBJ 文件后，在“项目管理器”窗口中创建 MeshPart，单击 MeshId 属性旁边的小文件夹图标（见图21.3），打开 OBJ 文件，将其导入 Studio。

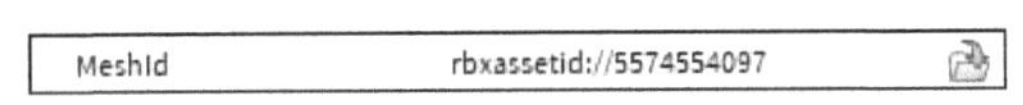

图21.3 MeshId属性和导入OBJ文件的图标

为什么联合体和网格可以减少内存的使用？因为这样只需要为一个对象渲染和计算物理运动，而不是一组对象。你可以更进一步地把联合体和网格部件的 RenderFidelity 属性改为 Automatic，这样在玩家角色远离部件时，就不会渲染部件的细节，从而减少内存的使用。

注意　不要过度都使用联合体和网格

跟部件一样，联合体和网格也会占用内存，所以不要过度使用。如果联合体或网格的三角形面数较多（通常超过 5000），那么它的性能可能会更差，可以使用建模软件或 Studio 检查网格或联合体是否合适。联合体具有 TriangleCount 属性。

复用网格和纹理

还有其他技巧可以优化网格性能。根据罗布乐思引擎的工作原理，相比所有事物都使用不同的网格，复用相同的网格可以让性能更优。创建一个网格，并在整个游戏中多次重复使用它，可以减少罗布乐思的内存使用量。例如，与其为每个房间都制作一扇独立的门，不如只制作一扇门，然后重复使用。

纹理也是一样，与其为每个网格都使用一个专用的纹理文件，不如在不同的位置重复使用相同的纹理，例如房屋的砖墙纹理、窗户的光泽和甲板的木纹。

21.1.3 减少物理计算

部件占用很多内存的原因之一是需要在每一帧上计算物理运动。可以修改部件的一些属性（见图 21.4）来减少物理引擎的计算工作。

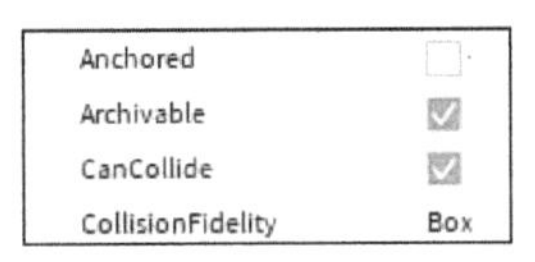

图21.4 Anchored、CanCollide和CollisionFidelity属性都可以在MeshPart和Union上找到

其中一个属性是 Anchored，因为锚固的部件是不会移动的，所以不需要进行物理计算。可以减少物理计算的其他属性还有 CanCollide 和 CollisionFidelity（如果适用）。CanCollide 属性用于确定一个部件是否可以与其他部件发生碰撞，关闭部件的 CanCollide 意味着即使该部件与其他部件触碰也不会产生碰撞。围绕对象的碰撞框一般是与对象外观框架相匹配的，使用 CollisionFidelity 属性可以更改对象的碰撞框为其

他类型。在 CollisionFidelity 属性的选项中，与表现细节的选项相比，选择 Box 选项的物理计算速度会更快。

21.1.4　内容串流

优化游戏的简单方法之一是使用罗布乐思的内容串流功能。罗布乐思可以选择仅向玩家显示最接近他们的内容，而不是一次性加载和渲染所有内容，从而减少内存的使用。

但是内容串流并不适用于所有游戏。当卸载内容后，如果脚本需要使用未加载的部件，就会发生错误。对于带传送玩家角色功能的游戏，内容串流也不是好的选择，因为需要快速加载和卸载区域内容，如果使用不当，玩家角色可能会从地图上掉下去！因此，如果打算使用这个功能，就必须要检查游戏是否已准备好进行内容串流，确认准备好后，打开 Workspace 的 StreamingEnabled 属性即可（见图 21.5）。

StreamingEnabled	☑
StreamingMinRadius	64
StreamingPauseMode	Default
StreamingTargetRadius	1024

图21.5　StreamingEnabled属性和与内容串流相关的属性

21.1.5　杂项调整

除了部件，还可以尝试使用以下方法来提高游戏性能。

- 把光照从 ShadowMap 更改为 Voxel，从而提高整体性能，Voxel 创建的阴影通常比 ShadowMap 少。可以在“项目管理器”窗口中 Lighting 对象的 Technology 属性中找到它。
- 关闭 CastShadow 属性可以消除部件投射的阴影，从而减少渲染负载，关闭此属性后，无论设置什么照明模式，部件都不会投射阴影。
- 删除玩家看不到的内容来减少延迟，例如地形的底部、建筑物的背面。实心的地形是很好的，在没有必要的情况下，不要挖空山脉或创建火山之类的对象。如果游戏的大块地形里有洞穴和隧道，游戏可能会变慢，因为这些对象也会一起进行计算。
- 尽量避免使用 0.1 到 0.9 之间的透明度值，因为罗布乐思内部有一些优化，这些优化不适用于半透明的对象。
- 尽可能少地使用半透明部件，可以提升游戏性能。完全透明的部件是不需要渲染的，但半透明的部件会明显增大渲染成本。如果游戏中有许多半透明的部件，这可能会降低游戏的性能。但有时必须使用半透明的部件，例如一大片窗户，在这种情况下，最好为所有窗户使用一块大玻璃，而不是为每个窗户单独地使用一块小玻璃。

▼ 小练习

优化你的游戏部件

无论是把它们组合成一个联合体、锚固它们，还是打开 StreamingEnabled 属性，试着通过优化游戏的部件来减少内存的使用。注意记录前后使用了多少内存。

21.2 优化脚本

除了游戏的外观构建，代码的执行也会对内存消耗有非常大的影响。尽管编写的脚本和执行的任务看起来很简单，但即使是很小的任务，例如列表排序，在考虑它需要消耗多少时间和多少内存时，也会变得很复杂。

21.2.1 设置对象的父级

过早地设置对象的父级会减慢游戏速度。当使用 Instance.new() 创建对象时，默认的对象父级是 nil，也就是什么都没有（见图 21.6）。

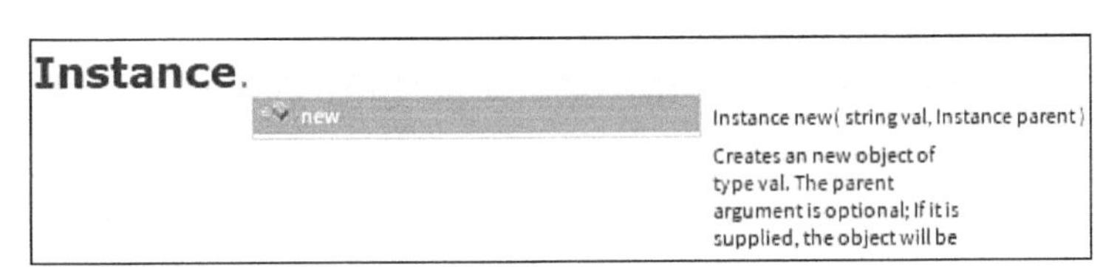

图21.6 Instance.new()创建的对象默认父级为nil

如果在编写代码时查看自动弹出的描述，就会注意到这个函数的第二个参数：对象的父级对象。为对象设置父级对象后，罗布乐思就会开始监听它的部分属性的变更。建议在对象修改（例如位置和颜色等修改）完成后才设置它的父级对象，而不要在 new() 函数中使用参数设置父级对象。以下代码使用这两种方法来创建部件，并设置父级对象。在图 21.7 中可以看到，FasterPart 的代码的执行时间比 NewPart 的少。

Time elapsed (NewPart): 4.6099999963189e-05
Time elapsed (FasterPart): 2.9300000278454e-05

图21.7 创建每个部件所用的时间

代码清单 21-1

```
local NewPart = Instance.new("Part", game.workspace)
NewPart.Size = Vector3.new(3,3,3)

local FasterPart = Instance.new("Part")
FasterPart.Size = Vector3.new(3,3,3)
```

21.2.2 不过度依赖服务器或客户端

要制作良好的多人游戏作品，需要平衡好什么内容放在服务器上和什么内容放在客户端上。如果过度依赖客户端，游戏会很容易被黑客破解；如果过度依赖服务器来运行所有内容，当网络不佳时，玩家可能会玩得很不愉快，更严重的是，如果服务器超载了，可能会导致所有玩家出现延迟，而不仅是一个玩家。

通常服务器专用于运行游戏服务的逻辑。商店和对某些内容的破坏需要在服务器上校验来自客户端玩家的信息。

客户端主要用于制作游戏的外观和提供良好的游戏体验，包括动画、声音和用户界面等。虽然黑客可以操纵这些东西，但这样可以减少服务器的负载，优点大于缺点。

21.2.3 谨慎使用循环

游戏逻辑的很多事情都可以使用循环来检查，无论是简单地检查一次，还是检查每一帧，都是需要消耗时间和内存的。以下是一些不使用循环的建议。

- 使用对象（例如角色、部件等）时，考虑使用 GetPropertyChangedSignal 事件，在某些特定属性更改时执行函数，避免使用循环来不断地检查。事件是很友好的，并且罗布乐思有很多事件监听可供使用，在考虑使用循环来检查之前，可以查看接口文档，确认是否有事件监听可供使用。
- 若要检查特定的对象，尽量不要使用循环检查列表中的所有对象。
- 避免使用循环来触发 RemoteEvent 或 RemoteFunction，因为触发过多的事件会创建请求备份，反而会使游戏速度变慢。
- 避免使用循环来创建大量的新对象，尤其是部件。短时间内的大量变化，尤其是在 Workspace 里的变化，可能会导致运行速度变慢。

21.3 适配手机设备

作为罗布乐思开发者，如果你的游戏不适配手机设备，可能会有很大的损失。此外，不仅要考虑在手机设备上可以启动游戏，还要确保可以给玩家提供良好的游戏体验。

21.3.1 显示

在为手机设备设计游戏时，最大的问题可能是能否正确缩放 UI。大多数现代的手机设备可以使用缩放和偏移来解决这个问题，因为它们的屏幕分辨率通常为 1980 像素 ×1080 像素。但并不是所有设备都兼容。使 UI 适配几乎所有屏幕的方法是使用 UIAspectRatioConstraint（见图 21.8），此对象根据指定的纵横比来自动调整 UI 对象的大小，可以简单地通过把 UI 对象的宽度除以高度来计算此比值。

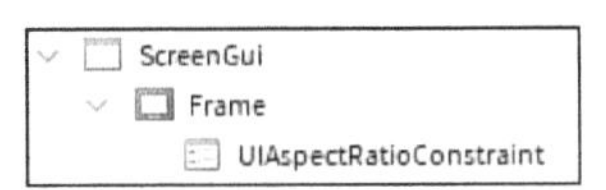

图21.8 在Frame里的UIAspectRatioConstraint

21.3.2 控制

计算机玩家可以使用鼠标和键盘操作游戏，而手机玩家只能使用屏幕上的虚拟按钮，这意味着在默认情况下，许多控件都会不可用。

解决这个问题的一个方法是使用 ContextActionService。虽然你可能很熟悉 UserInputService，但使用 ContextActionService 绑定动作可以更好地控制按下和点击等操作，还可以知道何时完成动作。像使用其他服务一样获取 ContextActionService，然后使用 BindAction() 函数，它的参数依次是：绑定函数的名称、动作、是否为触摸设备创建屏幕按钮、键盘或者手柄的按钮输入。图 21.9 所示是添加了这个功能的游戏界面。

图21.9 游戏“兵工厂”的截图，注意添加的表情、重新推出、交换武器和射击

以下是使用 ContextActionService 的示例代码，请注意 BindAction() 的第三个参数，它用于设置是否为触摸设备创建屏幕按钮。

代码清单 21-2

```
local ContextActionService = game:GetService("ContextActionService")
local function ActionFunction()
End
ContextActionService:BindAction("Action", ActionFunction, true, Enum.KeyCode.H,
    Enum.KeyCode.ButtonX)
```

按钮创建后，它会被放在PlayerGui容器内，在ContextActionGui对象下（见图21.10），可以根据需要自定义按钮。

注意　必须使用设备模拟器

设备模拟器仅在使用模拟手机设备进行测试时才会显示，接下来会介绍。

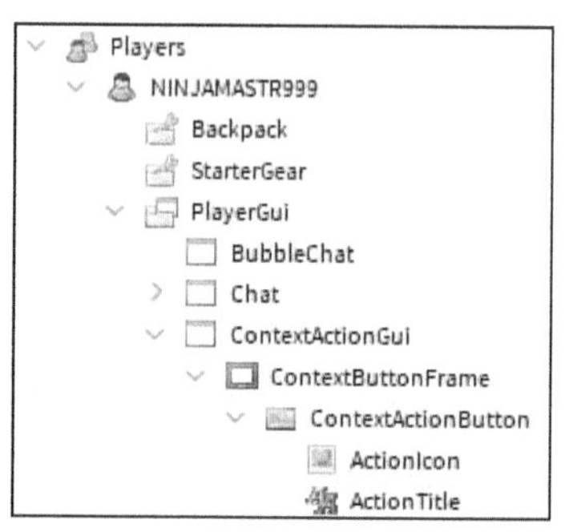

图21.10　使用ContextActionService创建的按钮的位置

21.3.3　模拟手机设备

即使你没有手机，使用罗布乐思Studio也可以轻松地测试游戏在手机设备中的效果。在“测试”选项卡下的“仿真测试”选项组中，单击“设备”按钮（见图21.11），可以查看不同的模拟设备。

图21.11　“测试”选项卡“仿真测试”选项组中的“设备”按钮

在工作区上方的中间可以看到设备名称、屏幕分辨率和内存，单击设备名称可以切换仿真设备，还可以选择“管理设备”选项打开“模拟设备管理器”对话框，在其中配置自己的设备，如图21.12所示。

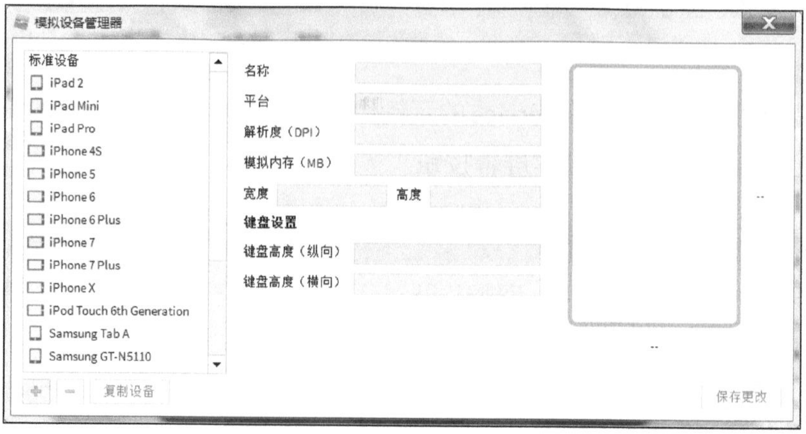

图21.12　“模拟设备管理器”对话框

在多种屏幕分辨率上测试游戏，确保它在各种设备上运行都没有问题。还可以查看游戏在模拟设备里运行时的内存情况。

注意 切换选项卡来模拟设备

如果设备模拟选项变灰，可能是因为游戏仍在运行脚本，切换回工作区选项卡（可以看到所有部件和对象的选项卡），就可以继续选择设备。

▼ 小练习

使游戏适配手机设备

按照以下提示来使游戏适配手机设备：

- 添加一些按钮来适配触摸屏；
- 缩放 UI 以适配不同屏幕尺寸；
- 使用模拟设备进行测试，确保在手机设备上可以得到最佳游戏体验；
- 在大量设备上测试游戏，确保在大多数设备上运行良好。

最后，尝试在手机上玩游戏，以确保一切正常。虽然仿真设备很好，但它并不能胜过真实设备上的测试。

总结

本章介绍了如何针对各种设备优化游戏，如何构建和编写脚本来减少内存的使用，以及项目的一些设计思路，例如围绕 StreamingEnabled 进行设计。本章还介绍了以手机玩家为基础适配游戏、使用屏幕按钮和适当的 UI 缩放使游戏适配手机设备的方法。

问答

问 游戏在发布后是否可以修改支持的设备？

答 可以，单击“首页”选项卡中的“游戏设置”按钮，打开“游戏设置”对话框，在“基础信息”栏里可以随时修改游戏支持的设备。

实践

回顾一下学到的知识，花点时间回答以下问题。

测验

1. 判断对错：开发游戏时很重要的目标是减少内存的使用。
2. 为了减少罗布乐思部件的负载，可以把它们组合成________和________。
3. 提高性能的一种简单方法是打开________属性，改为内容串流（可能有风险）。
4. 判断对错：最好先设置对象的父级对象，然后再设置它的属性。
5. 判断对错：超过 50% 的罗布乐思玩家在手机设备上玩游戏。
6. 为手机设备创建按钮的一种方法是使用________。
7. 让手机设备正确缩放 UI 的一种方法是添加________。

答案

1. 正确，内存的使用会决定在哪些设备中可以玩你的游戏，所以非常重要。
2. 联合体，网格。
3. StreamingEnabled。
4. 错误，设置属性之前设置对象的父级对象会导致性能问题。
5. 正确，大约有 51% 的罗布乐思玩家在手机设备上玩游戏。
6. ContextActionService。
7. UIAspectRatioConstraint。

练习

这个练习结合了这一章介绍的许多知识，如果有不清楚的地方，可以参考前面的内容。制作一个可以具备某种功能的，并且可以兼容计算机和手机设备的按钮。

1. 在 StarterPlayerScripts 中创建一个 LocalScript。
2. 在脚本中创建一个想要的功能函数。
3. 获取 ContextActionService，调用 BindAction() 函数，确保该函数的第三个参数设置为 true，就可以创建按钮。
4. 在模拟设备中选择手机设备来测试游戏，尝试按下按钮来查看它是否生效。

额外练习：在脚本中修改属性来自定义按钮，如果不确定按钮在“项目管理器”窗口中的位置，可以查看本章的适配手机 UI 的相关知识。

第 22 章

全球化

在这一章里你会学习：

- 如何按照全球合规条款修改游戏；
- 如何遵守数据隐私法。

罗布乐思的玩家来自世界各地，有着不同的背景、文化和期望。本章将介绍如何为不同的玩家调整游戏，让游戏遵循全球合规体系，并遵守全球各国制定的数据隐私法。

22.1 全球合规

随着罗布乐思的全球化推广，不同国家有不同的文化和法律，因此会不断地引入新的全球合规体系，开发者都需要遵循，特别是如果开发者希望把游戏发布到某些地区。罗布乐思增加了一个名为 GetPolicyInfoForPlayerAsync 的函数，这个函数会返回玩家需要遵循的政策列表。

这些政策是由开发者实施的，如果开发者不这样做，可能会导致游戏被暂时或永久下架。这些政策如下。

- ArePaidRandomItemsRestricted：某个地区的玩家是否可以使用罗宝购买随机生成物品。
- IsSubjectToChinaPolicies：如果是想要在中国发布的游戏，需要按照相应规范进行修改，包括把所有内容翻译成简体中文，明确显示随机物品生成器（例如随机宝箱）获得物品的概率，以及不能有血腥场面。

- AllowedExternalLinkReferences：玩家可以在罗布乐思看到哪些外部网站链接，例如，如果Twitter在玩家所在国家或者地区被禁止，那么玩家就不能查看开发者的Twitter个人资料。
- IsPaidItemTradingAllowed：是否允许玩家使用游戏内货币或罗宝交易物品。

虽然没有一种绝对的方法来解释政策，但你可以遵循一组简单的步骤或者指导方针，检查游戏是否具有以下元素：

- 付费的随机物品；
- 外部网站的链接；
- 物品交易；
- 血腥场面；
- 赌博。

22.2　隐私政策：GDPR、CCPA

世界上越来越多的国家和地区开始制定法律，赋予消费者或玩家对其数据更多的控制权，开发者需要满足这一要求，可能要在他们的游戏中制作一个系统。根据《通用数据保护条例》（GDPR）和《加利福尼亚消费者隐私法案》（CCPA），罗布乐思和任何个人都不可以存储某些类型的信息，并且如果相关人员提出正式要求，罗布乐思就必须删除这些信息。

22.2.1　常规条款

虽然上述两项法律影响两个不同的地区（分别是欧盟和加利福尼亚州），但它们有很大的相似点：不能存储某些类型的信息。作为开发者，你必须避免收集玩家的个人信息，包括出生日期、个人照片、电子邮件地址等。如果你已经这样做了，请修改你的游戏，停止存储这些信息。

如果玩家提出数据删除请求，请确保是通过罗布乐思官方渠道提出的。如果玩家要求从你的游戏中删除他们的数据，请让他们通过官方的服务支持网页发送删除数据请求。

22.2.2　删除玩家数据

如果需要从游戏中删除某些玩家的数据，最好在场景中制作删除的系统。在下面的示例中，玩家的所有数据都存储在一个前缀为“Player_”的键中，后跟他们的用户ID，删除这个键就可以从游戏中删除他们的所有数据。按照如下步骤操作。

1. 在 ServerStorage 中创建一个 BindableEvent，并重命名为 RemovePlayerData（见图 22.1），用于发送信号来删除指定玩家的数据。

2. 在 ServerScriptService 中创建一个脚本（见图 22.2）。

图22.1 创建RemovePlayerData

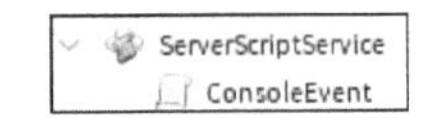

图22.2 ServerScriptService中的脚本

3. 在脚本输入以下内容，实现接收到信号后，从 DataStoreService 中以 Player_UserID 的格式查找玩家的数据，其中“UserID”是玩家的用户 ID。如果找到，就删除数据，否则输出错误消息，例如数据存储出错、不存在的玩家数据。

代码清单 22-1

```
local ServerStorage = game:GetService("ServerStorage")
local DataStoreService = game:GetService("DataStoreService")
local removePlayerDataEvent = ServerStorage:WaitForChild("RemovePlayerData")

-- 引用玩家数据存储（把“PlayerData”替换为你的数据存储名称）
local playerData = DataStoreService:GetDataStore("PlayerData")

local function onRemovePlayerDataEvent(userId)
        -- 玩家数据存储对应的键，例如“Player_12345678”
        local dataStoreKey = "Player_" .. userID

        local success, err = pcall(function()
             return playerData:RemoveAsync(dataStor eKey)
        end)

        if success then
             warn("Removed player data for user ID '" .. userID .. "'")
        else
             warn(err)
        end
end

removePlayerDataEvent.Event:Connect(onRemovePlayerDataEvent)
```

运行此脚本，删除玩家的数据。按照如下步骤操作。

1. 在 Studio 的“视图”选项卡中，单击“命令栏”按钮（见图 22.3）。

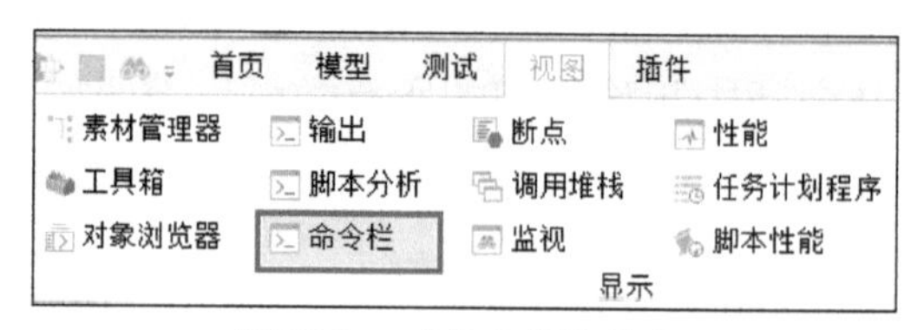

图22.3　“命令栏”按钮

2. 单击“首页”选项卡中“开始游戏”下方的蓝色小箭头（见图 22.4），选择“运行”选项来模拟没有玩家的服务器。

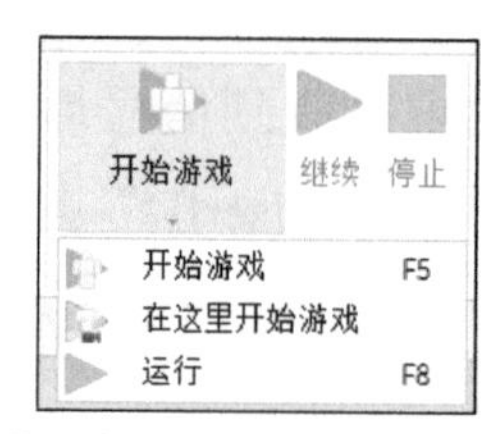

图22.4　使用“开始游戏”下的“运行”来模拟没有玩家的服务器

3. 游戏的服务器启动，游戏运行起来后，打开控制台（在窗口底部可以看到一个文本框），输入图 22.5 所示的命令，按回车键执行，如果数据存储中有该玩家的数据，则把它删除。

```
game:GetService("ServerStorage").RemovePlayerData:Fire("Player_12345678")
```

图22.5　在控制台中执行命令

总结

本章介绍了在某些国家或地区发布游戏时需要遵循的条例，还介绍了隐私政策及如何修改游戏来提交数据删除请求。

问答

问　为什么我需要遵循其他国家和地区的数据条款?

答　如果要在欧盟国家或加利福尼亚州开展业务，公司和开发商就必须遵守当地法规。虽然你可能不住在这两个地区，但如果你希望该地区的玩家可以玩你的游戏，就必须遵循他们的条款。

实践

回顾一下学到的知识，花点时间回答以下问题。

测验

1. 开发者查看要遵守的政策的函数是________。
2. 随机物品生成器的替代（更广为人知的）名称是________。
3. 判断对错：要在某些国家或地区发行游戏，就必须遵守当地的法律政策。
4. 判断对错：如果开发者居住在欧盟或加利福尼亚州以外的地区，可以不遵守数据保护政策。
5. 你可以使用________在罗布乐思 Studio 中执行命令。
6. 你可以从________中删除存储的玩家信息。

答案

1. GetPolicyInfoForPlayerAsync。
2. 宝箱。
3. 正确。
4. 错误，如果想在欧盟或加利福尼亚州开展业务，就必须遵守 GDPR 或 CCPA。
5. 命令栏。
6. 数据存储。

附 录 A

Lua脚本编程参考

本书第 11 章介绍了 Lua 编程语言，并简要介绍了它的基本概念。本附录包括一些额外的 Lua 参考表和概念。

A.1 数据类型和枚举

数据类型是变量存储的不同数据的类型，如表 A-1 和表 A-2 所示。

表A-1 原始Lua数据类型

数据类型	描述
nil	没有数据
boolean	包含两个值：false和true
number	实数
string	字符串
function	由C语言或Lua语言编写的函数
userdata	C语言数据
thread	独立的执行线程
table	数组、符号表、集合、记录、图形、树等

表A-2 Roblox Lua数据类型

数据类型类别	自定义Roblox数据类型
颜色	BrickColor、Color3、ColorSequence、ColorSequenceKeypoint
位置或区域相关	Axes、CFrame、UDim、UDim2、Rect、Region3、Region3int16
数字和排序	NumberRange、NumberSequence、NumberSequenceKeypoint

续表

数据类型类别	自定义Roblox数据类型
连接和事件	RBXScriptConnection、RBXScriptSignal
向量	Vector2、Vector2int16、Vector3、Vector3int16
类	Instance
枚举相关	Enum、EnumItem、Enums
其他类别	DockWidgetPluginGuiInfo、Faces、PathwayPoint、PhysicalProperties、Random、Ray、TweenInfo

枚举是一种特殊的数据类型，用于存储一组特定于相应枚举的值，这些值是只读的。使用一个名为 Enum 的全局对象来获取枚举。

下面是一个修改数据类型或枚举的属性示例。假如要创建一个名为 redBrick 的部件，它的材质为 Brick，颜色为红色。

创建的部件默认是中灰色的，所以要把颜色更改为红色，需执行以下操作。

```
redBrick.BrickColor = BrickColor.Red()
```

然后把 redBrick 的材质更改为 Brick，从 Enum 中获取材质列表，因为 Material（材质）是一个枚举。

```
redBrick.Material = Enum.Material.Brick
```

提示：在输入代码时，编辑器会自动为你建议或补全代码。

A.2 条件结构

条件结构是在程序中控制流程的一种方式。如果满足条件，则值为 true，否则值为 false 或 nil。可以使用表 A-3 中的关系运算符进行条件判断。示例中，var1 的值是 30，var2 的值是 10。

表A-3 关系运算符

运算符	描述
+	加法，把两个操作数相加；var1+var2返回40
–	减法，从第一个操作数中减去第二个操作数；var1–var2返回20
*	乘法，把两个操作数相乘；var1*var2返回300
/	除法，分子除以分母；var1/var2返回3
%	余数，算出除法后的余数；var1%var2返回0
^	指数，算出指数值；var1^2返回900

表 A-4 列出了条件运算符。示例中，var1 的值是 30，var2 的值是 10。

表A-4　条件运算符

运算符	描述
==	等于，(var1 == var2)为false
>	大于，(var1 > var2)为true
<	小于，(var1 < var2)为false
>=	大于或等于，(var1 >= var2)为true
<=	小于或等于(var1 <= var2)为false
~=	不等于，(var1 ~= var2)为true

表 A-5 列出了逻辑运算符。示例中，var1 的值是 true，var2 的值是 false。

表A-5　逻辑运算符

运算符	描述
and	与逻辑，如果两个操作数都非0，则为true；(var1 and var2)为false
or	或逻辑，如果任何一个操作数不为0，则为true；(var1 or var2)为true
not	非逻辑，反转逻辑状态；!(var1)为false

A.3　Lua知识扩展

如果想更深入地了解 Lua 编程语言，可以在网上查找更多的资料。

附录 B

Humanoid的属性、函数和事件

本书第 12 章讨论了 Humanoid 对象。Humanoid 包括一些有用的属性、函数和事件，可以使用它们来施加伤害、修改显示名称、移动摄像机、读取Humanoid的状态（例如攀爬、死亡、当前生命值）。

表 B-1 列出了一些 Humanoid 的属性。表 B-1 中没有列出所有属性，因为有些属性简明易懂或者并不常用。

表B-1　Humanoid的属性及其解释

属性	解释
CameraOffset	相对角色偏移摄像机
DisplayDistanceType	此属性有3个值。 Viewer：可以在指定距离处看到每个人的显示名称； Subject：根据每个Humanoid的设置距离来显示名称； None：每个人的名称都不会显示
DisplayName	角色上方显示的自定义名称，默认是用户名
HealthDisplayDistance	在多远的距离可以看到其他人的生命值，默认值为100（整数）
HealthDisplayType	此属性有3个值：WhenDamaged、On和Off
NameDisplayDistance	在多远的距离可以看到其他人的名称，默认值为100（整数）
NameOcclusion	此属性有3个值。 OccludeAll：遮挡所有名称； NoOcclusion：所有名称都不遮挡； EnemyOcclusion：只遮挡敌人名称
RigType	此属性有两个值。 R15：由15个身体部件组成； R6：由6个身体部件组成
JumpPower	如果UseJumpPower打开：跳跃时施加的力； 如果UseJumpPower关闭：跳跃的高度

续表

属性	解释
Jump /PlatformStand /Sit	布尔值，true或false，可以被玩家的控制覆盖
TargetPoint /WalkToPart /WalkToPoint	主要用于NPC和玩家的过场动画，在脚本中结合MoveTo()一起使用： WalkToPoint[第一个参数]； WalkToPart[第二个参数]； TargetPoint和WalkToPoint使用Vector3参数； WalkToPart使用实例参数

可以在游戏中测试这些属性来更深入地了解它们。

Humanoid还包含一系列函数（见表B-2），用于处理一些事情，例如：使用装备、加载动画、受到伤害、移动到某个位置、设置玩家的状态等。表B-2中没有列出所有函数，因为有些函数简明易懂或者并不常用。

表B-2　Humanoid的函数及其解释

函数	解释
GetState() /ChangeState()	获取或设置HumanoidStateType
EquipTool()/UnequipTools()	使用指定的装备
LoadAnimation()	把指定的动画加载到Humanoid上，返回用于播放动画的AnimationTrack
TakeDamage()	按指定值减小玩家的Humanoid.Health属性值来对玩家造成伤害
MoveTo()	让玩家走到指定的部件或Vector3位置：Humanoid.WalkToPoint/Humanoid.WalkToPart

Humanoid有一组RBXScriptSignal（或事件），可以用来检测Humanoid属性何时发生变化，表B-3列出了重要的事件。

表B-3　Humanoid的事件及其解释

事件	解释
AnimationPlayed()	当玩家开始播放动画时触发
Died()	当玩家角色“死亡”时触发（生命值为0或角色头部和躯干分离）
HealthChanged()	当玩家角色的生命值改变时触发
MoveToFinished()	当玩家角色被指示移动到某个位置时触发，通常是通过MoveTo()函数
Seated()	当玩家角色的Sit属性被激活时触发
StateChange()	当HumanoidStateType改变时触发，参数：旧状态和新状态

使用事件比使用循环检查属性的效果更好，根据属性的状态改变来触发函数，还可以提高性能。